高等院校化学实验新体系教材

化学合成实验

第二版

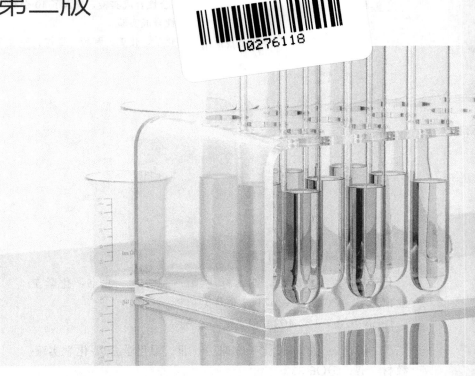

沈戮　谢木标　主编

化学工业出版社

·北京·

内容简介

本书立足于课程的整体性和基础性，着重培养学生的综合素质和创新能力，将原来彼此独立、条块分割的无机化学合成实验和有机化学合成实验进行整合，形成一套全新的、与后续课程紧密联系的大学化学实验课程体系。

全书共分为六部分：第一部分介绍化学合成实验的一般知识；第二部分介绍化合物合成的基本操作技术；第三部分介绍物质的分离和提纯；第四部分为基础合成实验，以经典的和有代表性的化学反应类型为主线，在加强合成实验训练、强化分离和纯化操作的指导思想下，根据无毒化、绿色化和实用化选编了 34 个实验，其中包括基础无机合成实验 10 个和基础有机合成实验 24 个；第五部分为综合性合成实验，编入了 10 个实验，其中有 6 个多步骤合成实验；第六部分选编了 8 个设计性合成实验。

本书可作为高等院校化学、应用化学、化工、制药、生物、环境等专业的教材，也可供相关科研和技术人员参考。

图书在版编目（CIP）数据

化学合成实验/沈戮，谢木标主编. —2 版. —北京：化学工业出版社，2022.1（2024.6 重印）
ISBN 978-7-122-40292-9

Ⅰ.①化…　Ⅱ.①沈…②谢…　Ⅲ.①化学合成-化学实验-教材　Ⅳ.①O6-33

中国版本图书馆 CIP 数据核字（2021）第 233399 号

责任编辑：提　岩　　　　　　　　　　　　装帧设计：李子姮
责任校对：王　静

出版发行：化学工业出版社（北京市东城区青年湖南街 13 号　邮政编码 100011）
印　　装：北京科印技术咨询服务有限公司数码印刷分部
787mm×1092mm　1/16　印张 14¼　字数 350 千字　2024 年 6 月北京第 2 版第 2 次印刷

购书咨询：010-64518888　　　　　　　　售后服务：010-64518899
网　　址：http://www.cip.com.cn
凡购买本书，如有缺损质量问题，本社销售中心负责调换。

定　　价：39.80 元

第二版前言

本教材是"化学实验课程体系改革和实验内容创新研究"课题，广东省高等教育教学改革工程项目成果之一。教材立足于课程的整体性和基础性，将原来彼此独立、条块分割的无机化学合成实验和有机化学合成实验进行整合，形成一套全新的、与后续课程紧密联系的大学化学实验课程体系。教材名称的确定及内容的选择符合化学学科的发展规律。它既是教育教学改革的产物，也是在化学一级学科层面上组织化学实验课程的大胆尝试。通过化学合成实验的教学，不仅可以使学生学习到进行合成实验的基本知识、基本理论和基本操作技能，而且，应用多种实验技术和方法来研究化学反应、化合物的制备、分离和分析、性能和结构测试等，十分有利于学生实践能力、创新意识和综合素质的全面培养，为学生知识、能力和素质协调发展创造有利条件。

教材内容包括以下几方面。第一部分是化学合成实验的一般知识，较为系统和详细地介绍了进行化学合成实验和化学研究的基本知识。第二部分是化合物合成的基本操作技术，介绍了与合成实验有关的技术，包括仪器的基本原理和构造，正确的使用方法、操作要点等，突出强调操作的规范性。第三部分为物质的分离和提纯，在加强合成实验训练、强化分离和纯化操作的指导思想下，根据无毒化、绿色化和实用化的原则，对近代化合物的分离、鉴定和提纯手段作了较详细的介绍。第四部分为基础合成实验，是本教材的核心部分，其中包括基础无机合成实验 10 个和基础有机合成实验 24 个，在内容的选择上，以典型化学反应和有代表性的实验为基础，融入一些应用及影响面广、内容较新的反应及新的合成方法。第五部分为综合性合成实验，编入了 10 个实验，其中有 6 个多步骤合成实验，这部分在取材上突出了综合训练和应用性，兼顾医药、农药、精细化工、食品卫生、材料等专业的教学需要，对多步反应的综合实验，有些是作为独立的实验给出，便于选做。第六部分为设计性合成实验，选编了不同层次的 8 个题目，给出了实验要点或思路，并附上相关文献，让学生自己设计、拟定具体实验步骤，经与老师讨论后，进行实验。希望通过这些设计实验，培养学生初步的科研能力和创新能力。这些设计实验也可以作为开放性实验供学生选用。

本教材在编写时注意突出以下特点：

（1）重视基础。把化学基础知识、基本操作与技能的训练放在重要位置，对实验基本操作的要点作了较为详尽的介绍和指导，强调基本操作的规范性，注重方法论。为了加强对基本操作的严格训练，加深学生对操作原理和操作要点的理解，教材中对不同的基本操作既编写了相应实验，可以单独进行基本操作训练，又将内容分散到各个相关实验中去介绍和学习，以便根据不同教学情况，使之融贯在整个合成实验中，力争从多角度对学生进行化学基础知识和基本技术的教育。

（2）精选内容。合成实验中除了基础合成实验外，还有综合合成实验、多步骤合成实验和设计实验。教材内容这样选择和安排体现了素质教育和创新能力与实践能力的培养。每个合成实验在介绍实验内容和知识背景材料之后，依次是仪器和药品、实验步骤、注释和思考题等内容，层次清晰鲜明。

（3）体现教改。本教材注重培养学生掌握合成反应的设计思路，了解主要反应物的投料摩尔比、反应介质、反应温度及反应时间，熟悉反应混合物分离的原理及方法。本着提倡绿色化学和走可持续发展道路的宗旨和精神，在用量上除了多步合成中保留一些中、常量实验外，尽量缩小实验的规模，采用微量或半微量形式，体现了当前化学实验改革的方向。

（4）注释详尽。考虑到实验独立设课和一些实验可能超前理论讲授的实际情况，教材对知识背景、合成原理的介绍、实验步骤的表述和注释尽量详实，这有利于实验者提高操作自觉性，避免盲目性，培养把握实验全局的能力，也有利于其发挥创新思想，提高实验成功率，减少失误。

（5）安全提示。在很多实验中都列有安全指南，以便实验者明晰实验风险，保护好自身的健康与安全，保障实验的安全顺利进行。

本书由沈戮、谢木标主编，石晓波、陈静、刘生桂等参与了部分编写工作，全书由沈戮统稿。

由于编者水平所限，书中不足之处在所难免，敬请广大读者批评指正。

编　者
2021 年 7 月

目录

1

化学合成实验的一般知识

1.1　实验室规则

　　化学合成是一种表现非凡创造力和具有挑战性的工作。它是利用廉价易得的化学原料和试剂，通过化学反应来制备各种化合物的过程。化学合成实验教学的目的是培养学生正确选择化合物的合成、分离与鉴定的方法以及分析和解决实验中所遇到问题的思维和动手能力。同时它也是培养学生理论联系实际，实事求是、严谨的科学态度，良好的工作习惯和创新能力的一个重要环节。为了保证化学合成实验课正常、有效、安全地进行，保证实验课的教学质量，学生必须严格遵守下列规则。

　　① 切实做好实验前的准备工作。必须认真阅读与本实验有关的内容，做好预习，了解实验目的、原理、合成路线及实验过程中可能出现的问题，写出预习报告并查阅有关化合物的物理化学性质。

　　② 进入实验室后，应熟悉实验室环境。知道水、电、气总阀所处位置，灭火器材、急救药箱的放置地点和使用方法。严格遵守实验室的安全守则、实验步骤中药品使用和操作的安全注意事项。要牢记意外事故发生时的处理方法及应变措施。

　　③ 常用仪器放入柜中，临时性增补仪器放在公共台面，各班同学轮流使用。每次实验前后要检查清点，如有缺少或破损应立即报告老师申请补发或更换，共同维护一套完整的仪器。

　　④ 不能穿拖鞋、背心等暴露过多的服装进入实验室。实验时应遵守纪律，实验过程中不得喧哗，不得擅自离开实验岗位。实验室内不能吸烟和吃东西。一切实验药品均不得入口。实验结束，应仔细洗手。

　　⑤ 虚心听取教师的指导，不得随意改变实验步骤和方法，严格按照教材规定的步骤、仪器及试剂的用量和规格进行实验。若要以新的路线和方法进行实验，应先征得教师的同意，才能更改。实验过程中若出现错误，不能随意结束实验，应积极主动请教教师，找出一个最佳的解决方案。

　　⑥ 实验中要认真观察实验现象，如实做好记录，不得任意修改、伪造或抄袭他人实验结果。实验完成后，需将实验记录交指导老师审阅、签字，若是合成实验，还需将产品交老师验收，并将产品回收，统一保管。课后，按时提交符合要求的实验报告。

　　⑦ 随时保持实验台面的整洁和干燥，不是立即要用的仪器，应保存在柜内。需要放在

台面上的仪器也应摆放得整齐有序。合理布局实验台面上的仪器装置，做到有条不紊。书包应放妥，不得放在台面上。

⑧ 爱护仪器，节约药品，节约使用水、电。公用仪器用完后，应放回原处，并保持原样；药品取完后，及时将盖子盖好，保持药品台清洁。实验仪器和药品不得私自带出实验室。

⑨ 使用精密贵重仪器，应先了解其性能和操作方法，经老师认可后才能使用。出现问题，及时报告指导老师，不得随意处理。

⑩ 废酸和废碱应分别倒入指定的废液缸内，废溶剂要倒入指定的密封容器中统一处理。固体废物（如沸石、棉花、滤纸等）也不允许丢入水槽中或地面上，应放在实验台一固定处，实验后一起清除。严防水银及毒物污染实验室，如发生意外事故应及时报告，在教师指导下采取应急措施，妥善处理。

⑪ 实验结束后，应将个人实验台面打扫干净，及时洗净仪器，若有仪器损坏应办理登记赔偿；值日生打扫实验室，整理公用仪器和药品，清理废物容器并洗刷干净。关闭水、电、煤气及门窗，报告教师后方可离开实验室。

1.2 实验室安全、事故预防与处理

由于化学合成所用的药品、原料和溶剂多数有毒、可燃、有腐蚀性和挥发性，甚至有爆炸性，所用的仪器大部分是玻璃制品。特殊条件下，还需涉及高温高压和有毒气体，如使用高压釜、钢瓶等。所以，在化学合成实验室中工作，必须认识到实验室是潜在危险的场所，如果粗心大意，违反操作规定，就容易酿成事故，如割伤、烧伤，甚至造成火灾、中毒和爆炸等。但是，只要重视安全问题，提高警惕，实验时严格遵守操作规程，加强安全措施，就能有效地防止事故发生，使实验正常进行。下面介绍实验室的安全守则和实验室事故的预防和处理。

1.2.1 实验室的安全守则

① 设计合理的实验步骤，尽量选择反应条件温和的合成路线。

② 实验开始前应检查仪器是否完整无损，装置是否正确稳妥。

③ 实验过程中，不得离开岗位，仔细观察实验进行的情况，注意装置有无漏气和破裂等情况。

④ 当进行有可能发生危险的实验时，要根据实验情况采取必要的安全措施，如戴防护眼镜、面罩或橡胶手套等。

⑤ 实验中所用药品，不得散失或丢弃。使用易燃、易爆药品时，应远离火源。实验试剂不得入口。严禁在实验室内吸烟或吃东西。实验结束后要仔细洗手。

⑥ 熟悉各种安全用具（如灭火器、砂箱、喷淋设备等）、急救药箱等的放置地点和使用方法，并注意妥善保管，不能移作他用。

1.2.2 实验室事故的预防

（1）火灾的预防

实验室中使用的有机溶剂大多数是易燃的，着火是有机实验室常见的事故之一，为避免火灾，必须注意下列事项。

① 在使用易燃的有机溶剂时要特别注意，实验装置的安装应远离火源，勿将易燃液体化合物放置在敞开的容器（如烧杯）中加热。加热时应根据实验要求及易燃物的特点选择热源，当附近有露置的易燃溶剂时，切勿点火。实验室常见的易燃溶剂有乙醚、二硫化碳、己烷、苯、甲苯、乙醇、丁醇、丙酮和乙酸乙酯等。

② 对低沸点易燃有机化合物应使用水浴进行加热，有时也可使用蒸汽浴或电热套装置。当可燃液体在加热蒸馏和回流时，应确保所有接头紧密且无张力。蒸馏时接引管的出口应远离火源，特别对于低沸点的物质（如乙醚），应用橡胶管引入下水道或室外。

③ 在明火几米的范围内勿将可燃溶剂从一个容器倒至另一容器。在进行易燃物质实验时，应养成先将酒精一类易燃的物质移开的习惯。

④ 绝不可以加热一个密封的实验装置，因为加热会导致装置内压力的增加，引起装置炸裂，引发火灾。

⑤ 用油浴加热回流或蒸馏时，必须十分注意避免由于水（特别是冷凝水）溅入热油浴中致使油溅到热源上而引起火灾的危险。

⑥ 凡进行放热反应时，应准备冷水或冷水浴。一旦发现反应失去控制，应能立即将反应器浸在冷水浴中冷却。

⑦ 不得把燃着或带有火星的火柴梗或纸条等乱抛乱丢，也不能丢入废物缸中，否则会发生危险。

（2）爆炸的预防

对爆炸事故应以预防为主，一旦发现有爆炸的危险时，首先要镇静，然后再根据情况排除险情或及时撤离，并及时报警。一般预防爆炸的措施有以下几种。

① 实验装置、操作要求正确，不能造成密闭体系，应使装置与大气相连通。对反应过于剧烈的实验，应严格控制加料速率和反应温度，使反应缓慢进行。

② 减压蒸馏时，仪器装置必须正确，要用圆底烧瓶作接收器，不能用锥形烧瓶或平底烧瓶，否则易发生爆炸。

③ 切勿使易燃易爆气体接近火源。有机溶剂如醚类和汽油一类的蒸气与空气相混时极为危险，可能会由一个热的表面或者一个火花、电花而引起爆炸。

④ 使用乙醚等醚类有机物时，必须用亚铁氰化钾检查有无过氧化物存在，如果有过氧化物存在，应用硫酸亚铁除去过氧化物，才能使用，以免发生爆炸。对于以过氧化物作引发剂的某些反应，在后续操作中应特别注意。使用乙醚时，应在通风较好的地方或在通风橱内进行，且不能有明火。

⑤ 对于易爆炸的固体，如重金属乙炔化物、三硝基甲苯、苦味酸金属盐等，都不能重压或撞击，以免引起爆炸，残渣必须小心销毁。例如，炔化银、炔化亚铜可用酸使它分解而销毁。剩余的金属钠切勿投掷到水中，金属钠遇水将燃烧并爆炸，金属钠屑必须放在指定的地方。

（3）玻璃割伤的预防

玻璃割伤是实验室常见的事故之一。避免玻璃割伤的最基本原则是切记勿对玻璃仪器的任何部分施加过度的压力或张力。

① 需要用玻璃管（棒）或温度计和塞子连接装置时，务必将手握在玻璃部件靠近橡胶

或软木塞的部位，用力处不要离塞子太远。千万不能将手握在玻璃部件的拐弯部位，否则玻璃的拐弯处很容易断裂而割伤手。

② 新割断的玻璃管断口处特别锋利，使用时，要将断口处用火烧至熔化，使之光滑后方可使用。将玻璃管（棒）或温度计插入塞子时，首先应检查孔径大小是否合适，可使用水、甘油或其他润滑剂润滑，并缓缓旋进，不可强行插入或拔出。

（4）使用化学药品的注意事项

① 切勿让化学物品不必要地与皮肤接触，特别是要注意避免接触伤口及创伤部位。不要用诸如丙酮、酒精之类的有机溶剂洗涤皮肤上的化学物品，因为这些溶剂能增加皮肤对化学物品的吸收速率。实验结束后必须认真洗手。

② 在反应过程中可能生成有毒或有腐蚀性气体的实验应在通风橱内进行，使用后的器皿应及时清洗。在使用通风橱时，实验开始后不要把头部伸入橱内。避免吸入化学物品，特别是有机溶剂的烟雾和蒸气。如果反应过程中产生有害气体（如氯化氢），则应安装有效的气体吸收装置。

③ 切勿尝试任何化学药品。

④ 化学物品一旦溅出，应立即采取相应的措施以清除溅出物。

⑤ 在使用化学药品前，应查阅相关资料，了解其毒性以及其他生理作用。

1.2.3　事故的处理

（1）火灾的处理

实验室如果发生了着火事故，应沉着镇静并及时处理，一般采用如下措施。

① 防止火势扩大。立即熄灭附近所有火源，切断电源，移开附近所有未着火的易燃物。

② 根据火势立即灭火。若火势较小，可用湿抹布或石棉网盖熄，切勿用嘴去吹，如果没有其他危险，有时可任其烧完。若火势较大，可用砂盖住火源；如着火面积大，应视不同情况使用不同的灭火器。有机溶剂着火，千万别用水浇，因为有机溶剂会漂浮在水面上，更快扩散，引起更大的火灾。如果衣服着火，切勿奔跑，应迅速用厚的外衣包裹使其熄灭。较严重者应躺在地上，以防火焰烧向头部，并用防火毯紧紧包住，使火熄灭，邻近人员也应协助灭火。电器着火，应立即切断电源，然后再用二氧化碳灭火器或四氯化碳灭火器灭火（注意：四氯化碳蒸气有毒，在空气不流通的地方使用有危险！），因为这些灭火剂不导电，不会使人触电，绝不能用水和泡沫灭火器灭火，否则易使人触电。

总之，当失火时，应根据起火的原因和火场周围的情况，采取不同的方法灭火。

（2）高温和化学灼伤

人体暴露在外的部分（如皮肤）接触了高温、强酸、强碱、溴等都会造成灼伤。因此实验时要避免皮肤与上述能引起灼伤的物质接触。取用有腐蚀性的化学药品时，应戴上橡胶手套和防护眼镜。一旦发生灼伤，应视情况分别处理。

① 高温灼伤。用大量水冲洗后，在伤口上涂以烫伤油膏。

② 药品灼伤。皮肤遭到药品灼伤应先用肥皂和大量水冲洗。对于酸灼伤，可用5％碳酸氢钠溶液洗净，再涂上烫伤油膏。若是碱灼伤，可用饱和硼酸溶液或1％乙酸溶液洗涤，再涂上烫伤油膏。溴灼伤应立即用水冲洗，以10％硫代硫酸钠浸渍，敷上烫伤油膏，包扎并送医。眼睛遭到药品灼伤，应立即用洗眼杯盛大量水冲洗眼内眼外，如被酸灼伤，可用1％碳酸氢钠溶液清洗；如被碱灼伤也可用1％硼酸清洗。

上述各种急救法，仅为暂时减轻疼痛的初步处理。若伤势较重，在急救之后，应速送医院诊治。

（3）中毒

如毒物已溅入口中，尚未咽下的应立即吐出，用大量水冲洗口腔。如已吞下，应查明药品的毒性性质，先作如下处理。

① 吞下酸。先饮大量水，然后服用氢氧化铝膏、鸡蛋白、牛奶，不要吃呕吐剂。

② 吞下碱。先饮大量水，然后服用醋、酸果汁、鸡蛋白、牛奶，不要吃呕吐剂。

③ 吞下刺激性及神经性毒物。先服用牛奶或鸡蛋白使之冲淡缓和，再服用硫酸镁溶液（约 10g 溶于 100mL 水中）催吐。有时也可用手指伸入喉部促使呕吐。

④ 吸入气体中毒。将中毒者迅速搬到室外，解开衣领及纽扣，若是吸入氯气或溴气可用稀碳酸氢钠溶液漱口。

在上述处理后，应立即送医院诊治。

（4）玻璃割伤的处理

一旦发生玻璃割伤，应仔细检查并及时处理。如果为一般轻伤，应及时挤出污血，用消毒过的镊子取出玻璃碎片，用蒸馏水洗净伤口，涂上碘酒，再用绷带包扎；如果伤口较深，应立即用绷带在伤口上部约 10cm 处扎紧，使伤口停止出血，再速送医院诊治。

1.2.4　急救器具

实验室应配备防护眼罩、喷淋器或洗眼器、急救药箱和消防器材。

消防器材包括：干粉灭火器、四氯化碳灭火器、二氧化碳灭火器、砂、石棉布、毛毡、喷淋设备。

急救药箱内应准备下列药品：红药水、碘酒（3%）、双氧水（3%）、硼酸溶液（饱和）、乙酸溶液（2%）、碳酸氢钠溶液（5%）、氨水（5%）、医用酒精、烫伤油膏、万花油、药用蓖麻油、硼酸膏或凡士林、磺胺药粉、洗眼杯、消毒棉花、创可贴、纱布、胶布、绷带、剪刀、镊子等。

1.2.5　实验室"三废"的处理

化学实验中会经常产生一些有毒的气体、液体和固体，都需要及时排弃。一些物质，特别是某些剧毒的物质，如果不经处理直接排弃可能会污染周围环境，损害人体健康。因此，对废气、废液和废渣必须经过一定的处理后才能排弃。

对产生少量有害气体的实验应在通风橱内进行，使排出气体在室外被大量空气稀释，以免污染室内空气。而对于如 NO_2、H_2S、Cl_2 和 SO_2 等可被碱液吸收的有害气体，要经过碱液吸收其大部分后再排放。废渣，特别是那些有毒的废渣，应掩埋于指定地点的地下，绝不可随意丢弃。化学合成实验中产生的"三废"更多的是废液，通常主要有两类废液。一类是具有酸碱性的洗涤废液，应收集在专用的废液缸中，经过滤、中和（pH 值 6～8）后排放。另一类是废有机溶剂，包括反应用的溶剂和重结晶用的溶剂。这部分有机废液要分类存放，一些可经蒸馏等纯化方法回收再利用。一些无法回收又污染环境的废有机溶剂也要经过专门处理后再排弃。

1.3 化学合成实验常用仪器和设备

1.3.1 化学合成实验中常用的玻璃仪器

玻璃仪器是进行化学合成实验时必备的、常用的仪器，按其口塞是否标准，分为普通玻璃仪器和标准磨口玻璃仪器两种。

（1）普通玻璃仪器

化学合成实验常用的普通玻璃仪器如图 1-1 所示。普通玻璃仪器的口径大小不一，安装

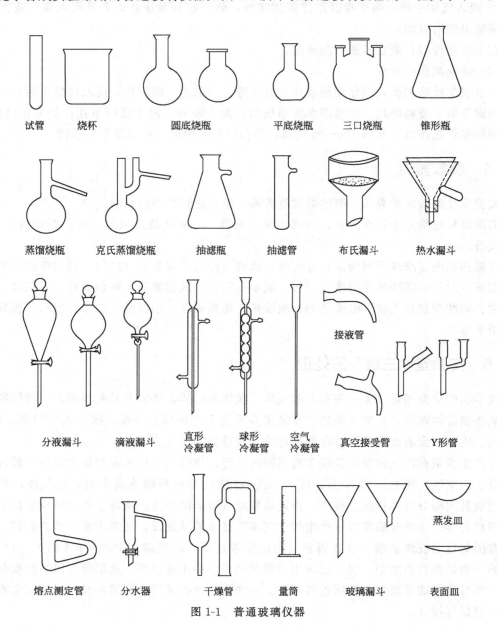

图 1-1　普通玻璃仪器

时需用软木塞或橡胶塞连接。普通玻璃仪器使用时应注意以下几点。

① 使用时，应轻拿轻放。

② 加热玻璃仪器（除试管等少数外）时要垫石棉网，不能用明火直接加热。

③ 抽滤瓶、量筒等厚壁玻璃仪器不耐热，不能作加热器皿使用，锥形瓶不耐压，不能用于减压操作中，有刻度的计量容器（如量杯、容量瓶、移液管、滴定管）不能放入烘箱内高温烘烤。

④ 分液漏斗的活塞和顶塞都是磨砂口的，若非原配的，就可能不严密，所以使用后一定要在活塞和顶塞的磨砂口间垫上纸片，以防粘住。

⑤ 温度计水银球部位的玻璃很薄，容易破损，使用时要特别小心。温度计不可作搅拌棒用，也不可用来测量超过刻度范围的温度，温度计用后要缓慢冷却，汞球不可以立即接触台面或铁板，更不允许马上用冷水冲洗，以免炸裂或汞柱断线。

⑥ 使用完玻璃仪器后，应及时清洗、晾干。

（2）标准磨口玻璃仪器

目前在化学合成实验中广泛使用标准磨口玻璃仪器，这种仪器具有标准化、通用化和系列化的特点。用同一编号的磨口标准，可以使仪器的互换性、通用性强，安装与拆卸方便，仪器的利用率高。不常用的器件，可组合成多种功能的实验装置，提高工作效率，节省时间。

标准磨口仪器的每个部件在其口、塞的上或下显著部位均具有烤印的标志，表明规格。常用的编号有10、12、14、19、24、29、34、40等。这里的数字编号是指磨口最大端直径的毫米数，见表1-1。

表 1-1　标准磨口玻璃仪器的编号与大端直径

编号	10	12	14	19	24	29	34
大端直径/mm	10	12.5	14.5	18.8	24	29.2	34.5

相同编号的内外磨口可以相互紧密连接。有的磨口玻璃仪器也用两个数字表示磨口大小，例如10/30则表示磨口最大处直径为10mm，磨口长度为30mm。当两种玻璃仪器因磨口编号不同无法直接连接时，可用不同编号的大小口接头使之连接起来，这样便可根据需要选配和组装各种形式的配套仪器，免去配塞子、钻孔等手续，又可避免反应物或产物被橡胶塞（或软木塞）所玷污。常用的一些标准磨口玻璃仪器如图1-2所示。

磨口仪器因为价格较贵，使用时更应细心和爱护。标准磨口玻璃仪器使用时应注意的事项如下。

① 磨口处必须洁净。若黏附有固体物，会使磨口对接不紧密，将导致漏气，甚至损坏磨口。

② 一般使用时，磨口不必涂抹润滑剂，以免黏附反应物或产物；若反应体系中有强碱，则应涂之，以防磨口连接处因受碱腐蚀粘牢而无法拆卸；如进行减压蒸馏时，磨口处应细心地涂上薄薄一圈真空脂以达到密封的效果。当从此磨口处倾出物料时，应先将润滑脂擦掉，以免物料受到污染。

③ 安装时把磨口和磨塞轻微地对旋连接，不宜用力过猛，不能在角度有偏差时进行硬性装拆，否则易导致仪器破裂或折断。

④ 磨口玻璃仪器使用后应及时拆卸洗净，放置时磨口处不要对接在一起，以防粘牢。

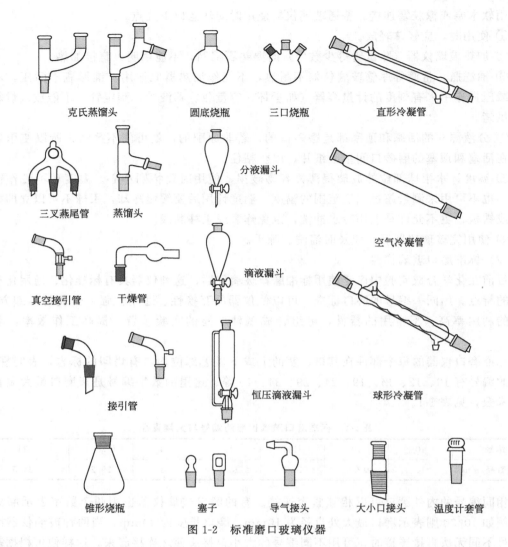

克氏蒸馏头　　　　圆底烧瓶　　　三口烧瓶　　　　　直形冷凝管

三叉燕尾管　　蒸馏头　　　　　分液漏斗

空气冷凝管

真空接引管　　干燥管　　　　　滴液漏斗

接引管　　　　　　恒压滴液漏斗　　　　球形冷凝管

锥形烧瓶　　　塞子　　　　导气接头　　大小口接头　　温度计套管

图 1-2　标准磨口玻璃仪器

若已粘牢难以拆开，可用热水煮黏结处或用热风吹磨口处，使其膨胀而脱落，还可用木槌轻轻敲打黏结处。

1.3.2　常用玻璃仪器的使用、洗涤和干燥

（1）常用玻璃仪器的应用范围

化学合成实验常用玻璃仪器的应用范围见表 1-2。

表 1-2　化学合成实验常用玻璃仪器的应用范围

仪器名称	应 用 范 围
圆底烧瓶	用于反应、回流、加热和蒸馏，根据液体体积选择规格，一般液体的体积应占容器体积的 1/3～2/3，进行减压蒸馏和水蒸气蒸馏时液体体积不得超过 1/2
三口烧瓶	用于反应，三口分别安装搅拌器、回流冷凝管及温度计等，大小选择与圆底烧瓶相同
球形冷凝管	用于回流，当反应液沸点较高时，可用直形冷凝管代替

仪器名称	应 用 范 围
直形冷凝管	用于蒸馏,蒸馏温度低于140℃时使用
空气冷凝管	用于蒸馏,蒸馏温度超过140℃时使用
刺形分馏柱	用于分馏多组分混合物
恒压滴液漏斗	用于反应体系内有压力时,顺利滴加液体
分液漏斗	用于溶液的萃取及分离
蒸馏头	与圆底烧瓶组装后用于蒸馏
克氏蒸馏头	用于减压蒸馏
布氏漏斗	用于减压过滤,瓷质,不能直接加热,滤纸要略小于漏斗的内径
抽滤瓶	用于减压过滤,与布氏漏斗配套使用
玻璃漏斗及玻璃钉	用于少量化合物的过滤,由普通漏斗和玻璃钉组成
接引管	用于常压蒸馏
真空接引管	可用于减压蒸馏,但减压蒸馏时最好用多头接引管
多头接引管	用于减压蒸馏
大小接头	用于连接不同口径的磨口玻璃仪器
锥形瓶	用于储存液体及少量溶液的加热,不能用于减压蒸馏
干燥管	内装干燥剂,用于无水反应装置
熔点(b形)管	用于测熔点
温度计	用于测量温度,一般选用比被测温度高10～20℃量程的温度计
温度计套管	用于蒸馏时套接温度计

(2) 玻璃仪器的洗涤

玻璃仪器上沾染的污物会干扰反应进程、影响反应速率、增加副产物的生成和分离纯化的困难,也会影响产品的产率和质量,情况严重时还可能遏制反应而得不到产品,所以使用清洁的实验仪器是实验成功的重要条件,也是化学工作者应有的良好习惯。实验用过的玻璃器皿必须立即洗涤。因为此时污物和玻璃表面尚未黏合得十分紧密,且污垢的性质在当时是清楚的,用适当的方法进行洗涤是容易办到的。一旦放置一段时间,清洗就要困难得多。玻璃仪器的洗涤主要有如下几种方法。

① 一般方法。用毛刷蘸少许清洁剂(如洗衣粉、去污粉)刷洗器皿内外部,再用清水冲洗。洗涤时应根据不同的玻璃仪器选择使用不同形状和型号的刷子,如试管刷、烧杯刷、圆底烧瓶刷、冷凝管刷等。在实验时,凡可用清水和洗衣粉或去污粉刷洗干净的仪器,就不要用其他洗涤方法。

② 用酸、碱或有机溶剂洗涤的方法。若用一般的方法难以洗净时,则可根据污垢的性质选用适当的洗液进行洗涤。酸性污垢可用稀的氢氧化钠溶液清洗;碱性污垢可用稀盐酸或稀硫酸溶液清洗;不溶于酸碱的有机污垢可选用合适的有机溶剂溶解,如回收的溶剂或低规格的溶剂(如苯、乙醚、乙醇、丙酮或石油醚等)。如果用有机溶剂不能洗净,可考虑用洗液浸洗。

要注意,玻璃仪器不要盲目使用酸、碱或各种有机溶剂清洗,这不但会造成浪费,更容易因加入的溶剂与性质不明的残留物发生反应而造成危险。

把玻璃表面的污物除去后，再用自来水清洗。当仪器倒置器壁不挂水珠时，表示已洗净，可供一般实验使用。用于精制或有机分析用的器皿，除用上述方法处理外，还必须用蒸馏水冲洗。

③ 用超声波清洗器。利用声波的振动和能量清洗仪器，既省时又方便，还能有效地清洗焦油状物。特别是对一些手工无法清洗的物品，以及粘有污垢的物品，其清洗效果是人工清洗无法达到的。

（3）玻璃仪器的干燥

用于有机实验的玻璃仪器，除需要洁净外，常常还需要干燥。仪器干燥程度可视实验要求而定，有些反应不需要干燥仪器，而有些反应则要求在无水条件下进行。所以仪器的干燥与否，有时是实验成败的关键。要养成在每次实验后马上把玻璃仪器洗净和倒置使之干燥的习惯，以便下次实验时使用。干燥仪器时可根据需要干燥的仪器数量多少、要求干燥的程度高低及是否急用等采用不同的方法。

① 自然晾干。自然晾干是指把已洗净的仪器开口向下挂置，任其在空气中自然晾干，这是常用和简单的方法，这样晾干的仪器可满足大多数有机实验的要求。但必须注意，若玻璃仪器洗得不够干净，水珠便不易流下，干燥就会较为缓慢。

② 热气流烘干。数件至十数件仪器可用气流烘干器（图1-3）吹干。首先将水尽量沥干后，挂在气流烘干器上的支管上，吹入热风至仪器完全干燥为止，最后吹入冷风使仪器逐渐冷却。

③ 用有机溶剂干燥。一两件亟待干燥的仪器可待仪器中水倒尽

图1-3　气流烘干器

后加入少量95％乙醇或丙酮荡洗几次并倾出，再用电吹风对玻璃仪器进行快速吹干，即可立即使用（注意！洗涤仪器所用的溶剂应倒回洗涤用溶剂的回收瓶中）。

④ 烘箱烘干。较大批量的仪器可用烘箱烘干，将经过清洗后的玻璃仪器倒置流去表面水珠后，再放入烘箱干燥。仪器上的橡胶塞、软木塞不可放入烘箱；活塞和磨口玻璃塞需取下洗净分别放置，待烘干后再重新装配。另外，应将烘箱内的温度降至室温后，才能取出玻璃仪器，切不可把很热的玻璃仪器取出，以免破裂。

1.3.3　化学合成实验中常用的设备

（1）电吹风

电吹风通常用于吹干一两件急用的玻璃仪器，先用热风吹干，再调至冷风挡吹冷。不用时需注意防潮、防腐蚀，定期维修。

（2）气流烘干器

气流烘干器是一种用于快速烘干的仪器设备，如图1-3所示，亦有冷风挡和热风挡。使用时，将洗净沥干的仪器挂在它的多孔金属管上，开启热风挡，可在数分钟内烘干，再以冷风吹冷，干燥的玻璃仪器不留水迹。气流烘干器的电热丝较细，当仪器烘干取下时应随手关掉，不可使其持续数小时吹热风，否则会烧断电热丝。若仪器壁上的水没有沥干，会顺多孔金属管滴落在电热丝上造成短路而损坏烘干器。

（3）电热套

电热套以玻璃和石棉纤维丝包裹镍铬电热丝盘成碗状，外边加上金属外壳，中间填充保

温材料，如图 1-4 所示，是一种简便、安全、无明火、热效率高的加热装置，用以加热圆底烧瓶、三口烧瓶等。电热套的大小为 50～3000mL，使用温度一般不超过 400℃。电热套具有不见明火、使用方便、控制温度容易、不易使有机溶剂着火等优点，是化学合成实验中一种比较理想的加热设备。用电热套进行蒸馏时，随瓶内物质越来越

图 1-4 电热套

少，会使瓶壁过热，有造成蒸馏物被烧焦的危险。实验过程中，特别是在蒸馏的后期，应不断降低电热套下升降台的高度。使用时应注意，不要将药品洒在电热套中，以免加热时药品挥发污染环境，同时避免电热丝被腐蚀而断开。用完后应将电热套放在干燥处，否则内部吸潮后会降低绝缘性能。

（4）电动搅拌器

图 1-5 电动搅拌器

电动搅拌器由机座、小型电动机和变压调速器几部分组成，如图 1-5 所示。电动搅拌器在合成实验中主要用于搅拌，特别适合油水等混合物溶液或固-液反应等非均相体系，不适用于过黏的胶状体系，电机会因负荷过重而发热，以至烧毁。电动搅拌器的轴承应经常加油保持润滑。在开动搅拌器前，应用手先空试搅拌器转动是否灵活，如不灵活应找出摩擦点，进行调整，直至转动灵活。使用时应注意保持转动轴承的润滑，经常加油，同时注意保持仪器的清洁和干燥，防潮、防腐蚀。

（5）磁力搅拌器

磁力搅拌器通常都带有温度和速度控制旋钮，如图 1-6 所示。将一根用聚四氟乙烯塑料包裹的磁子（搅拌子），投入盛有反应液的反应瓶中，反应瓶装置固定在磁力搅拌器的托盘中央，当接通电源后，由电机带动磁体旋转，磁体又带动反应瓶内的磁子旋转，从而达到搅拌的目的。这种磁力搅拌器使用简单、方便，能在密封的装置中进行搅拌，常用在少量、半微量实验操作中。磁力搅拌器在使用时，需小心旋转控温和调速旋钮，不要用力过猛，应依挡次顺序缓缓调节转速，高温加热时间不宜过长，以免烧断电阻丝。使用时应注意防潮防腐，用完需存放在清洁和干燥的地方。

图 1-6 磁力搅拌器

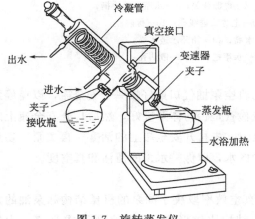

图 1-7 旋转蒸发仪

（冷凝管　真空接口　出水　进水　夹子　夹子　接收瓶　变速器　蒸发瓶　水浴加热）

（6）旋转蒸发仪

旋转蒸发仪是由电机带动的可旋转的蒸发器（圆底烧瓶）、高效冷凝器和接收器三部分组成，一般是在减压下进行蒸馏操作，是浓缩溶液、回收溶剂的理想装置，如图 1-7 所示。蒸发器不断旋转，可免加沸石而不会爆沸，而且物料的蒸发面大大增加，加快了蒸发速率。

旋转蒸发仪的基本操作步骤是：装配好单口圆底烧瓶，旋塞与大气相通。打开旋转蒸发仪的旋转开关，调节合适的转速，连接真空系统，慢慢关闭通大气的旋塞，然后加热。蒸馏完毕后，先慢慢开启旋塞通大气，待内外压力

一致时，关闭真空系统，拆去热源，待温度降低至室温后，停止旋转，取下单口圆底烧瓶。整理清洁仪器。

（7）烘箱

实验室内常用带有自动温度控制系统的电热鼓风干燥箱（简称烘箱），其使用温度为50～300℃，主要用于干燥玻璃仪器或烘干无腐蚀性、无挥发性、热稳定性好的药品，切忌将挥发、易燃、易爆物放在烘箱内烘烤。若烘干加热易分解的样品，可使用减压烘干器。烘干玻璃仪器时，一般将温度控制在100～120℃，鼓风可以加速仪器的干燥。刚洗好的玻璃仪器应尽量倒净仪器中的水，然后把玻璃器皿依次从上层往下层放入烘箱烘干。器皿口朝上，若器皿口朝下，烘干的仪器虽可无水渍，但由于从仪器内流出来的水珠滴到其他已烘干的仪器上，往往易引起后者炸裂。带有活塞或具塞的仪器，如分液漏斗和滴液漏斗，必须拔去塞子，取出活塞并擦去油脂后才能放入烘箱内干燥。厚壁仪器、橡胶塞、塑料制品等，不宜在烘箱中干燥。用完烘箱，要切断电源，确保安全。

（8）红外线快速干燥箱

红外线快速干燥箱是实验室常备的小型烘干设备，箱内装有产生热量的红外灯泡，用于烘干固体样品。通常与变压器联用以调节温度，若温度过高，会将样品烘熔或烤焦。使用时切忌将水溅到热灯泡上，这样会引起灯泡炸裂。

（9）循环水多用真空泵

循环水多用真空泵是以循环水作为流体，利用液体射流产生负压的原理而设计的一种新型多用真空泵，如图1-8所示。它广泛应用于减压蒸馏、减压结晶干燥、减压过滤、减压升华等操作中，是实验室理想的、常用的减压设备，一般用于对真空度要求不高的减压体系中。

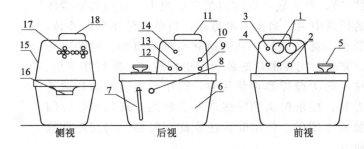

图1-8　循环水多用真空泵

1—真空表；2—抽气嘴；3—电源指示灯；4—电源开关；5—水箱上盖手柄；
6—水箱；7—放水软管；8—溢水嘴；9—电源线进线孔；10—保险座；
11,18—电机风罩；12—循环水出水嘴；13—循环水进水嘴；
14—循环水开关；15—上帽；16—水箱把手；17—散热孔

循环水多用真空泵使用时应注意以下几点：①真空泵抽气口最好接一个安全瓶，以免停泵时，水被倒吸入瓶中，使操作失败。②开泵前，应检查是否与体系接好，然后打开安全瓶上的活塞。开泵后，用活塞调至所需要的真空度。关泵时，先打开安全瓶上的活塞，再关泵。切忌相反操作，以免倒吸。③应经常补充和更换水泵中的水，以保持水泵的清洁和真空度。

（10）真空油泵

真空油泵主要用于减压蒸馏操作中，油的真空效率取决于油泵的机械结构和泵油的蒸气压高低，好的油泵真空度可达13.3Pa。油泵的结构比较精密，工作条件要求严格，为保障油泵正常工作，使用时要防止有机溶剂、水或酸气等抽进泵体。因为挥发性的有机溶剂蒸气被油吸收后，就会增加油的蒸气压，影响真空效能。酸性蒸气会腐蚀油泵的机件。水蒸气凝结后与油形成浓稠的乳浊液，破坏油泵的正常工作。平常应定期更换真空泵油，清洗机械装置，尤其是在其真空度有明显的下降时，更应及时维修，不可"带病操作"，否则机械损坏更为严重。油泵电源有三相和单相两种，切不可将零线和火线反接，会导致泵体反转而污染防护、测压装置。用毕，应封好防护、测压和减压系统。

(11) 调压变压器

调压变压器是调节电源电压的一种装置，常用于调节电炉、电热套、红外干燥箱的温度，调整电动搅拌器的转速等，使用时应注意以下几点：①注意接好地线，输入端与输出端切勿接错，不许超负荷使用；②使用时，先将调压器调至零点，再接通电源，然后根据加热温度或搅拌速率调节旋钮到所需要的位置，调节变换时应缓慢均匀；③用完后应将旋钮调至零点，并切断电源。注意仪器清洁，存放在干燥、无腐蚀的地方。

(12) 恒温水浴锅

恒温水浴锅通常用于蒸馏、浓缩、干燥时温度不超过100℃的恒温加热，可自动控温，操作简便，使用安全。工作完毕，应将温控旋钮置于最小值，再切断电源。若水浴锅较长时间不使用，应将工作室水箱中的水排出，用软布擦净并晾干。

(13) 冰箱

实验室的冰箱用来储存药品和制取实验所需的少量冰块。有的药品会散发出腐蚀性气体损蚀冰箱机件，有的会散发出易燃气体，可被电火花点燃而造成事故，所以装盛容器必须严格密封后才可放入冰箱。用锥形瓶或平底烧瓶装盛的药品不可放入冰箱，以免在负压下瓶底破裂。瓶上的标签易受冰箱中水汽的侵蚀而模糊或脱落，故在放入冰箱前应以石蜡封涂。

(14) 超声波清洗器

超声波清洗器是利用超声波发生器所发出的交频讯号，通过换能器转换成交频机械振荡而传播到介质——清洗液中，强力的超声波在清洗液中以疏密相间的形式向被洗物件辐射，产生"空化"现象，即在清洗液中有"气泡"形成，产生破裂现象。"空化"在达到被洗物体表面破裂的瞬间，产生远超过100MPa的冲击力，致使物体的面、孔、隙中的污垢被分散、破裂及剥落，使物体达到净化清洁。它主要用于小批量的清洗、脱气、混匀、提取、有机合成、细胞粉碎等。

(15) 微波反应器

微波反应器主要由高精度温度传感器、不锈钢腔体、波导截止管、液晶显示屏、玻璃仪器、主面板键盘、微型打印机和磁力搅拌转速调节旋钮等部件组成。微波辐射技术在化学合成中的应用日益广泛，通过微波辐射，反应物从分子内迅速升温，反应速率可提高几倍、几十倍甚至上千倍，同时由于微波为强电磁波，产生的微波等离子中常存在热力学得不到的高能态原子、分子和离子，因而可使一些热力学上不可能和难以发生的反应得以顺利进行。有时候微波反应器也可用家用微波炉替代。

(16) 电子天平

电子天平是实验室常用的称量设备，尤其在微量、半微量实验中经常使用。电子天平是一种比较精密的仪器，因此使用时应注意维护和保养。

① 电子天平应放在清洁、稳定的环境中，以保证测量的准确性。勿将其放在通风、有磁场或产生磁场的设备附近，勿在温度变化大、有震动或存在腐蚀性气体的环境中使用。

② 要保持机壳和称量台的清洁，以保证天平的准确性。可用蘸有中性清洗剂的湿布擦洗，再用一块干燥的软毛巾擦干。

③ 电子天平不使用时应关闭开关，拔掉变压器。

④ 称量时不要超过天平的最大量程。

（17）钢瓶和减压表

钢瓶又称高压气瓶，是一种在加压下储存或运送气体的容器，通常由铸钢、低合金钢等材料制成。氢气、氧气、氮气、空气等在钢瓶中呈压缩气状态；二氧化碳、氨、氯、石油气等在钢瓶中呈液化状态；乙炔钢瓶内有多孔性物质（如活性炭）和丙酮，乙炔气体在压力下溶于其中。钢瓶在化学合成中应用较广，但若使用不当，将会引发重大事故。若需使用钢瓶，事先应征得指导教师许可，按要求使用。为避免各种钢瓶混用，我国规定了统一的气瓶颜色标志，见表1-3。

表 1-3　几种常用气瓶的颜色标志

序号	充装气体	化学式（或符号）	瓶体颜色	字样	字色	色环
1	空气	Air	黑	空气	白	$p=20$，白色单环 $p \geqslant 30$，白色双环
2	氮	N_2	黑	氮	白	
3	氧	O_2	淡（酞）蓝	氧	黑	
4	氢	H_2	淡绿	氢	大红	$p=20$，大红单环 $p \geqslant 30$，大红双环
5	二氧化碳	CO_2	铝白	液化二氧化碳	黑	$p=20$，黑色单环
6	氯	Cl_2	深绿	液氯	白	
7	氨	NH_3	淡黄	液氨	黑	

注：色环栏内的 p 是气瓶的公称工作压力，单位为兆帕（MPa）。

使用钢瓶时要注意以下几点。

① 认准标色，不可混用。

② 存放时要避免日晒、雨淋、烘烤、水浸和药品腐蚀，实验室尽量少放钢瓶。

③ 搬运时要轻拿轻放并戴上瓶帽，防止摔碰或剧烈震动。存放和使用时应放稳，防止滚动，并避免油和其他有机物玷污钢瓶。

④ 使用时要安放稳妥并装上减压阀；瓶中气体不可用完，应至少留有 0.5% 表压以上的气体不用，以防止重新灌气时发生危险。

⑤ 在使用可燃性气体时，一定要有防止回火的装置（有的减压表带有此装置）。在管路中加液封也可以起保护作用。

⑥ 钢瓶使用时要用减压表，各种减压表不能混用。开启气门时应站在减压表的另一侧，以防减压表脱出而被击伤。减压表是由指示钢瓶压力的总压力表、控制压力的减压阀和减压后的分压力表三部分组成。先将减压阀旋至最松位置（即关闭状态），然后打开钢瓶的气阀门，瓶内的气压即在总压力表上显示。慢慢旋紧减压阀，使分压力表达到所需压力。用毕，应先关紧钢瓶的气阀门，待总压力表和分压力表的指针复原到零时，再关闭减压阀。

⑦ 钢瓶应定期试压检验（一般三年检查一次）。逾期未检验或锈蚀严重时，不得使用，漏气的钢瓶不得使用。

1.4 实验的预习、记录和实验报告

化学合成实验是一门综合性较强的理论联系实际的课程，它是培养学生独立工作能力的重要环节。完成一份正确、完整的实验报告，也是一个很好的训练过程。在进行每个实验时，必须做好实验预习、实验记录和实验报告。

1.4.1 实验预习

实验预习是化学实验的重要环节。为了使实验能够达到预期的效果，避免照方抓药，在实验之前要做好充分的预习和准备，想清楚每一步操作的目的是什么，为什么这么做，这是做好实验的关键，只有预习好了，实验时才能做到又快又好。预习时除了要求反复阅读实验内容，领会实验原理，了解有关实验步骤和注意事项外，还需在实验记录本上写好预习提纲。一般来说，比较完整的预习提纲应包括以下内容。

① 实验目的和要求。

② 实验原理：主反应和重要副反应的反应方程式。

③ 查阅原料、产物、副产物和试剂的物理常数。

④ 原料的用量、规格、过量原料的过量百分数，计算理论产量。

⑤ 正确而清楚地画出装置图。

⑥ 写出实验简单步骤（不是照抄教材实验内容）。

⑦ 找出本实验的关键步骤、难点和相应的实验操作注意事项。实验过程中的安全问题。

⑧ 画出反应及产品纯化过程的流程图。例如，1-溴丁烷的制备与粗产物分离提纯过程：

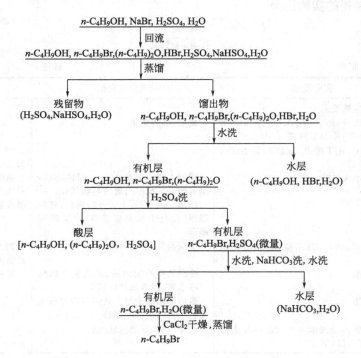

1.4.2 实验记录

实验记录是科学研究的第一手资料，实验记录的好坏直接影响对实验结果的分析。因此，学会做好实验记录也是培养学生科学作风及实事求是精神的一个重要环节。

（1）实验记录本

每位学生应有一本实验记录本，并编好页码，不能撕下记录本的任何一页。对于观察到的现象应详实地记录，不能虚假。判断记录本内容的标准，是记录必须完整，写错可以用笔划去，但不能涂抹或用橡皮擦掉。不仅自己现在能看懂，甚至几年后也要能看懂，而且还应使他人能看得明白。写好实验记录本是从事科研实验的一项重要训练。

在实验记录本上做预习提纲、实验记录及实验总结。

（2）实验记录

每做一个实验，应从新的一页开始记录。在实验过程中，必须养成一边进行实验一边直接在记录本上做实验记录的习惯，不能事后凭记忆补写，或以零星纸条暂记再转抄。记录时，要与操作步骤一一对应，内容要简明扼要，条理清楚。记录本上应认真记录：实验的日期，试剂的规格和用量，仪器的名称、规格、牌号，仪器装置，主要操作步骤的时间以及实验的全部过程，如反应液颜色的变化、有无沉淀及气体出现、固体的溶解情况、加热温度和加热后反应的变化等。同时还应记录加入原料的颜色、数量和投入顺序以及产品的颜色、产量、熔点或沸点等物化数据。记录务必实事求是，能准确反映实验事实。特别是当观察到的现象和预期不同，以及操作步骤与教材规定的不一致时，要按照实际情况记录清楚，以便作为总结讨论的依据。一般情况下，在记录时应多记一些，这样可便于写实验报告时进行选择。实验结束后，将实验记录本交老师签字。

附：1-溴丁烷的制备的实验记录

实验记录

实验：1-溴丁烷的制备　　　　　　　　　　　　　　　　日期：＿＿＿年＿＿月＿＿日

时间	实验步骤	现象与数据	备注
8:30	安装反应装置		
8:50	在烧瓶中加入 5mL 水、6mL 浓 H_2SO_4，振摇，冷却至室温	放热，烧瓶烫手	
9:00	加 3.8mL 正丁醇及 5g 研细的 NaBr，振摇，加沸石		用 5% NaOH 溶液作为吸收液
9:10	石棉网小火加热回流	浅棕红色，加热 15min 固体 NaBr 全部溶完。瓶中出现白雾状气体。瓶中液体变成 3 层：上层开始极薄，越来越厚，颜色由淡黄变橙黄；中层越来越薄	瓶中白雾状 HBr 增多并从冷凝管上升，被气体吸收装置所吸收
9:40	停止回流，稍冷，改用蒸馏装置，补加沸石	中层消失，变为两层	把产物和副产物等有机物蒸出反应体系
9:55	开始蒸馏	冷凝管中有馏出液，乳白色油状物沉在水底，后来油状物减少	说明产物全部被蒸出
10:25	停止蒸馏	最后馏出液变清。蒸馏瓶冷却析出无色透明结晶($NaHSO_4$)	
10:35	馏出液转入分液漏斗中，加 5mL 水洗涤，分出有机层（下层）	去掉上层，下层呈乳浊状	

时间	实验步骤	现象与数据	备注
10:45	有机层于干燥分液漏斗中用 5mL 浓硫酸洗涤	洗涤时发热。分去下层硫酸(呈棕黄色),产物在上层(清亮)	加浓硫酸洗涤时发热,表明粗产物中丁醚、丁醇或水分过多
10:55	有机层(上层)用 5mL 水洗涤	去掉上层,产物在下层,略带黄色	
11:05	下层用 5mL 饱和 NaHCO₃ 洗涤	产生 CO₂,两层交界处有少许絮状物,产物在下层	
11:15	下层用 5mL 水洗涤	产物在下层,浑浊	
11:20	粗产物置于干燥锥形瓶中,加约 0.5g 无水氯化钙干燥	粗产物由浑浊变透明,底部氯化钙部分结块	
11:50	将产物滤入 15mL 干燥圆底烧瓶中,安装好蒸馏装置,加沸石		
12:00	石棉网上加热蒸馏	97℃开始有馏出物(2 滴),温度很快升至 99℃,开始收集产品	
12:33	蒸馏完成	温度升至 103℃,温度开始下降,停止蒸馏,冷却后瓶中残留液体很少	
12:40	折射率测定	温度 25℃,读数 1.4385、1.4386、1.4384	无色透明液体,稍带浑浊。接收瓶 15.5g;接收瓶+产物 19.3g

1.4.3 实验报告的基本要求

实验报告是整个实验的一个重要组成部分。实验操作完成之后,必须对实验进行总结,即讨论观察到的实验现象、分析出现的问题、整理归纳实验数据等。这是把各种实验现象提高到理性认识的必要步骤,巩固已取得的收获。这就要求每做一个实验都要写实验报告。写好实验报告对于学生今后进行科研和撰写科学论文也是一种很好的训练。这部分工作在课后完成,要如实记录填写报告,文字精练,图表准确,讨论要认真。实验报告的书写格式可根据性质实验、制备实验等不同类型而不同,制备实验的实验报告应包括以下内容。

(1)实验题目

(2)实验目的

(3)实验原理(用反应式表示)

主反应:

主要副反应:

(4)主要试剂及产物的物理常数

(5)主要试剂的规格与用量

(6)仪器装置图

(7)实验步骤(真实实验步骤的描述,不应照抄)和现象记录

(8)产品外观、物理常数(沸点、熔点、折射率等)及其质量、产率计算

产品测试的物理常数:可以列表填写,分别填上产物的文献值和实测值,并注明测试条件,如温度、压力等。

在计算理论产量时,应注意:①有多种原料参加反应时,以摩尔数最小的那种原料的量

为准；②不能用催化剂或引发剂的量来计算；③有异构体存在时，以各种异构体理论产量之和进行计算，实际产量也是异构体实际产量之和。计算公式如下：

$$产率 = \frac{实际产量}{理论产量} \times 100\%$$

（9）问题讨论

实验报告中的问题讨论一定是自己实验的心得体会和对实验的意见、建议或老师布置的思考题等，其内容包括：①讨论失败的实验操作，分析失败的原因；②分析实验中出现的问题和解决的办法；③对实验结果和产品进行分析；④写出做实验的体会或对实验提出建设性的建议。

附：1-溴丁烷的制备的实验报告示例

实验× 1-溴丁烷的制备

_____年_____月_____日

一、实验目的

1. 了解从正丁醇制备 1-溴丁烷的原理及方法。

2. 掌握液态有机化合物的洗涤、干燥、分液和蒸馏等基本操作技术。

3. 初步掌握回流装置和有害气体吸收装置的应用及其目的。

二、反应原理

反应式：
$$NaBr + H_2SO_4 \longrightarrow HBr + NaHSO_4$$

$$CH_3CH_2CH_2CH_2OH + HBr \xrightarrow[\triangle]{H_2SO_4} CH_3CH_2CH_2CH_2Br + H_2O$$

副反应：
$$CH_3CH_2CH_2CH_2OH \xrightarrow[>140℃]{H_2SO_4} CH_3CH_2CH = CH_2 + H_2O$$

$$2CH_3CH_2CH_2CH_2OH \xrightarrow[130\sim140℃]{H_2SO_4} (CH_3CH_2CH_2CH_2)_2O + H_2O$$

$$2HBr + H_2SO_4 \longrightarrow Br_2 + SO_2 + 2H_2O$$

三、主要试剂用量及规格

正丁醇：化学纯，3.8mL（0.042mol）

浓硫酸：工业品，6mL（0.11mol）

溴化钠：化学纯，5g（0.049mol）

四、主要试剂及产物的物理常数

名　称	分子量	性状	相对密度	熔点/℃	沸点/℃	折射率	溶解度/(g/100mL)		
							水	乙醇	乙醚
正丁醇	74.12	无色透明液体	0.8098	−89.2	117.7	1.3993	7.920	∞	∞
1-溴丁烷	137.03	无色透明液体	1.299	−112.4	101.6	1.4399	不溶	∞	∞

五、仪器装置

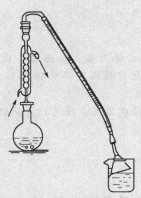

1-溴丁烷的制备装置

六、实验步骤及现象

实验步骤	现象与数据
(1)于 50mL 圆底烧瓶中加 5mL 水、6mL 浓 H_2SO_4，振摇，冷却至室温	放热，烧瓶烫手
(2)加 3.8mL 正丁醇及 5g NaBr，振摇，加沸石	有许多 NaBr 未溶，不分层，瓶中出现白雾状(HBr)气体
(3)迅速装冷凝管和 HBr 吸收装置(5% NaOH 液)，石棉网小火加热 30min	沸腾，瓶中白雾状 HBr 增多并从冷凝管上升被气体吸收装置所吸收。瓶中液体变成三层：上层开始极薄，越来越厚，颜色由淡黄变橙黄；中层越来越薄，最后消失
(4)稍冷，改用蒸馏装置，加沸石，蒸出 1-溴丁烷	开始馏出液为乳白色油状物，后来油状物减少，最后馏出液变清(说明产物全部被蒸出)，停止蒸馏。蒸馏瓶冷却析出无色透明结晶(NaHSO$_4$)
(5)粗产物用 5mL 水洗； 于干燥分液漏斗中用 5mL 浓硫酸洗； 有机层(上层)用 5mL 水洗； 5mL 饱和 NaHCO$_3$ 洗； 5mL 水洗	产物在下层，呈乳浊状； 产物在上层(清亮)，硫酸在下层，呈棕黄色； 产物在下层，略带黄色； 产生 $CO_2\uparrow$，两层交界处有少许絮状物，产物在下层； 产物在下层，浑浊
(6)粗产物置于干燥锥形瓶中，加约 0.5g 无水氯化钙干燥 30min	粗产物由浑浊变透明，底部氯化钙部分结块
(7)将产物滤入 15mL 干燥圆底烧瓶中，加沸石，于石棉网上加热蒸馏，收集 99～103℃ 馏分	97℃ 开始有馏出物(2 滴)，温度很快升至 99℃，并长时间稳定于 101～102℃，最后升至 103℃，温度开始下降，停止蒸馏，冷却后瓶中残留液体很少
产物外观，质量	无色液体，稍带浑浊。瓶重 15.5g，共重 19.3g，产物重 3.8g
折射率测定	温度 25℃，读数 1.4385、1.4386、1.4384(文献值为 1.4399)

七、产率计算

因其他试剂过量，理论产量按正丁醇计算。

$$n\text{-}C_4H_9OH + HBr \longrightarrow n\text{-}C_4H_9Br + H_2O$$

$$\begin{array}{cc} 1 & 1 \\ 0.042 & 0.042 \end{array}$$

即 1-溴丁烷的理论产量为：$0.042 \times 137 = 5.75$

$$产率 = \frac{3.8}{5.75} \times 100\% = 66.1\%$$

八、实验讨论与思考题解答

1. 在回流过程中，烧瓶中液体出现三层。上层为 1-溴丁烷，中层可能为硫酸氢正丁酯，随着反应的进行，中层消失即表示大部分正丁醇已转化为 1-溴丁烷。上、中两层液体呈橙黄色，可能是由于副反应产生的溴所致。

2. 产物稍显浑浊，而蒸馏前为透明液体，很可能是蒸馏装置干燥不够。

3. 思考题解答（略）。

1.5 化学合成实验常用数据参考书

化合物的物理常数是设计制备实验方案、确定分离提纯化合物方法的重要依据，也常常利用化合物的物理性质鉴别化合物。因此，熟练使用化学手册和有关参考书对学好化学合成实验是很重要的，尤其是在开放实验教学中就显得格外重要。如查找实验用反应试剂的安全数据或获得产物的熔点、沸点等都必须使用化学手册，做设计性实验和研究性实验就更离不开化学手册。能够熟练地使用手册和参考书将会大幅度减少准备实验所花费的时间。这里，推荐使用的化学实验最常用的辞典、手册和参考书如下。

（1）化学辞典（第二版），周公度主编，化学工业出版社，2011

这是一本化学工具书，涵盖了有机化学、无机化学、高分子化学、生物化学、分析化学及物理化学等，有 7000 多个条目。条目的内容分为两类：一类是概念性的名词，包括定理、理论、概念、化学反应和方法等；另一类是物质性名词，包括典型的和常用的化学物质，介绍它们的结构、性能、制法和应用。

（2）化工辞典（第五版），姚虎卿主编，化学工业出版社，2014

这是一本综合性的化工工具书，主要解释化学工业中的原料、材料、中间体、产品、生产方法、化工过程、化工机械和化工仪表自动化等方面词目以及有关的化学基本术语词目。列出了物质的分子式、结构式、基本的物理化学性质、相对密度、熔点、沸点和溶解度等数据，并有简要的制备方法和用途说明。内容按汉语拼音字母顺序排列，书末附有英文索引，查阅较为方便。

（3）有机化学实验常用数据手册（第三版），吕俊民编，大连理工大学出版社，1997

这是一本针对有机化学实验而编写的手册。有机化学实验常遇到的"无机化合物的物理常数"和"有机化合物的物理常数"是该手册的重要部分，包括化合物的名称（英文）、化学式、分子量、颜色和晶型、相对密度、熔点、沸点、折射率和在水、醇、醚中的溶解度以及条目来源。在常数表的前面有使用说明，后面有化学式索引。该手册的第二部分内容是与有机化学实验有关的热力学方面的数据，第三部分是关于物质的安全数据。

（4）Handbook of Chemistry and Physics（简称 CRC 手册），美国化学橡胶公司出版

这是一部英文版的化学与物理手册，应用很广。1913 年出版第一版，自 20 世纪 50 年代起，几乎每年再版一次。内容主要包括六个方面：A 部，数学用表，例如基本数学公式、

度量衡的换算等；B 部，元素和无机化合物；C 部，有机化合物；D 部，普通化学，包括二组分和三组分恒沸点混合物、热力学常数、缓冲溶液的 PH 等；E 部，普通物理常数；F 部，其他。

这里仅对 C 部（有机化合物）作一简单介绍。在"有机化合物"这部分中主要列出了常见有机化合物的名称、别名和分子式、分子量、颜色、结晶形状、比旋光度和紫外吸收、熔点、沸点、相对密度、折射率、溶解度等物理常数和参考文献。化合物按英文名称的字母顺序排列，查阅时，首先要知道化合物的英文名称和归属的类别。例如，要查阅邻苯二甲酸酐的常数时，可从它的英文名称 phthalic acid anhydride 进行查阅。凡属衍生物的化合物，大多列在母体化合物的项下。如果不知道化合物的英文名称，在 C 部有机化合物物理常数表后面，有分子式索引（Formula Index），它按碳、氢数目的顺序而其他元素符号按英文字母的顺序排列。由于有机化合物有同分异构现象，在同一分子式下面常有许多编号，则需要逐一去查。

（5）Heilbron IV，Dictionary of Organci Compounds，6thed，1995

这本书中收集了常见的有机化合物近 17000 条，在保留原有化合物组成、分子式、结构式、来源、性状、物理常数、化合物性质及其衍生物等内容的基础上，增加了手性化合物、有机硫、有机磷和天然产物等内容，并给出了制备这些化合物的主要文献资料。各化合物按名称的英文字母排序。该书的中文译本名为《汉译海氏有机化合物辞典》，中文译本仍按化合物英文名称的字母顺序排列，在英文名称后附有中文名称，因此在使用中文译本时，仍需知道化合物的英文名称。

（6）Aldrich，美国 Aldrich 化学试剂公司出版

这是一本化学试剂目录，收集了数万个化合物。一个化合物作为一个条目，列出了化合物的分子量、分子式、沸点、熔点、折射率等数据，较复杂的化合物还附有结构式，并给出了该化合物核磁共振和红外光谱谱图的出处。书后附有分子式索引，便于查找，还列出了化学实验中常用仪器的名称、图形和规格。

进入互联网时代，化合物信息的另一个重要来源就是网络，可根据各实验室的具体条件到化学网站去查找化学资料以及供应商的化学试剂目录，如各种版本的《化学试剂目录》《化工产品目录》等，包括所供应的试剂、产品的物理化学性质及使用安全须知等。

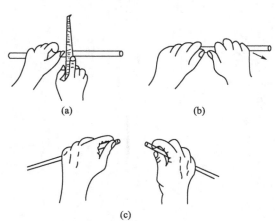（省略）

2 化合物合成的基本操作技术

2.1 简单的玻璃工操作和塞子的配置

玻璃工操作和塞子的配置是化学合成实验中最基本的操作。在实验中，常常要用不同规格和形状的玻璃管和塞子等配件把各种玻璃仪器正确地安装起来。此外，测熔点用的毛细管、测沸点用的沸点管以及滴管、搅拌棒、玻璃钉等也必须自己动手制作，以满足实验的需要。这是化学实验人员的一项基本技能。

2.1.1 简单的玻璃工操作

（1）玻璃管（棒）的洗净和截断

需要加工的玻璃管（棒）均应清洁和干燥。洗涤的方法是把长玻璃管（棒）适当截短，放在铬酸洗液中浸泡，然后取出用自来水冲净，再用蒸馏水清洗，最后干燥。

玻璃管（棒）的截断操作，一是锉痕，二是截断。锉痕用的工具是小锉刀（三角锉、扁锉）或小砂轮。锉痕的操作是：把玻璃管（棒）平放在桌子的边缘，左手的拇指按住玻璃管（棒）要截断的部位，右手执小锉刀，把锉刀的棱边放在要截断的部位，用力锉出一道凹痕，凹痕深度为管（棒）直径的 1/4～1/10。

注意：锉痕时只许朝一个方向（向前或向后）锉去，不能来回拉锉，否则不但锉痕多，使锉刀变钝，而且断裂不平整。

当锉出了凹痕之后，两手分别握住凹痕的两边，凹痕向外，两个拇指抵住凹痕背面，用力急速轻轻向外推，并略向两边拉，就可将玻璃管（棒）在凹痕处折成两段，如图 2-1 所示。

为安全起见，可在锉痕两边包上布再折断，同时尽可能离眼睛远些。

若要截断较粗的玻璃管（棒）或需在玻璃管（棒）的近端处截断，用上述方法难以奏效，这时可先用锉刀在截断处锉一凹痕，并用水滴湿；再将一根末端拉细的

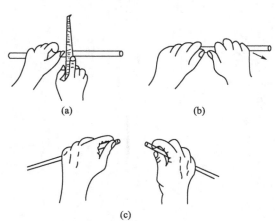

（a）　（b）

（c）

图 2-1　玻璃管（棒）的截断

玻璃管（棒）加热到白炽，使成珠状，然后迅速把它压触到锉痕的端点处，锉痕往往会骤受强热而裂开。若裂痕未能扩展成一整圈时，可以逐次用烧热的玻璃管（棒）的末端压触在裂痕的稍前处引导，直至玻璃管（棒）完全断开。另一种常用的方法是将一段拉直的电阻丝的两端与两根导线连接，电阻丝绕成一圆圈套在玻璃管（棒）的锉痕处，并紧贴玻璃管（棒），导线两端再接上变压器，接通电源，慢慢升高电压至电阻丝呈亮红色，稍待一会切断电源后，再用滴管滴水至锉痕处，玻璃管（棒）骤冷会自行断开。

截断的玻璃管（棒）边缘很锋利，容易割破皮肤、橡胶管或塞子，必须烧熔使之光滑。操作方法：将玻璃管（棒）成45°倾斜在氧化焰的边缘处，边烧边转动直到光滑即可。不可烧得过久，以免管口缩小。

（2）玻璃管（棒）的弯曲

玻璃无固定的熔点，玻璃管（棒）加热到一定温度后逐渐变软。玻璃管（棒）的软化温度与玻璃的原料组成、质量、管壁的厚度等有关。加工玻璃管（棒）的关键是掌握好"火候"，最适宜的温度是玻璃管（棒）受热软化尚未自行流动、处于黏滞状态时的温度。未达到黏滞状态，玻璃管太硬，弯曲时容易折断；超过黏滞状态，则玻璃管太软，极易变形。此外，玻璃管受热弯曲时，管的一面要收缩，另一面要伸长。收缩的一面易使管壁变厚，伸长处易使管壁变薄，因此操作方法不当，弯曲处会出现瘪陷或纠结现象。

玻璃管的弯曲一般可按下述操作进行：先把干燥的玻璃管按所需长度截断，再将玻璃管放在灯焰上方左右移动，驱除管内水汽。然后两手握住玻璃管的两端，把要弯曲的部分平放在灯管上套一鱼尾灯头（扁灯头）的煤气灯或酒精喷灯的氧化焰中加热，也可以斜放在火焰上加热（加大玻璃管与火焰的接触面），一边加热，一边缓慢朝一个方向转动使玻璃管受热均匀，见图2-2(a)，当加热部位呈黄红光并开始软化时即离开火焰，两手水平持着轻轻着力，顺势弯曲至所需的角度，见图2-2(b)。如果要弯成较小的角度，常需分几次弯曲，每次弯一定的角度后，再次加热位置稍有偏移，用累积的方式达到所需的角度。弯制合格的玻璃管其弯曲部位不可出现瘪陷或纠结情况，如图2-2(c)所示，管径应该是厚薄与粗细保持均匀状态，角的两边应在同一平面上。

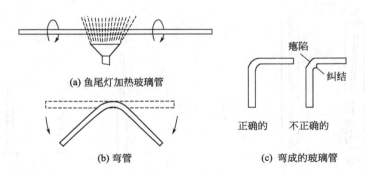

(a) 鱼尾灯加热玻璃管

(b) 弯管

瘪陷

纠结

正确的　不正确的

(c) 弯成的玻璃管

图 2-2　制作玻璃弯管

另一种弯制方法：将玻璃管的一端封住，再在火焰中加热至玻璃管变软，移出灯焰，在开口一端稍加吹气同时缓慢地将玻璃管弯成所需的角度。

加工后的玻璃管（棒）应及时进行退火处理，退火的方法是趁热在弱火焰中加热一两分钟，然后取出放在石棉网上冷却至室温。如果不进行退火处理，玻璃管（棒）内部会因骤冷而产生很大的内压力，使玻璃管（棒）断裂，即使当时不立即断裂，过后也可能会断裂。

（3）熔点管和沸点管的拉制

这两种管子的拉制实质上就是把玻璃管拉制成一定规格的毛细管，拉制方法如下。

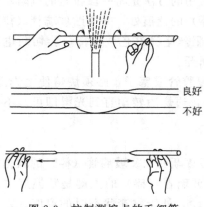

图 2-3　拉制测熔点的毛细管

① 熔点管。将一根洗干净并干燥过的薄壁玻璃管（直径约 10mm）放在喷灯上边加热边转动，当加热到玻璃管发黄红光且变软时，移出火焰，两手从水平方向向外拉伸，如图 2-3 所示，拉时用力不要过猛，开始较慢，然后较快地拉长。在拉长的同时，应注意玻璃管粗细的变化，待拉成内径约 1mm 时，立即停止拉长，但两手仍要拉着玻璃管的两端呈直线状，让其稍冷后再放在石棉网上冷却。冷至室温后截取成长度约 18mm 的小段，两端用小火熔封。熔封时将毛细管呈 45°于小火的边缘处，一边烧，一边来回转动，至管口一合拢就立即拿出。要做到既封严又不烧扭形成粒点。使用时从中间截断即得两根熔点管。

② 沸点管。仿照熔点管的方法拉制成内径为 3～4mm 的小玻璃管，截取长度为 7～8cm，一端用小火封闭，以此作为沸点管的外管。另将内径约 1mm 的毛细管截成 9mm 长，封闭一端以此作为沸点管的内管（称毛细起泡管），两者一起组成微量法测沸点用的沸点管，如图 2-4(a) 所示。制作内管的另一种方法是把内径约 1mm 的毛细管，截成长 8～9cm 两根，先在酒精灯上分别将其一端熔封，然后将封口在灯焰上对接起来，再在一端离接头 4～5mm 处整齐截断，作为内管，把内管插入外管中即构成一套沸点管，见图 2-4(b)。

拉制的毛细管若粗细不匀或呈扁形则不符合要求。不合格的毛细管可截成长 1cm 左右的小段，将其一端封闭，装在试管中，在以后蒸馏操作中作玻璃沸石用。拉制毛细管剩余的短尾管可用来制作滴管。方法是：把细端口在火焰边缘烧圆，粗端口烧软后在石棉网上轻轻按一下，或用镊子插入管口转一圈，使呈喇叭口状，冷却后装上胶头，即为胶头滴管。

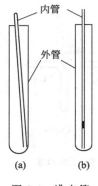

图 2-4　沸点管

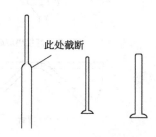

图 2-5　玻璃钉

（4）玻璃钉和玻璃棒的制备

制备玻璃钉的方法与拉制毛细管的操作方法相似。将一段玻璃棒拉制成直径为 2～3mm 粗细的玻璃棒，从较粗的一端开始截取长度为 6cm 左右的一段，将粗的一端在氧化焰边缘烧红软化后，垂直在石棉网上，手拿玻璃棒中部，用力向下压，迅速使软化部分呈圆饼状。再把较细的一端烧圆，即成玻璃钉，见图 2-5。与漏斗配合便是玻璃钉漏斗过滤装置，供过滤少量晶体用。

另取一根玻璃棒，将其一端在氧化焰边缘烧红软化后在石棉网上按一下制成呈圆饼状，截成10～20cm长，玻璃棒的一端在火焰上烧圆，可得搅拌棒，作为研磨样品和在抽滤时作挤压用。还可根据需要制出各种各样的搅拌棒，以方便使用。

（5）拉制减压蒸馏用毛细管

要选用厚壁玻璃管。拉制方法与拉制熔点管相似，其要点在于拉伸时，动作要较迅速。欲拉制细孔且不易断的毛细管，可用两次拉制法。先拉制成管径为1.5～2mm的细管，稍冷后截断之。然后将细管部分用小火焰烧软，移离火焰并快速拉伸。为检验毛细管是否合用，可向管内吹气，毛细管的管端在乙醚或丙酮溶液中会冒出一连串小气泡。

2.1.2　塞子的配置和钻孔

为了使各种不同的仪器连接装配成套，就要借助于塞子，即使是配套的磨口仪器，也少不了要用到一些塞子。化学实验中常用的塞子有软木塞和橡胶塞两种。软木塞的优点是不易和有机化合物作用，但密闭性较差，易漏气和被酸碱腐蚀。橡胶塞的优点是不漏气和不易被酸碱腐蚀，但易受有机物的侵蚀而溶胀。在要求密封的实验中（例如减压蒸馏和抽气过滤等）就必须使用橡胶塞，以防漏气。

（1）塞子的选择

塞子的大小应与所塞仪器颈口相适合，塞子进入颈口部分不能少于塞子本身高度的1/3，也不能多于2/3，一般以塞子进入仪器颈口的1/2～2/3为宜，见图2-6。选用软木塞时必须注意两点：一是不应有裂缝存在，避免有直的沟槽和很多麻点，不然就会漏气；二是新的软木塞只要能塞入1/3～1/2时就可以了，因为软木塞经过压塞机压软后就能塞入2/3左右了。

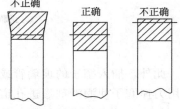

图2-6　塞子的选择

（2）塞子的钻孔

① 钻孔器的选择。钻孔用的工具叫做钻孔器（也叫打孔器），这种钻孔器是靠手力钻孔的。每套钻孔器有五六支直径不同的钻嘴，以供选择。钻孔时要选用合适的钻嘴。对软木塞钻孔，应选用比欲插入的物体外径稍小或接近的钻嘴，而且软木塞在钻孔前先要用压塞器碾压紧密，以防止打孔时裂开；若在橡胶塞上钻孔，要选用比欲插入的管子的外径稍大一些的钻嘴，因为橡胶塞有较大弹性，会使钻成的孔径变小。

② 钻孔方法。为了减少钻孔器与塞子间的摩擦，应在钻嘴的前端涂上水或凡士林等润滑剂。将塞子小的一端朝上，平放在桌面上的一块木板上（防止钻坏桌面）。钻时，左手固定住塞子，右手握住钻孔器的柄，对准钻孔的位置，用力对钻孔器向下施加压力并以顺时针方向向下钻动，不要使钻孔器左右摆动，也不要倾斜，以免钻的孔道不直。当钻至约塞子高度的一半时，按逆时针方向旋出钻孔器，用铁杆捅掉钻孔器中的塞芯，然后再从塞子大的一面对准原钻孔的位置把孔钻通，见图2-7。最后拔出钻孔器，捅掉钻孔器中的塞芯。

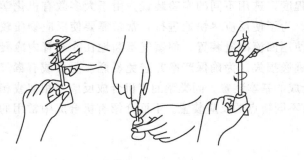

图2-7　塞子的钻孔

把孔钻好后，要检查孔道是否适宜。如果玻璃管等很容易插入，说明孔道过大，会漏气不能用，若孔道略小或不光滑时，可用圆锉修整。

（3）玻璃管插入塞子的方法

首先玻璃管的截断面要烧圆滑、无棱角，并且在要插入塞子孔道的一端（或温度计的水银球部分）用水或甘油润湿，然后左手拿住塞子，右手捏住玻璃管或温度计接近塞子的部位（一般距离为 3～4cm），均匀地用力慢慢旋转插入塞子内。请注意：握玻璃管的右手距塞子一定不能太远，用力也不能太大，以防折断玻璃管或温度计而刺破手掌，为安全可用抹布包住玻璃管；再者，在插入或拔出弯曲管时，手不能握在弯曲的部位，见图 2-8。

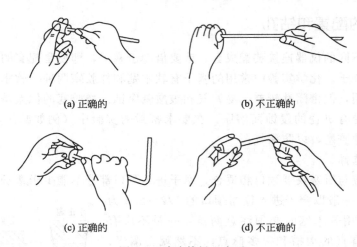

(a) 正确的   (b) 不正确的

(c) 正确的   (d) 不正确的

图 2-8　玻璃管插入塞子

此外，插入塞子的玻璃管或温度计，时间长了有时拔不出来，这时可用水或甘油润湿，并用力捏塞子使润滑剂渗进孔道内，使其易于从塞中旋转取出。

每次实验后将所配好用过的塞子洗净、干燥、保存备用，以节约器材。

2.2　化学合成实验常用装置

2.2.1　化学合成实验常用装置

化学合成反应，特别是有机合成反应一般都比较复杂，影响反应的因素也比较多，因而需根据反应物、生成物及反应进行的难易程度，选用不同的实验装置。由于大多数有机化学反应在室温下，反应速率很小或难于进行。为了使反应尽快地进行，常常需要使反应物质较长时间保持沸腾。在这种情况下，就需要使用回流冷凝装置，使蒸气不断地在冷凝管内冷凝而返回反应器中，以防止反应瓶中的物质逃逸损失。为确保产率并避免易燃、易爆或有毒气体逸漏事故，各种回流装置成为进行有机合成的基本装置。同类型的有机合成反应有相似或相同的反应装置，不同的有机合成反应往往有不同特点的反应装置。下面介绍有机合成中常用的以回流为核心的各种装置。

（1）回流冷凝装置

图 2-9 是几种常用的回流冷凝装置，其中图 2-9(a) 是最简单的回流冷凝装置。将反应

物放在圆底烧瓶中，在适当的热源或热浴上加热。直立的冷凝管中自下至上通入冷水，使夹套充满水，水流速率不必很快，只要能保持蒸气充分冷凝即可。回流的速率应控制在蒸气上升高度不超过冷凝管的1/3或蒸气上升不超过两个球为适宜。冷凝管选择的依据是反应混合物沸点的高低，一般高于140℃时应选用空气冷凝管，低于140℃时应选用水冷凝管，水冷凝管一般选用球形冷凝管。需要回流时间很长或反应混合物沸点很低或其中有毒性很大的原料或溶剂时，可选用蛇形冷凝管以提高冷却回流的效率。反应烧瓶的选择应使反应混合物占烧瓶容量的1/3～1/2为宜。

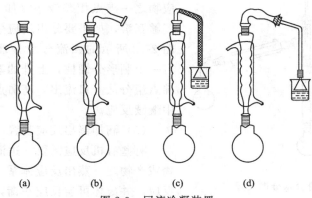

图 2-9　回流冷凝装置

　　如果反应物怕受潮，可以在冷凝管上端安装干燥管防止空气进入，见图2-9(b)。干燥剂一般可选用无水氯化钙。但应注意干燥剂不得装得太紧，以免因其堵塞不通气使整个装置成为封闭体系而造成事故。如果反应中会放出有害气体，可装配气体吸收装置，见图2-9(c)，吸收液可以根据放出气体的性质，选用酸或碱。在安装仪器时，应使整个装置与大气相通，以免发生倒吸现象。如果反应体系既有有害气体放出又怕水气，可以用图2-9(d) 装置。

（2）滴加回流冷凝装置

　　某些有机反应比较剧烈，放热量大。如将反应物一次加入，会使反应失去控制；有些反应为了控制反应的选择性，也不能将反应物一次加入，而需要缓慢均匀加料。此时，可以采用带滴液漏斗的滴加回流冷凝装置，即将一种试剂缓慢滴加至反应烧瓶中。几种形式的滴加回流冷凝装置见图2-10。

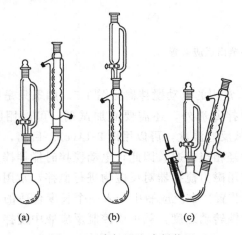

图 2-10　滴加回流冷凝装置

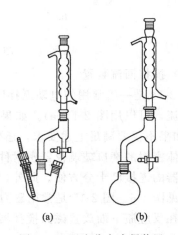

图 2-11　回流分水冷凝装置

（3）回流分水冷凝装置

在进行某些可逆平衡反应时，为了使正向反应进行彻底，可将产物之一的水不断从反应混合体系中除去。此时，可以用图 2-11 所示的回流分水冷凝装置。在该装置中，有一个分水器，回流下来的蒸气冷凝液进入分水器。分层以后，有机层自动流回到反应烧瓶，生成的水从分水器中放出去。这样就可以使某些生成水的可逆反应尽可能地反应彻底。

（4）回流分水分馏装置

对于有水生成的可逆反应，若生成的水与反应物之一沸点相差较小（如 20～30℃），且两者能够互溶，如果要分出反应生成的水，可以选用图 2-12 所示的回流分水分馏装置。在该装置中有一个刺形分馏柱，上升的蒸气经分馏以后，低沸点组分从上口流出，高沸点组分流回反应烧瓶中继续反应。

（5）滴加蒸出反应装置

有些有机反应需要一边滴加反应物一边将产物或产物之一蒸出反应体系，防止产物发生二次反应，并破坏可逆反应平衡，蒸出产物能使反应

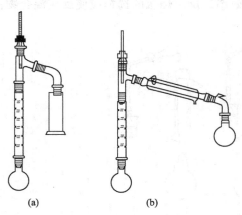

(a)　　　　(b)

图 2-12　回流分水分馏装置

进行彻底。此时，可采用图 2-13 所示的滴加蒸出反应装置。利用这种装置，反应产物可单独或形成共沸混合物不断从反应体系中蒸馏出去，并可通过滴液漏斗或恒压滴液漏斗将一种试剂逐渐滴入反应烧瓶中，以控制反应速率或使这种试剂消耗完全。

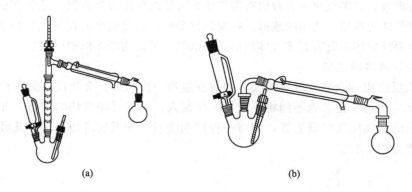

(a)　　　　　　　　　　　　(b)

图 2-13　滴加蒸出反应装置

（6）搅拌回流装置

图 2-14 是一组常用的电动搅拌回流装置。常用的电动搅拌器见图 1-5。如果只是要求搅拌、回流，可以用图 2-14(a)。如果除要求搅拌回流外，还需要滴加试剂，可以用图 2-14(b)。如果不仅要满足上述要求，还要经常测试反应温度，可以用图 2-14(c)。目前，聚四氟乙烯壳体密封的磨口玻璃仪器密封件的使用已经相当普遍。因此，电动搅拌时搅拌棒与磨口玻璃仪器的连接已十分方便。此外，也可以使用磁力搅拌器对反应物进行搅拌，常用的磁力搅拌器见图 1-6。图 2-15 是常用磁力搅拌回流装置。在反应瓶中加入一个长度合适的电磁搅拌子，在反应瓶下面放置磁力搅拌器，调节磁铁转动速度，就可以控制反应瓶中搅拌子的转动速率。

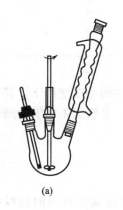
(a)

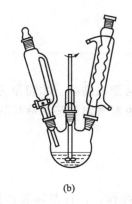
(b)

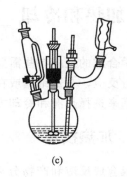
(c)

图 2-14　常用电动搅拌回流装置

2.2.2　仪器的装配原则

　　仪器装配得正确与否，与实验的成败关系很大。首先，所选用的玻璃仪器和配件都应该是很干净的，如果反应需无水条件，玻璃仪器和配件都应是充分干燥的。其次，仪器容积的大小要合适，如圆底烧瓶或三口烧瓶的大小应使反应物占烧瓶容量的 $1/3 \sim 1/2$，最多也不应超过 $2/3$。在化学合成中，相同编号的标准磨口仪器可以互相配置组装使用。这样，实验中可以用较少的玻璃仪器组装成多种多样的反应装置。在安装合成装置时，应遵循以下基本原则。

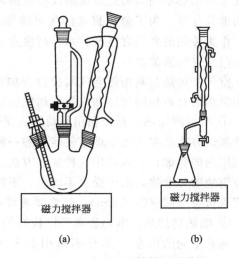

图 2-15　常用磁力搅拌回流装置

　　① 整套仪器应尽可能使每一件仪器都用铁夹固定在同一个铁架台上，以防止各种仪器因振动频率不协调而破损。

　　② 铁夹的双钳应包有橡胶、绒布等衬垫，以免铁夹直接接触玻璃而将仪器夹坏。在用铁夹固定仪器时，既要保证磨口连接处严密不漏，又不要使上件仪器的重力全部压在下件仪器上，尽量做到各处不产生应力。需要加热的仪器，应夹住仪器受热最少的部位，如圆底烧瓶靠近瓶口处。冷凝管则应夹住其中间部位。

　　③ 铁架应正对实验台的外面，不要倾斜。否则重心不一致，容易造成装置不稳而倾倒。

　　④ 装配仪器时，应首先将烧瓶垂直固定在铁架台上合适的高度（下面可以放置酒精灯、电炉、热浴或冷浴），然后逐一安装上冷凝管和其他的配件。

　　⑤ 组装仪器的正确要求是先下后上，先左后右，先主件后次件。从正面看，回流冷凝管、分馏柱等仪器应与桌面垂直，其他仪器顺其自然。从侧面看，所有仪器处在同一个平面上。在使用电动搅拌时，更应做到搅拌棒在烧瓶中能够自由转动。装置要求做到严密、正确、整齐和稳妥。

　　⑥ 仪器装置操作后要及时拆卸。仪器装置的拆卸原则是先右后左，先上后下。按与装配仪器相反的顺序逐个拆除，注意在松开一个铁夹时，必须用手托住所夹的仪器。

2.3 加热和冷却

化学合成的反应有些需要加热，甚至在高温下才能作用，有些则是在室温下，甚至在低温下进行反应，在重结晶或在蒸馏时也要考虑加热和冷却的问题。要根据不同实验所要求的温度范围来选择热源和冷却方法。

2.3.1 加热技术

完成合成反应和产物分离提纯等操作，往往都需要加热。实验室常采用的热源有煤气灯、酒精灯、电能等。在实验室的安全规则中规定，禁止使用明火直接加热。因为剧烈的温度变化和加热不均匀会造成玻璃仪器的损坏。同时，还有可能由于局部过热，造成有机化合物的部分分解。为了避免直接加热可能带来的弊端，保证加热均匀，一般使用热浴间接加热，作为传热的介质有空气、水、高沸点油类、熔融的盐和金属等。

（1）空气浴加热

空气浴加热是利用热空气间接进行加热。对于沸点在80℃以上的液体均可以采用，实验中常用的有石棉网加热和电热套加热。

① 石棉网加热。直接利用酒精灯或煤气灯对玻璃仪器隔着石棉网加热即为石棉网加热。这种加热方式是空气浴中最方便简单的一种。温度在80～250℃之间进行的反应（或沸点在此范围内的蒸馏）一般采用这种加热方法。但应该指出的是这种加热方式只适用于高沸点且不易燃烧的化合物，由于受热不均匀，不能用于减压蒸馏。加热时必须注意石棉网与烧瓶之间应该留有空隙（2～5mm），灯焰要对着石棉，否则温度会过高，且铁丝网容易烧断。

② 电热套加热。电热套属于比较好的空气浴。电热套中的电热丝是用玻璃纤维包裹着的，它有不同的形状，具有不易引起着火和热效高的优点。用电热套一般可以加热到400℃，是化学实验中一种简便、安全的加热装置。在使用电热套时，应当注意使烧瓶外壁和电热套内壁保持2～5mm的距离，有利于空气传热和防止局部过热。

（2）水浴加热

如果加热温度不超过100℃，可以用水浴或沸水浴加热。将反应烧瓶置于水浴锅中（也可用烧杯代替），使水浴液面稍高于反应烧瓶内的液面，通过酒精灯或煤气灯等热源对水浴锅加热，使水浴温度达到所需的温度范围。与空气浴加热相比，水浴加热比较均匀，温度容易控制，适用于较低沸点物质的回流加热，但是对于乙醚，则只能用预热的水加热。

如果加热温度稍高于100℃，则可选用合适的无机盐类的饱和水溶液作热浴介质。一些无机盐类饱和水溶液作热浴介质的沸点见表2-1。

表 2-1　一些无机盐类饱和水溶液作热浴介质的沸点

盐　类	饱和水溶液的沸点/℃	盐　类	饱和水溶液的沸点/℃
NaCl	109	KNO_3	116
$MgSO_4$	108	$CaCl_2$	180

在使用水浴加热时，需要注意的是，勿使容器触及水浴器壁或其底部。由于水会不断蒸发，在操作过程中，应及时添加水。使用金属钾或钠的操作，绝不能在水浴上进行。现在化

学实验室中经常使用电热恒温水浴锅，其加热和控温等均很方便，比较适合较长时间的加热和控温。

（3）油浴加热

加热温度在100～250℃之间可用油浴，油浴的优点是受热均匀。油浴加热时反应烧瓶内的温度一般要比油浴低20℃左右。常用的油类有液体石蜡、各种植物油、甘油和有机硅油等，油浴所能达到的最高温度取决于所用油的品种。一些常用的油浴液及其特性见表2-2。

表2-2　一些常用的油浴液及其特性

油浴液名称	使用温度/℃	注意事项
甘油	<150	温度过高就会分解
植物油：菜油、蓖麻油和花生油等	<220	温度过高时会分解，达到闪点时可能燃烧起来。加入1%的对苯二酚可增加它们在受热时的稳定性
石蜡油	<200	冷却到室温时凝成固体，保存方便
有机硅油	<250	透明度好、安全，是目前实验室中较为常用的油浴之一

油浴的缺点是温度升高时会有油烟冒出，油经使用后容易老化，油色发黑且有难闻的气味。在化学合成实验室中经常使用有机硅油，它的热稳定性很好，无一般油浴介质的缺点。

在用油浴加热时，油浴中应挂一支温度计，用来观察油浴的温度和有无过热现象，便于调节加热器控制温度。当油受热冒烟时，应立即停止加热，油量不能过多，以免受热后溢出而引起着火。同时应注意采取措施，不要让水溅入油中，否则加热时会产生泡沫或引起飞溅。避免用火直接加热油，否则稍有不慎，就会发生油浴燃烧。实验中，经常在油浴中放一根电热棒，电热棒通过电热丝与调压变压器相连，这样可以比较方便地控制油浴的温度，见图2-16。

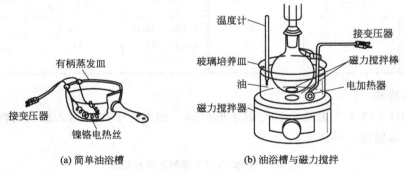

（a）简单油浴槽　　　　　（b）油浴槽与磁力搅拌

图2-16　油浴槽

加热完毕取出容器时，仍用铁夹夹住容器离开液面悬置片刻，待容器壁上附着的油滴完后，用纸或干布擦干。

（4）熔盐浴

当需要高温加热时，也可以使用熔融的盐做热浴。如等量的硝酸钾和硝酸钠的混合物在218℃熔化，在700℃以下是稳定的。含有40%亚硝酸钠、7%硝酸钠和53%硝酸钾的混合物在142℃熔化，使用范围为150～500℃。

使用熔融的盐做热浴时一定要倍加小心，严防熔融的盐溢出或飞溅，以免造成灼伤。

2.3.2 冷却技术

许多化学反应是放热反应，随着反应的进行，温度将不断上升，使反应难以控制，因此必须进行适当的冷却，使反应温度控制在一定范围内。在化合物的分离提纯中，如重结晶等也需要用到冷却技术。可见，冷却技术在化学合成实验中是非常重要的。

冷却技术可分为直接冷却和间接冷却两种。但在大多数情况下使用间接冷却，即通过玻璃器壁，向周围的冷却介质自然散热，达到降低温度的目的。

在实验中，根据不同的要求，可采取以下冷却技术。

（1）水冷却

水具有价廉、热容量大的优点，是一种最常用的冷却剂。各种回流反应中，通常都是用水作冷却剂的。但用水冷却只能将反应物冷却至室温。随着季节的不同，其冷却效率变化较大。

（2）冰-水混合物冷却

冰-水混合物可使反应物冷却至 $0\sim5℃$，使用时将冰敲碎效果更好。由于冰-水混合物与容器壁充分接触，它冷却的效果比单纯用冰好。如果反应是在水溶液中进行的，还可直接将适量碎冰块投入反应物中，这样可以更有效地保持低温。

（3）冰-盐混合物冷却

在碎冰中加入一定量的无机盐，可以获得更低的冷却温度。如在实验室里最常用的冷却剂是碎冰和食盐的混合物。使用时是把食盐均匀地撒到碎冰上，实际操作温度可冷却至 $-18\sim-5℃$。常用的冰-盐冷却剂组成及冷却温度见表 2-3。

表 2-3　常用冰-盐冷却剂组成及冷却温度

盐 类	100g 冰中加入盐的质量/g	冰浴最低温度/℃	盐 类	100g 冰中加入盐的质量/g	冰浴最低温度/℃
NH_4Cl	25	-15	$CaCl_2 \cdot 6H_2O$	100	-29
$NaNO_3$	50	-18	$CaCl_2 \cdot 6H_2O$	143	-55
$NaCl$	33	-21			

（4）干冰冷却

干冰（固体 CO_2）可获得 $-60℃$ 以下的低温。如果在干冰中加入适当的溶剂，还可以获得更低的冷却温度，见表 2-4。

表 2-4　干冰-溶剂冷却剂及冷却温度

冷却剂组成	最低温度/℃	冷却剂组成	最低温度/℃
干冰+C_2H_5Cl	-60	干冰+CH_3COCH_3	-78
干冰+C_2H_5OH	-72	干冰+CH_3Cl	-82
干冰+$CHCl_3$	-77	干冰+$C_2H_5OC_2H_5$	-100

使用干冰时，必须在铁研缸中粉碎，操作时应戴护目镜和手套。在配制干冰冷却剂时，应将干冰加入工业乙醇（或其他溶剂）中，并进行搅拌。两者的用量并无严格规定，但干冰一般应当过量。

（5）液氨冷却

用液氨作冷却剂可以获得−196℃的低温。为了保持冷却剂的效力，和干冰一样，液氨应盛放在保温瓶或其他隔热较好的容器中。

在冷却操作中，应当注意的是：不要使用超过所需范围的冷却剂，否则既增加了成本，又影响了反应速率，对反应不利。再者，当温度低于−38℃时，不能使用水银温度计。因为低于−38.87℃时水银就会凝固。测量较低的温度时，常使用装有有机液体（如甲苯可达−90℃，正戊烷可达−130℃）的低温温度计。

2.4 搅拌和振荡

搅拌是有机制备实验中常用的基本操作之一。搅拌的目的是为了使反应物混合得更均匀，使反应体系的热量容易散发和传导，从而使反应体系的温度更加均匀，有利于反应的进行。尤其是非均相（固体或液体或互不相溶的液体）间反应，搅拌更是必不可少的操作，否则由于浓度局部增大或温度局部过高，将导致有机物的分解或其他副反应的发生。

搅拌的方法有两种，即人工搅拌和机械搅拌。机械搅拌装置又可分为电动搅拌器和磁力搅拌器。通常对于简单的、反应时间不长的，而且反应中释放出的是无毒气体的实验可以用人工搅拌；而对于比较复杂的、反应时间较长的，而且反应中释放出的是有毒气体的实验，则用机械搅拌。

2.4.1 手工搅拌或振荡

在反应物量少、反应时间短，而且不需要加热或者温度不太高的操作中，用手摇动反应烧瓶就可以达到充分混合的目的。也可以用两端烧光滑的玻璃棒沿着敞口容器（如烧杯）壁均匀搅动，但必须避免玻璃棒碰撞器壁，一般情况下只可用玻璃棒而不许用温度计搅拌。

在反应过程中，回流冷凝装置往往需要做间隙的振荡。此时，可把固定烧瓶和冷凝管的铁夹暂时放松，一只手靠在铁夹上并扶住冷凝管，另一只手拿住瓶颈使烧瓶做圆周运动。每次振荡后，应把玻璃仪器重新夹好。用这样的方式进行振荡时，一定要注意装置不能滑倒。有时，也可以采用振荡整个铁架台的方法：将三个铁架台角稍离开实验台面，以一个铁架台角为轴转动整套装置，使烧瓶内的反应物充分混合。

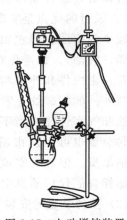

2.4.2 电动搅拌

电动搅拌装置如图 2-17 所示。常用的电动搅拌装置主要包括 3 个部分：电动机、搅拌棒和密封装置。电动机是动力部分，固定在铁支架上。搅拌棒通过橡胶管与电动机相连，当接通电源后，电动机便带动搅拌棒转动而搅拌。密封装置是搅拌棒与反应器连接的装置，它既可以防止反应器中的蒸气逸出，又可以支撑搅拌棒，使之搅拌平稳。

图 2-17　电动搅拌装置

（1）搅拌棒的类型

搅拌的效率很大程度上取决于搅拌棒的结构。搅拌棒可用玻璃棒或金属棒制造。因玻璃棒易于加工，所以实验室中的搅拌棒一般都是用玻璃制成的。根据反应器的大小、形状、瓶口的大小及反应条件的要求，搅拌棒可以做成各种形状（如图 2-18 所示），以适应不同的容器。其中，图 2-18(a)、(b)、(c) 较易制作，图 2-18(d)、(e)、(f) 装上了不同的叶片，可以伸入狭颈的瓶中，且搅拌效果较好，但比较难制作。图 2-18(a)、(d) 适用于尖底瓶，图 2-18(f) 适用于圆底瓶，图 2-18(b)、(c)、(e) 适用于锥形瓶。市场上有各种形状的搅拌棒可供选购。

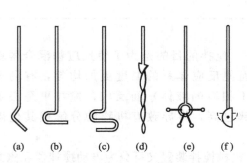

图 2-18　不同形状的搅拌棒

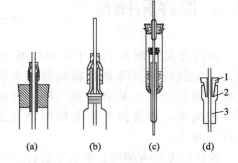

图 2-19　搅拌棒常用密封装置
1—螺旋盖；2—密封垫圈；3—标准口塞

（2）密封装置

搅拌棒常用密封装置如图 2-19 所示。图 2-19(a)、(b) 为简易式密封装置，这种装置实验室经常使用，制作简单，但密封性不太好。其制作方法是：在一个与反应瓶口大小适合的橡胶塞中打一个孔，孔道必须垂直，插入一根长 6～7cm、内径较搅拌棒稍粗的玻璃管 [图 2-19(b) 是直接使用标准磨口的搅拌器管套]，使搅拌棒在玻璃管内可以自由转动。再取一段长约 2cm、内径与玻璃棒紧密接触的橡胶管，套于玻璃管的上端，然后从玻璃管下端插入已制好的搅拌棒。这样，橡胶管的上端可与搅拌棒紧密接触，在橡胶管和搅拌棒之间滴入少许甘油（或液体石蜡）起润滑和密封作用。图 2-19(c) 为液封式密封装置，分上、下两部分，上面的部分随搅拌棒一起转动，下面为一双层管子，在两层间的环形凹槽内灌注液体石蜡或甘油作填充液（常称作石蜡封或甘油封），必要时可以用水银封闭（称作汞封），汞封的优点是它既不被冷凝液稀释，也不被从液封中挤出来，汞封搅拌装置可以承受较小的超压。但水银有毒，应尽量少用，在使用中水银上面需要覆盖少量水（或液体石蜡、甘油），以避免在快速搅拌下水银溅出及蒸发。图 2-19(d) 为聚四氟乙烯搅拌密封装置，由内件和外件构成，在内件的下端衬有一个弹性良好的橡胶垫圈。当内件的阳螺纹与外件的阴螺纹上紧时，垫圈受挤压变形而与搅拌棒紧紧密合。通过旋动丝扣可调节转速和气密性能。当不使用时应旋松丝扣，以免垫圈长期受力而发生永久性形变。上述密封装置也可以从市场上买到。此外还有特制的磨口搅拌密封装置，用于真空系统，但价格昂贵。但在真空度不高时，也可将医用注射器的两端锯掉，像制作简易搅拌密封装置那样自制代用的真空搅拌密封装置。

（3）搅拌装置的安装

电动搅拌装置的安装顺序是：首先选定电动搅拌器的位置，并把它固定在铁架台上，用短橡胶管（或连接器）把事先准备好的简易密封装置中的搅拌棒连接到搅拌器的轴上，然后小心地将三口烧瓶的中间瓶口套上去，并塞紧。调整三口烧瓶的位置，使搅拌棒的下端离瓶底 0.5～1cm，用铁夹夹紧中间瓶颈，再从仪器装置的正面和侧面仔细检查整套仪器安装是否正直，必须使搅拌器的轴和搅拌棒在同一直线上，并用手搓动，试验搅拌棒转动是否灵活，确信搅拌棒及其叶片在转动时不会触及瓶壁和温度计（如果插有温度计的话），摩擦力也不大后，才可旋动调速旋钮，以低速开动搅拌器试验运转情况。当搅拌棒和封管之间不发出摩擦声时，才能认为仪器装配合格，否则应进行调整，直到运转正常为止。最后装上冷凝管、温度计或滴液漏斗等部件，各部分都要用铁夹夹紧，再次开动搅拌器，缓缓地由低挡向高挡旋转，直至所需转速，如运转正常，便可进行合成实验的操作。任何时候只要听到搅拌棒擦刮、撞击瓶壁的声音，或发现有停转、疯转等异常现象，都应立即将调速旋钮旋至零，然后查找原因并作适当调整或处理，再重新试转。

2.4.3　磁力搅拌

磁力搅拌装置如图 2-20 所示。它是以电动机带动磁场旋转，并以磁场控制磁子旋转的。磁子是一根包裹着玻璃或聚四氟乙烯外壳的软铁棒，外形为棒状（用于锥形瓶等平底容器）或橄榄状（用于圆底瓶或梨形瓶），直接放在瓶中。一般磁力搅拌器都兼有加热装置，可以调速调温，也可以按照设定的温度维持恒温。在物料较少、不需太高温度的情况下，磁力搅拌比电动搅拌使用起来更为方便和安全。

使用磁力搅拌时应该注意：①加热温度不能超过磁力搅拌器的最高使用温度；②若反应物料过于黏稠，或调速较急，会使磁子跳动而撞破烧瓶，如果发现磁子跳动，应立即将调速旋钮旋到零，待磁子静止后再重新缓缓开启；③圆底烧瓶在磁力搅拌器上直接加热

图 2-20　磁力搅拌装置

时，受热不够均匀。根据不同的温度要求，可将圆底烧瓶置于水浴或油浴中，以保证在反应过程中圆底烧瓶受热均匀。有时，也可用磨口锥形瓶代替圆底烧瓶，直接在磁力搅拌器上加热并搅拌。这样，既能保证受热均匀又能使搅拌均匀。

2.5　干燥及干燥剂

干燥是除去固体、液体或气体中少量水分或少量有机溶剂的常用方法，是化学合成实验室中最常用的重要操作之一。如进行有机物波谱分析、定性或定量分析以及物理常数测定时，往往要求对样品预先干燥，否则测定结果不准确。液体有机物在蒸馏前也需干燥，否则沸点前馏分较多，产物损失，甚至沸点也不准。此外，许多有机反应需要在无水条件下进行，参与反应的试剂中的水分会严重干扰反应，故所用的原料及溶剂应当是干燥的，而且还要防止空气中的水分进入反应体系，对进入的空气也要进行干燥处理，若不能保证反应体系的充分干燥就得不到预期产物。可见，在化学合成实验中，试剂和产品的干燥具有重要的意义。

干燥剂有化学干燥剂和物理干燥剂两种。化学干燥剂是一类能吸去水分，而常伴有化学

反应的物质，如五氧化二磷等。物理干燥剂是一类能吸附水分或与水形成共沸混合物，而不伴有化学反应的物质，如硅胶等。

干燥方法可分为物理方法和化学方法两大类。

（1）物理方法

物理方法有晾干、吸附、真空干燥、气流干燥、微波干燥、红外线干燥、分馏、共沸蒸馏和冷冻干燥等。近年来，还常用离子交换树脂和分子筛等方法来进行干燥。离子交换树脂是一种不溶于水、酸、碱和有机溶剂的高分子聚合物。分子筛是含水硅铝酸盐的晶体。

（2）化学方法

化学方法是采用干燥剂来除水，根据除水作用原理又可分两种。

① 能与水可逆地结合，生成水合物，例如：

$$CaCl_2 + nH_2O \rightleftharpoons CaCl_2 \cdot nH_2O$$

② 与水发生不可逆的化学反应，生成新的化合物，例如：

$$2Na + 2H_2O \longrightarrow 2NaOH + H_2 \uparrow$$

2.5.1 气体的干燥

气体通过吸附剂（如变色硅胶、活性氧化铝等）或干燥剂，使其中的水汽被吸附剂吸附或与干燥剂作用而除去或基本除去，可达到干燥的目的。实验中临时制备的或由储气钢瓶中导出的气体在参加反应之前往往需要干燥。进行无水反应，或蒸馏无水溶剂时，为避免空气中水汽的侵入，也需要对可能进入反应系统或蒸馏系统的空气进行干燥。使用固体干燥剂或吸附剂时，所用的仪器为干燥管、干燥塔、U 形管或长而粗的玻璃管。所用干燥剂应为块状或粒状，切忌使用粉末，以免吸水后堵塞气体通路，装填应紧密而又有空隙；如果干燥要求高，可以连接两个或多个干燥装置；如果这些干燥装置中的干燥剂不同，则应使干燥效力高的靠近反应瓶一端，吸水容量大的靠近气体来路一端。气体的流速不宜过快，以便水汽被充分吸收。

气体的干燥方法主要有以下几种：

① 在有机反应体系需要防止湿空气时，常在反应器连通大气的出口处装上干燥管，管内盛无水氯化钙或碱石灰。

② 在洗气瓶中盛放浓硫酸，将气体通入洗气瓶进行干燥。此时应注意将洗气瓶的进气管直通底部，不要将进气口和出气口接反。浓硫酸的用量宜适当，太多则压力过大，气体不易通过，太少则干燥效果不好。

③ 在干燥塔中放固体干燥剂，需要干燥的气体从塔底部进入干燥塔，经过干燥剂脱水后，从塔的顶部流出。如果被干燥气体是由钢瓶导出，应在开启钢瓶并调好流速之后再接入干燥系统，以免因流速过大而发生危险。在干燥系统与反应系统之间，一般应加置安全瓶，以避免倒吸。

表 2-5 列出了干燥气体常用的一些干燥剂，不同性质的气体应选择不同类别的干燥剂。

表 2-5 干燥气体时常用的干燥剂

干 燥 剂	可干燥的气体
石灰、固体氢氧化钠（钾）	NH_3、胺类等
碱石灰	N_2、O_2、NH_3、胺类等
无水氯化钙	H_2、N_2、O_2、CO、CO_2、SO_2、HCl、低级烷烃、烯烃、醚、卤代烷

干 燥 剂	可 干 燥 的 气 体
五氧化二磷	H_2、O_2、CO_2、CO、SO_2、N_2、烷烃、烯烃
浓硫酸	H_2、N_2、Cl_2、CO_2、CO、烷烃
分子筛	H_2、O_2、CO_2、H_2S、烷烃、烯烃
溴化钙、溴化锌	HBr

2.5.2 液体的干燥

液体化合物的干燥，通常是用干燥剂直接与其接触，并不时剧烈振荡而使液体得到干燥。在使用干燥剂进行液体化合物干燥时，应考虑以下问题。

（1）干燥剂的选择

首先，所用干燥剂必须不能与被干燥液体发生化学反应，包括溶解、配合、缔合和催化等作用。如碱性干燥剂不能用来干燥酸性液体；酸性干燥剂不可用来干燥碱性液体；强碱性干燥剂不可用以干燥醛、酮、酯、酰胺类物质，以免催化这些物质的缩合或水解；氯化钙不宜用于干燥醇类、胺类，以免与之形成配合物等。表 2-6 列出了常用干燥剂的性能与应用范围。

表 2-6　常用干燥剂的性能与应用范围

干燥剂	酸碱性	与水作用产物	干燥效能	适用范围	不宜使用的场合	备注
P_2O_5	酸性	H_3PO_4	强	中性及酸性气体、二硫化碳、乙炔、烃、卤代烃、腈等	碱性物质、醇、乙醚、酮、易聚合物质、HF、HCl	吸水效力高、干燥后需蒸馏
H_2SO_4	酸性	H_3O^+ HSO_4^-	强	饱和烃、卤代烃、中性与酸性气体	不饱和化合物、醇、酚、酮、碱性物质、H_2S	不适用于高温下的真空干燥。脱水效率高
碱石灰 CaO 或 BaO	碱性	$Ba(OH)_2$ 或 $Ca(OH)_2$	强	低级醇类、胺、乙醚、中性及碱性气体	醛、酮、酸性物质等对碱敏感的化合物	特别适宜干燥气体。作用慢，但效率高。干燥后，可将溶液蒸馏而与干燥剂分开
KOH 或 NaOH	碱性	溶液	中等	胺、杂环等碱性化合物	醛、酮、酸	吸湿性强，快速而有效
K_2CO_3	碱性	$K_2CO_3 \cdot 1.5H_2O$ $K_2CO_3 \cdot 2H_2O$	较弱	醇、酮、酯、胺、杂环等碱性化合物	脂肪酸及酸性有机物	有吸湿性，但脱水量及效率一般
Na	碱性	H_2＋NaOH	强	醚、叔胺、烃中痕量水等	氯代烃、醇、酯、胺	效力高，作用慢。先经初步干燥后再用
$CaCl_2$	中性	$CaCl_2 \cdot nH_2O$ (n=1,2,4,6)	中等	烃、烯烃、酮、醚、卤代烃、硝基化合物、中性气体、HCl	醇、胺、酚、酸、氨及某些醛酮（$CaCl_2 \cdot 6H_2O$ 在30℃以上失水）	价格便宜，吸水能力强，干燥速率较快。为良好的初步干燥剂。但含碱性杂质氢氧化钙

干燥剂	酸碱性	与水作用产物	干燥效能	适用范围	不宜使用的场合	备注
Na_2SO_4	中性	$Na_2SO_4 \cdot 7H_2O$ $Na_2SO_4 \cdot 10H_2O$	弱	醇、醛、酮、酯、酸、腈、酚、烯、醚卤代烃、硝基化合物等	$Na_2SO_4 \cdot 10H_2O$ 在33℃以上失水	价格便宜，脱水量大，作用慢，效率低，为良好的初步脱水剂
$MgSO_4$	中性	$MgSO_4 \cdot nH_2O$ ($n=1,2,4,5,6,7$)	较弱	酯、醇、醛、酮、酸、腈、酚、酰胺、卤代烃、硝基化合物、烯、醚等	$MgSO_4 \cdot 7H_2O$ 在48℃以上失水	比 Na_2SO_4 作用快，效率高
$CaSO_4$	中性	$CaSO_4 \cdot H_2O$ $CaSO_4 \cdot 2H_2O$	强	烃、芳香烃、醚、醇、醛、酮等		吸水量小、作用快，效力高。可先用吸水量大的干燥剂作初步干燥后再用
$CuSO_4$	中性	$CuSO_4 \cdot nH_2O$ ($n=1,3,5$)	强	乙醇、乙醚等	甲醇	比 $MgSO_4$、Na_2SO_4 效率高，但价贵
硅胶	中性	物理吸附	强	用于干燥器中，也可用于液体脱水	HF	吸水量可达40%，经烘干后可反复使用
分子筛	中性	物理吸附	强	各类有机物和许多气体的干燥	不饱和烃	快速、高效。需将液体初步干燥后使用

其次，要考虑干燥剂的吸水容量和干燥效能。吸水容量是指单位质量干燥剂所吸的水量。干燥效能是指达到平衡时液体干燥的程度，对于形成水合物的无机盐干燥剂，可用吸水后结晶水的蒸气压来表示。例如，硫酸钠可形成10个结晶水的水合物，吸水容量为1.25；$CaCl_2$ 最多能形成6个结晶水的水合物，吸水容量为0.97。而两者在25℃时水的蒸气压分别为0.26kPa及0.04kPa。所以，硫酸钠的吸水量较大，但干燥效能弱；$CaCl_2$ 吸水量小，但干燥效能强。所以在干燥含水量较多而又不易干燥的化合物时（含有亲水基团），常先使用吸水量较大的干燥剂干燥以后，再使用干燥效能较大的干燥剂干燥。

（2）干燥剂的用量

干燥剂的最低用量可以根据被干燥液体的含水量和干燥剂的吸水量估算得到。液体的含水量包括两部分：一是液体中溶解的水，可以根据水在该液体中的溶解度进行计算。表2-7列出了水在一些常用有机溶剂中的溶解度。对于表中未列出的有机溶剂，可从其他文献中查找，也可根据其分子结构估计。二是在萃取分离等操作过程中带入的水分，无法计算，只能根据分离时的具体情况进行估计。例如在分离过程中若油层与水层界面清楚，各层都清晰透明，分离操作适当，则带入的水就较少；若分离时乳化现象严重，油层与水层界面模糊，分得的有机液体浑浊，甚至带有水包油或油包水的珠滴，则会夹带大量水分。由于液体中的水分含量不等和干燥剂的质量不同，再加上干燥时间、干燥速率、干燥剂颗粒大小以及温度等因素影响，很难规定干燥剂的具体用量。事实上，干燥剂的实际用量总是大大超过理论计算量的。一般来说，干燥剂的用量为每10mL液体0.5～1g。当然，干燥剂也不是用得越多越好，因为过多的干燥剂会吸附较多的被干燥液体，造成不必要的损失。在干燥一定时间以后，应该观察干燥剂的形态，若块状干燥剂的棱角还清晰可辨；或细粒状的干燥剂无明显粘连；或粉末状的干燥剂无结团、附壁现象，同时被干燥液体已由浑浊变得清亮，则说明干燥剂用量已足。若块状干燥剂棱角消失而变得浑圆，或细粒状、粉末状干燥剂粘连、结块、附壁，则说明干燥剂用量不够，需再加入新鲜干燥剂。

表 2-7　水在有机溶剂中的溶解度

溶　剂	温度/℃	含水量/%	溶　剂	温度/℃	含水量/%
四氯化碳	20	0.008	二氯乙烷	15	0.14
环己烷	19	0.010	乙醚	20	0.19
二硫化碳	25	0.014	乙酸正丁酯	25	2.40
二甲苯	25	0.038	乙酸乙酯	20	2.98
甲苯	20	0.045	正戊醇	20	9.40
苯	20	0.050	异戊醇	20	9.60
氯仿	22	0.065	正丁醇	20	20.07

（3）干燥方法

把已分净水分的液体（不应有任何可见的水层或悬浮水珠）置于干燥的锥形瓶中，再加入适量的干燥剂，用塞子塞紧，在室温下放置进行干燥，并不时加以振摇。干燥所需的时间因干燥剂的种类不同而不同，通常需 2h 或更长的时间，以利于干燥剂充分与水作用，如果受实验时间的限制，至少也需 30min。干燥剂颗粒大小要适宜，若干燥剂颗粒小，与水接触面大，所需时间就短些，但小颗粒干燥剂总表面积大，会吸附过多被干燥液体而造成损失。大颗粒干燥剂总表面积小，吸水速率慢，且干燥剂内部不易起作用。在使用块状干燥剂（如氯化钙）时，应将其碎成黄豆粒大小并不夹带粉末的颗粒状。

干燥剂与水发生可逆反应时，因温度升高，这种可逆反应的平衡向脱水方向移动，所以使用这类干燥剂在蒸馏前必须将干燥剂滤除。少数干燥剂（如金属钠、五氧化二磷等）与水发生不可逆反应，且和水生成比较稳定的产物，故可不过滤而直接蒸馏。

总之，对于一个具体的干燥过程来说，需要考虑的因素有干燥剂的种类、用量、干燥温度和时间以及干燥效果的判断等。这些因素相互联系、相互制约，因此需要综合考虑。

2.5.3　固体的干燥

固体有机物在结晶（或沉淀）滤集过程中，常含有一些水分或有机溶剂。干燥时应根据被干燥固体有机物的特性和被除溶剂的性质选择合适的干燥方式，常用方式有如下几种。

（1）在空气中自然晾干

对热稳定性较差且在空气中不吸潮的固体有机物，或固体中吸附有易燃和易挥发的溶剂（如乙醚、石油醚、丙酮等）时，可将待干燥的样品放在培养皿、表面皿或滤纸上摊开，上面再覆盖一张滤纸，以防灰尘落入造成污染，置于实验室内，让其自然干燥，约需数日。在实验时间允许时，可采用这种方便的干燥方法。

（2）红外线干燥

红外灯和红外干燥箱是实验室常用的干燥固体物质的器具。它们都是利用红外线穿透能力强的特点，使水分或溶剂从固体内部的各部分蒸发出来，其干燥速率较快。红外灯通常与变压器联用，根据被干燥固体的熔点高低来调整电压，控制加热温度，以避免因温度过高而造成固体的熔融或升华。用红外灯干燥时，需注意要经常翻动固体，这样既可以加速干燥，又可避免烤焦。

（3）烘箱干燥

烘箱多用于对无机固体的干燥，特别是对干燥剂的焙烘或再生，如硅胶、氧化铝等。熔点比较高且不易燃的固体有机物也可用烘箱干燥，但必须保证其中不含易燃溶剂，而且要严格控制温度，以免造成熔融或分解。

（4）真空干燥箱干燥

熔点比较高，或受热时易分解，或易升华的固体有机化合物，可采用真空干燥箱进行干燥。其优点是使样品维持在一定的温度和负压下进行干燥，干燥量大，效率较高。

（5）干燥器干燥

对于易吸潮或在高温干燥时会分解、变色的固体化合物，可置于干燥器中进行干燥。用干燥器干燥时需使用干燥剂。干燥剂与被干燥固体同处于一个密闭容器中但不相互接触，固体中的水或溶剂分子缓慢挥发出来并被干燥剂所吸收。因此，对干燥剂的选择原则主要考虑其能否有效地吸收被干燥固体中的溶剂蒸气。表 2-8 列出了常用干燥剂可以吸收的溶剂，供选择干燥剂时参考。

表 2-8　干燥固体的常用干燥剂

干燥剂	可以吸收的溶剂蒸气
固体氢氧化钠	水、乙酸、氯化氢、酚、醇
氧化钙	水、乙酸（或氯化氢）
无水氯化钙	水、醇
五氧化二磷	水、醇
浓硫酸	水、乙酸、醇
硅胶	水
石蜡片	醇、醚、苯、甲苯、氯仿、四氯化碳、石油醚

实验室中常用的干燥器有以下三种。

① 普通干燥器。如图 2-21 所示，是由厚壁玻璃制作的上大下小的圆筒形容器，在上、下腔接合处放置多孔瓷盘，上口与盖子以砂磨口密封。必要时可在磨口上加涂真空油脂。干燥剂放在底部，被干燥固体放在表面皿或结晶皿内置于瓷盘上。

② 真空干燥器。如图 2-22 所示，与普通干燥器大体相似，只是顶部装有带活塞的导气管，可接水泵或真空泵来抽真空，使干燥器内的压力降低，从而提高干燥效率。应该注意，真空干燥器在使用前一定要经过试压。试压时要用铁丝网罩或防爆布盖住干燥器以防破裂，然后抽真空，关上活塞放置过夜。使用时，必须十分注意，真空度不宜过高，一般用水泵来抽真空，至盖子推不动即可。解除真空时，进气的速度不宜太快，以免吹散样品。

③ 真空恒温干燥枪。如图 2-23 所示，对于一些经烘箱、真空干燥器或红外线干燥效果欠佳时，要用真空恒温干燥枪干燥。其优点是干燥效率高，尤其是除去结晶水和结晶醇效果好。使用前，应根据被干燥样品和被除去溶剂的性质选好加热溶剂（溶剂的沸点切勿超过样

品的熔点），将加热溶剂装入圆底烧瓶中。将装有样品的"干燥舟"放入干燥室内，接上盛有五氧化二磷的曲颈瓶。用水泵或真空泵减压至可能的最高真空度时，停止抽气，关闭活塞。加热使溶剂回流，令溶剂的蒸气充满夹层，这时，样品就在减压和恒温的干燥室内被干燥。在干燥过程中，每隔一定时间应抽气一次，以便及时排除样品中挥发的溶剂蒸气，同时可使干燥室内保持一定的真空度。干燥完毕，先去掉热源，待温度降至接近室温时，缓慢解除真空，将样品取出置于普通干燥器中保存。由于真空恒温干燥枪干燥室内的容积有限，只适用于少量样品的干燥。

图 2-21　普通干燥器

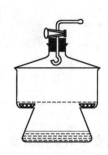

图 2-22　真空干燥器

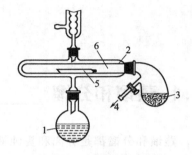

图 2-23　真空恒温干燥枪

1—溶剂；2—夹层；3—P$_2$O$_5$；

4—接水泵或真空泵；5—干

燥舟；6—干燥室

3 物质的分离和提纯

3.1 蒸馏和分馏

蒸馏和分馏都是分离和提纯液态有机化合物的常用方法，是重要的基本操作。凡在沸点时不会分解的物质都可以在常压下蒸馏或分馏。实验操作包括两个过程，即从液体变成气体的汽化过程，以及由气体冷凝变成液体的冷凝过程。利用液体混合物中各组分挥发度的不同以分离各组分，不仅可以把挥发性物质和不挥发性物质分离，还可以把沸点不同的物质以及有色的杂质分开。

蒸馏和分馏的原理、仪器装置及操作方法类似，但其效率不同。利用蒸馏只能将沸点差别较大（相差30℃以上）的液体混合物分开，但对于分离沸点比较接近（如相差1～2℃）的液体混合物就需借助于分馏。

3.1.1 蒸馏

3.1.1.1 基本原理

当液态物质受热时，由于分子运动从液体表面逃逸出来形成蒸气压，随着温度升高，蒸气压增大，当液体蒸气压力增大到与外界大气压相等时，液体内气泡逸出即为沸腾，此时的温度称为该液体的沸点。通常所说的沸点就是指在一个大气压（101.325kPa，即760mmHg）下液体沸腾的温度。在这种情况下的蒸馏操作称为常压蒸馏，简称蒸馏。

纯液态化合物在一定压力下具有固定的沸点。利用蒸馏可将沸点相差较大（如相差30℃以上）的液态混合物粗略分开（若要完全分开，沸点差至少在110℃）。所谓蒸馏就是将液态物质加热到沸腾变为蒸气，又将蒸气冷凝为液体这两个过程的联合操作。

在同一温度下，不同沸点的物质具有不同的蒸气压，低沸点的蒸气压大，高沸点的蒸气压小。当两种沸点不同的化合物在一起时，由于在一定的温度下混合物中各组分的蒸气压不同，因此当加热至沸腾时，其蒸气的组成与液体的组成各不相同，在蒸气中低沸点物的含量将大于原混合液中的含量，而高沸点组分的情况则相反。图3-1描述A和B是沸点各为T_A和T_B的两种能混溶的理想溶液的混合物，两条实线中较低的一条曲线代表A和B的各种不同组成混合物的沸点，随着混合物中较高沸点的组分含量增多，沸点逐渐上升。实线中较高的曲线代表在其沸点时与液体达到平衡的蒸气组成。两条曲线在100%的A或100%的B处相交，因为与沸腾的纯液体A（在T_A）相平衡的蒸气中只能含有纯A，相同的原理适用于纯液体 B(在 T_B)。

如果将一种组成为 C_1 的 A(含 27%) 和 B(含 73%) 的混合物加热，即可在 T_{C_1} 处所指的温度下沸腾，图 3-1 可看到 T_{C_1} 的蒸气组成为 C_2(含 68% A 和 32% B)。这意味着如果将组成为 C_1 混合物置于蒸馏装置中并加热至其沸点，这种蒸气（及其冷凝的第一滴液体）的组成一定为 C_2，与原始液体相比，它会含有更多的两种组分中较易挥发的 A。当进行蒸馏时，A 从液体中选择性地分离出来，液体组成逐渐从 C_1 变化到 100% B，液体的沸点逐渐从 T_{C_1} 升高到 T_B，蒸气组成也逐渐从 C_2(含 A 较多) 变到 100% B。

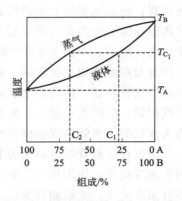

图 3-1　典型的液体-蒸气组成图

所以，如果蒸馏沸点差别较大的液体时，沸点较低的先蒸出，沸点较高的随后蒸出，不挥发的留在蒸馏器内，即可达到分离和提纯的目的。但在蒸馏沸点比较接近的混合物时，各种物质的蒸气将同时蒸出，只不过低沸点的多一些。故想通过一次简单蒸馏使一个混合物完全分离很难做到，无法达到分离和提纯的目的，只好借助于分馏。纯液态化合物在蒸馏过程中沸程范围很小（0.5~1℃），因此也可以利用蒸馏来测定沸点。用蒸馏法测定沸点的方法为常量法，此法样品用量较大，通常需要 10mL 左右，若样品不多时，应采用微量法。

3.1.1.2　蒸馏装置的安装

（1）蒸馏装置

蒸馏装置主要包括蒸馏烧瓶、冷凝管和接收器三部分，图 3-2 是几种常用的蒸馏装置，可根据具体情况选用。图 3-2(a) 是最常用的蒸馏装置，由于这种装置出口处可能逸出馏液蒸气，故不能用于易挥发的低沸点液体的蒸馏。但只要稍作改进就具有新的用途，例如，在接液管的尾部接一干燥管，就可作防潮蒸馏装置；若在接液管的尾部接一通往水槽或室外的橡胶管，就可用于易挥发的低沸点液体的蒸馏。图 3-2(b) 是应用空气冷凝管的装置，常用于蒸馏沸点在 140℃ 以上的液体。

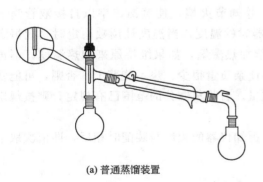

(a) 普通蒸馏装置

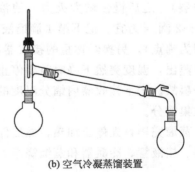

(b) 空气冷凝蒸馏装置

图 3-2　蒸馏装置

（2）蒸馏装置的安装

以下面图 3-2(a) 为例，讲解蒸馏装置的安装。首先按实验要求选择合适的仪器，安装的原则是先下后上、从左到右。从热源开始依次装三脚架（或铁圈）、石棉网，再取 1 个蒸馏烧瓶（磨口仪器用蒸馏头配圆底烧瓶组成），把配有温度计的塞子塞入瓶口，调整温度计的位置，使其水银球上端的位置恰好与蒸馏烧瓶支管的下沿处在同一水平线上（这样在蒸馏时水银球能完全为蒸气所包围，才能准确地测量出蒸气的温度），用铁夹夹住瓶颈固定在铁架台上。用另一个铁夹夹住冷凝管的中上部分固定于另一铁架台上。调节十字夹，使冷凝管的位置与蒸馏烧瓶支管在同一轴线上，然后松开冷凝管上的铁夹，使冷凝管沿此轴移动与蒸馏烧瓶支管相连，然后装上接液管和接收器。若馏出液易吸水，接收器上还要装上干燥管与大气相通，以防湿气侵入。如果馏出液易挥发、易燃或有毒，可在接收器上连一根橡胶管，通入水槽的下水管内或引出室外。

蒸气在冷凝管中冷凝成为液体。液体的沸点高于140℃时用空气冷凝管，低于140℃时用直形冷凝管，使用直形冷凝管是用冷水冷却。直形冷凝管下端侧管为进水口，套上橡胶管接自来水龙头，上端侧管为出水口，套上橡胶管导入水槽中。上端侧管出水口应向上，才能保证套管内充满冷却水。蒸气自上而下，冷却水自下而上，两者逆流以提高冷却效果。

装配蒸馏装置时，应注意以下几点。

① 玻璃仪器磨口要配套，内外磨口要紧密相连，装配严密，绝不可勉强凑合。

② 不允许铁器和玻璃仪器直接接触，以免夹破仪器。

③ 常压下的蒸馏装置必须与大气相通。

④ 在开始安装或中途更换仪器，以及实验完毕后拆下装置时，都只允许铁支架上一个螺旋松动，否则一人的两只手难以应付，容易损坏仪器。

⑤ 未装好仪器前，冷凝管内不要通水，因为通水后自重增大，操作不便；同样拆下仪器时，也要先放出冷凝管的水再拆下。

⑥ 在同一实验桌上安几套蒸馏装置，且相互之间的距离较近时，每两套装置的相对位置必须是蒸馏烧瓶对蒸馏烧瓶，或是接收器对接收器，避免一套仪器装置的蒸馏烧瓶与另一套装置的接收器靠近，因为这样有着火的危险。

3.1.1.3 蒸馏操作

把要蒸馏的液体经长颈漏斗加至蒸馏烧瓶中，加入2~3粒沸石，注意使各个连接处紧密不漏气。接通冷却水，然后将蒸馏烧瓶加热，最初宜用小火（以免烧瓶因局部骤受高热而破裂），之后慢慢增大火力，使液体沸腾，并调节火焰，使蒸馏速率以自接液管滴下馏液1~2滴/s为宜。记下第1滴馏液落入接收器时的温度，当温度计读数稳定时（此恒定温度即为沸点），另换经称重的接收器收集。继续加热蒸馏，如果维持原来加热温度，不再有馏液蒸出，温度突然下降时就要停止蒸馏。即使杂质量很少，也不能蒸干。否则，可能发生意外事故。记下接收器内馏分温度的范围和质量。若收集馏分的范围已有规定，则按规定范围收集馏分。

蒸馏完毕，先停止加热，然后停止通水。拆卸仪器的程序与装配时相反，即依次取下接收器、接液管、冷凝器和蒸馏烧瓶。

3.1.2 分馏

3.1.2.1 基本原理

由两种或两种以上液体所组成的混合物，一般来说，其组分的沸点差小于110℃时，用一次简单蒸馏不可能将它们分离完全。对沸点相近的组分组成的混合物，若要获得良好的分离效果，就必须采用分馏。分馏实际上就是在分馏柱（工业上用分馏塔）中完成的多次蒸馏，从而使沸点差小于10℃不同的液体物质得以分离。

分馏柱是用来提高蒸馏操作效率的。分馏柱是由一支垂直的管子和填充物所组成。当混合物被加热沸腾汽化，气相中低沸点组分的含量要较液相中高，而混合液蒸气上升通过分馏柱时，由于受柱外空气的冷却，高沸点的组分易被冷凝为液体流回蒸馏瓶内，故上升的蒸气中低沸点的组分就会进一步增加，当回流液回流途中遇到上升的蒸气时，两者之间在进行热交换的同时进行组分交换，结果是上升的蒸气中高沸点的组分又被冷凝，低沸点的组分仍继续上升，易挥发的组分又增加了，如此在分馏柱内反复进行着汽化、冷凝、回流等程序。当分馏柱的效率相当高且操作正确时，在分馏柱顶部出来的蒸气就接近于纯低沸点的组分，这样，最终便可将沸点相近的各个组分分离开。

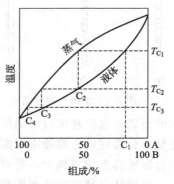

图 3-3　蒸气-液体组成图

现以图3-3来说明这种过程。组成为 C_1 的原始 A、B 混合物在温度 T_{C_1} 沸腾，同时这种蒸气在该温度进入分馏柱。如果它们在柱内冷凝，这种冷凝液将具有组成 C_2。该冷凝液在流回途中 T_{C_2} 处又受热汽化，产生组成为 C_3 的蒸气，再冷凝，在 T_{C_3} 处汽化可得组成为 C_4 的蒸气。如此继续下去，如果分馏柱有足够的高度，或具有足够的表面积供多次连续的汽化和冷凝，那么从柱顶出来的蒸馏液将接近于纯 A。这样将继续到分离出所有的 A，随后蒸气的温度才升高到 B 的沸点。实际上，分馏柱的效率不会是 100% 的，但是已能设计出将沸点相差在 2℃ 以内的液体彼此分离的分馏柱。

3.1.2.2　影响分馏效率的因素

（1）理论塔板

分馏柱效率是用理论塔板来衡量的。如图 3-3 所示，分馏柱中的混合物经过一次汽化和冷凝的热力学平衡过程，相当于一次普通蒸馏所达到的分离效率，当分馏柱达到这一分离效率时，那么分馏柱就具有一块理论塔板。柱的理论塔板数越多，分离效果越好。分离一个理想的二组分混合物所需的理论塔板数与该两个组分的沸点差之间的关系见表 3-1。此外，还要考虑理论板层高度，在高度相同的分馏柱中，理论板层高度越小，则理论塔板数越多，柱的分离效率就越高。

表 3-1　两组分的沸点差与分离所需的理论塔板数

沸点差值/℃	分离所需的理论塔板数	沸点差值/℃	分离所需的理论塔板数
108	1	20	10
72	2	10	20
54	3	7	30
43	4	4	50
36	5	2	100

（2）回流比

在单位时间内，由柱顶冷凝返回柱中液体的量（体积）与蒸出物量（体积）之比称为回流比，若在分馏中每流回分馏柱 9 滴液体，就收集到 1 滴馏出液，则回流比为 9∶1。对于非常精密的分馏，使用高效率的分馏柱，回流比可达 100∶1。

（3）分馏柱与保温

分馏柱效率的高低与柱的高度、绝热性能和填充物的类型等有关。在实验室中常用的简单分馏柱如图 3-4 所示。

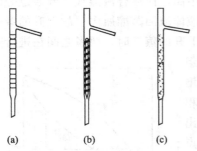

图 3-4　常用几种分馏柱

图 3-4(a) 为 Vigreux 柱，也称韦格罗分馏柱、刺形分馏柱，是一种柱内呈刺状的简易分馏柱，不需另加填料，可分馏沸点相差 15～20℃的混合物。图 3-4(b) 为 Dufton 柱，也称达佛顿分馏柱。图 3-4(c) 为 Hempel 柱，也称亨普尔分馏柱、填充式分馏柱，可分馏沸点相近的混合物。里面可以装入具有大表面积、化学惰性的物质，如玻璃小球、玻璃螺旋体、陶瓷片或不锈钢棉等物。填料之间应保留一定的空隙，要遵守适当紧密且均匀的原则，这样就可以增加回流液体和上升蒸气的接触机会，以增加蒸气凝结的表面积。上述简单分馏柱的分馏效率不高，仅相当于 2～3 次的普通蒸馏。分馏柱的选择：一般被分馏混合物的沸点相差越大，则对分馏柱的要求越低；沸点相差越小，则对分馏柱要求越高。

分馏柱必须进行适当的保温，因在分馏的过程中，分馏柱内要进行反复连续的气液交换，故它的保温很重要。一般要求做到分馏柱的温度比蒸馏的温度低一些。若温度过高，则分离效果不好，温度太低，则冷凝液太多，需分馏很长的时间，既浪费时间又浪费能源。保温可用石棉泥、石棉绳或布缠绕着分馏柱支管口以下的部分，以便能始终维持温度平衡。

3.1.2.3　简单分馏装置和操作方法

实验室中简单的分馏装置通常包括热源、圆底烧瓶、分馏柱、冷凝器、接引管和接收器等，如图 3-5 所示。分馏柱的安装必须垂直。在分馏柱顶插一支温度计，温度计水银球上缘恰与分馏柱支管接口下沿相平。分馏柱的装配原则与蒸馏装置相同。在装配及操作时，更应注意勿使分馏柱的支管折断。

把待分馏的液体倒入烧瓶中，其体积以不超过烧瓶容量的

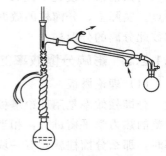

图 3-5　简单分馏装置图

1/2 为宜。加入几粒沸石，安装好的分馏装置经检查合格后便可开始加热，随后的分馏操作与普通蒸馏操作相同，但分馏速率应慢些，控制馏出液速率 2～3 滴/s 为宜。

3.2　水蒸气蒸馏

在上节中介绍的简单蒸馏和分馏技术仅适用于完全混溶的混合物的分离。当液体之间不混溶时，它们也可进行蒸馏，但由不混溶液体组成的混合物将在比它的任一单独组分（作为纯化合物时）的沸点都要低的温度下沸腾。用水蒸气充当这种不混溶相之一所进行的蒸馏操作叫做水蒸气蒸馏。也就是将水蒸气通入含有机物的混合物中，使其沸腾，将某些有机物随着水一起蒸馏出来的操作或过程。这种技术的优点是所需要的物料可以在低于 100℃的温度下蒸出，一旦馏出液冷却后，所要的组分即从水中分层析出（因为它与水不能混溶）。因此，水蒸气蒸馏也是分离和提纯液态或固态有机化合物的常用方法之一。

3.2.1 水蒸气蒸馏适应范围

水蒸气蒸馏在下列情况下常被采用：

① 某些有机物的沸点很高，用普通蒸馏法虽可与副产物分离，但其本身也将遭受破坏（如分解、变质、变色等）；

② 混合物中含有大量树脂状杂质或不挥发性杂质，用普通蒸馏、过滤、萃取等方法难以分离出所需组分；

③ 从较多固体反应物中分离出被吸附的液体；

④ 从混合物固体中除去挥发性的有机杂质。

采用水蒸气蒸馏方法时，被提纯物质应具备以下条件：

① 不溶或难溶于水；

② 在沸腾下与水长时间共存而不发生化学变化；

③ 在100℃左右时必须具有一定的蒸气压，一般不小于1333Pa(10mmHg)。

3.2.2 基本原理

前面已经提到，水蒸气蒸馏常用于与水不相溶的、具有一定挥发性的有机物的分离和提纯。当对一个互不混溶的挥发性混合液体进行蒸馏时，在一定的温度下，每种液体都将显示各自的蒸气压，其蒸气压的大小与每种液体单独存在时的蒸气压力一样（即彼此不相干）。根据道尔顿分压定律，当与水不相混溶的化合物与水共存时，它们的蒸气压 p 应为水蒸气压 p_{H_2O} 和与水不相混溶物蒸气压 p_A 之和。即

$$p = p_{H_2O} + p_A$$

式中，p 为总蒸气压；p_{H_2O} 为水蒸气压；p_A 为与水不相溶物或难溶物质的蒸气压。

从上式可知，任何温度下的总蒸气压力总是大于任意一组分的蒸气压。p 随温度升高而增大，当总蒸气压 p 与大气压力相等时，则液体沸腾。显然，混合物的沸点低于任何一个组分的沸点，故可使与水不相混溶的高沸点物质随水蒸气一同蒸出。馏出液冷却后，与水不相混溶物又从水中分层析出，从而达到将高沸点物质在常压和低于100℃的情况下进行纯化的目的。

例如，在制备苯胺时（苯胺的沸点为184.4℃），将水蒸气通入反应生成的含苯胺混合物中，当温度达到98.4℃时，苯胺的蒸气压为5652.5Pa，水的蒸气压为95427.5Pa。两者总和接近大气压力，于是，混合物沸腾，苯胺就随水蒸气一起被蒸馏出来。

伴随水蒸气蒸馏出的有机物和水，两者的质量比 m_A/m_{H_2O} 等于两者的分压（p_A 和 p_{H_2O}）和两者的分子量（M_A 和 M_{H_2O}）的乘积之比，因此在馏出液中有机物质同水的质量比可按下式计算：

$$\frac{m_A}{m_{H_2O}} = \frac{M_A p_A}{M_{H_2O} p_{H_2O}}$$

例如水蒸气蒸馏苯胺，$p_{H_2O} = 95427.5Pa$，$p_{苯胺} = 5652.5Pa$，$M_{H_2O} = 18$，$M_{苯胺} = 93$，代入上式：

$$\frac{m_{苯胺}}{m_{H_2O}} = \frac{5652.5 \times 93}{95427.5 \times 18} = 0.31$$

所以馏出液中苯胺的含量为：

$$\frac{0.31}{1+0.31}\times100\%=23.7\%$$

这个数值为理论值，因为实验时有相当一部分水蒸气来不及与被蒸馏物做充分接触便离开了蒸馏烧瓶，而且苯胺微溶于水，所以实验蒸出的水量往往超过计算值，故计算值仅为近似值。

上面的讨论也可以使我们进一步体会在有机物的制备中所得的粗产物蒸馏前必须"彻底干燥"的道理。因为在蒸馏未经干燥而含有少量水分的有机物（不溶于水）时，开始蒸出的应是水和有机物，只有当全部水分蒸出后，被蒸馏物的温度才能上升到有机物的沸点。有机物在蒸馏前进行干燥，就可以减少或避免这方面的损失。

3.2.3 仪器装置

图 3-6 是实验室常用的水蒸气蒸馏装置，包括水蒸气发生器、蒸馏部分、冷凝部分和接收器 4 个部分。水蒸气发生器一般用金属制成，如图 3-7 所示，也可用短颈圆底烧瓶代替。

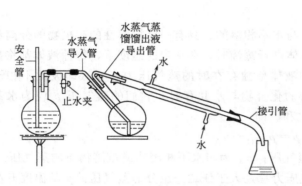
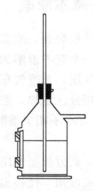

图 3-6　水蒸气蒸馏装置　　　　　图 3-7　金属制成的水蒸气发生器

水蒸气蒸馏装置的安装方法为：用 $500\sim1000$mL 的短颈圆底烧瓶作为水蒸气发生器，瓶口配一双孔胶塞，一孔插入长约 1m、直径约 5mm 的玻璃管作为安全管，另一孔插入内径约 8mm 的水蒸气导出管。导出管与一个 T 形管相连，T 形管的支管套上一短橡胶管，橡胶管上接止水夹。T 形管的另一端与蒸馏部分的导管相连（这段水蒸气导管应尽可能短些，以减少水蒸气的冷凝）。T 形管用来除去水蒸气中冷凝下来的水，有时在发生不正常的情况时，可使水蒸气发生器与大气相通。蒸馏部分通常是采用长颈圆底烧瓶，配双孔胶塞，一孔插入内径约 9mm 的水蒸气导入管，使它正对烧瓶底中央，距瓶底 $8\sim10$mm，另一孔插入内径约 8mm 的导出管，其末端连接一直形冷凝管。被蒸馏的液体体积不能超过其容积的 1/3，斜放桌面成 45°，这样可以避免由于蒸馏时液体跳动十分剧烈而引起液体从导出管冲出，以至污染馏出液。

也可根据水蒸气蒸馏的原理，对仪器装置作一些改进。例如，用克氏蒸馏瓶（磨口仪器用克氏蒸馏头配圆底烧瓶组成）代替长颈圆底烧瓶，如图 3-8 所示，克氏蒸馏头可以防止蒸馏时瓶中液体溅入冷凝管，这种装置对于少量有机物进行水蒸气蒸馏尤其适用。为了减少由于反复移换容器而引起的产物损失，在合成实验中也常直接用合成反应的三口烧瓶按图 3-9 装置进行水蒸气蒸馏。

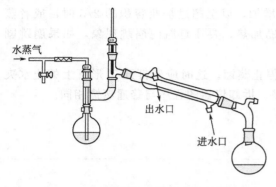
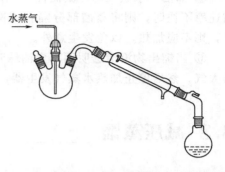

图 3-8　用克氏蒸馏瓶进行水蒸气蒸馏　　　图 3-9　利用原反应容器进行水蒸气蒸馏的装置

此外，还可以采用省去水蒸气发生器的直接水蒸气蒸馏法（简称直接法），装置如图 3-10 所示。将待蒸馏的混合物和水一起加入蒸馏烧瓶中，加热至沸以便就地产生蒸气。当水蒸气与化合物一起蒸馏时，根据需要从分液漏斗中逐滴加入水。此法适用于挥发性液体和数量较少的物料，主要用于无固体存在和不会产生泡沫的混合物的蒸馏。

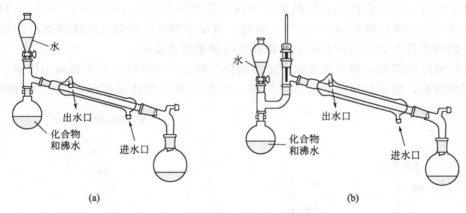

(a)　　　　　　　　　　　　　　　　　　　(b)

图 3-10　直接水蒸气蒸馏法

3.2.4　水蒸气蒸馏的操作

① 将待蒸馏的混合物装入长颈圆底烧瓶中，瓶内溶液不得超过其容积的 1/3。按图 3-6 安装仪器，注意各连接处要尽可能紧凑，并确保各个接口不漏气。

② 打开 T 形管上的止水夹，在水蒸气发生器中加入约占容器 3/4 的水，然后在石棉网上加热，使之沸腾，产生水蒸气。

③ 待 T 形管有蒸气冲出时，夹紧止水夹，使蒸气进入烧瓶，开始进行水蒸气蒸馏。蒸气进入冷凝管冷凝后的乳浊液流入接收器，控制蒸馏速率以 2～3 滴/s 为宜。

④ 在蒸馏过程中，必须经常检查水蒸气发生器安全管中的水位是否正常，通过安全管中水位的高低，可以判断整个水蒸气蒸馏系统是否畅通。若水面上升到很高，则说明某一部分阻塞住了，这时应立即打开止水夹，移去热源，拆下装置进行检查（一般多数情况是水蒸气导入管出口被树脂状物质或者焦油状物所堵塞）和处理，否则，就有可能发生塞子冲出、

液体飞溅的危险。排除故障后，方可关闭止水夹继续蒸馏。

⑤ 如由于水蒸气的冷凝而使烧瓶内液体量增加，以至超过烧瓶容积的 2/3 时，或者蒸馏速率不快时，则将蒸馏部分隔石棉网缓缓辅助加热。要注意瓶内崩跳现象，如果崩跳剧烈，则不应加热，以免发生意外。

⑥ 当馏出物澄清透明而不含油珠时，即可停止蒸馏。这时应先打开 T 形管上的止水夹通大气，然后停止加热水蒸气发生器，以防倒吸。拆卸仪器的程序与普通蒸馏相同。

3.3 减压蒸馏

3.3.1 基本原理

在常压下进行的蒸馏叫常压蒸馏，也称普通蒸馏或简单蒸馏，它是分离和提纯液态有机化合物的常用方法。某些沸点较高的有机化合物在加热到沸点附近时可能发生分解或氧化，所以不能用常压蒸馏。若使用减压蒸馏，便可避免上述现象的发生。所谓减压蒸馏是用真空泵与蒸馏装置相连接，将体系内部的压力减小，使有机物的沸点下降，从而使蒸馏操作在较低的温度下进行。许多有机化合物的沸点当压力降低到 1333～1999Pa(10～15mmHg) 时，可以比其常压下的沸点降低 80～100℃。因此，减压蒸馏对于分离或提纯沸点较高或性质比较不稳定的液态及低熔点固体有机化合物具有特别重要的意义。

在进行减压蒸馏前，应先从文献中查出该化合物在所选择的压力下相应的沸点，若文献中查不到此数据，则可利用经验曲线，如图 3-11 所示的"液体在常压、减压下的沸点近似

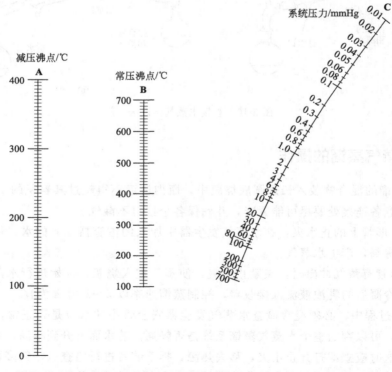

图 3-11　液体在常压、减压下的沸点近似关系图 （1mmHg＝133.3Pa）

关系图"来查找，即从某一压力下的沸点可近似地推算出另一压力下的沸点。

例如，水杨酸乙酯常压下的沸点为234℃，减压至1999Pa(15mmHg)时，沸点为多少？可将小尺放在图3-11中B线上找到234℃的点，再在C线上找到1999Pa的点，然后通过两点连一直线，该直线与A线的交点为113℃，即水杨酸乙酯在1999Pa时的沸点，约为113℃。

又如，根据文献报道，某一化合物在真空度为40Pa(0.3mmHg)时沸点为100℃，在真空度133.3Pa(1mmHg)下蒸馏，其沸点是多少呢？此时可将小尺放在A线100℃和C线的40Pa点上，可以看到小尺通过B线的310℃；然后将小尺通过B线的310℃和C线的133Pa点，则通过两点连一直线，该直线与A线的125℃相交，这表明这一化合物在真空度为133.3Pa时，将在125℃左右沸腾。

由实验事实人们总结出以下经验规则。

① 从大气压101325Pa（760mmHg）下降至3333Pa(25mmHg)时，高沸点（250~300℃）有机物的沸点随之下降100~250℃。

② 压力在3333Pa(25mmHg)以下时，压力每下降一半，沸点下降10℃左右。

③ 当蒸馏在1333~1999Pa(10~15mmHg)下进行时，压力每相差133.3Pa(1mmHg)，沸点相差约1℃。

减压达到的真空一般是相对真空。通常把真空范围划分为几个等级：低真空指101325~1333Pa(760~10mmHg)，实验室一般可用水泵获得；中度真空常指1333~0.1333Pa($10~10^{-3}$mmHg)，此压力需用油泵获得；把压力<0.1333Pa(<10^{-3}mmHg)称为高真空，此压力只能用扩散泵获得。

3.3.2 仪器装置

图3-12是常用的减压蒸馏装置。整个系统可分为热源、蒸馏、抽气（减压）及其保护装置、安全系统和测压5部分。

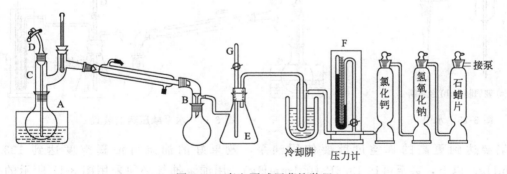

图3-12 真空泵减压蒸馏装置

A—减压蒸馏瓶；B—多头尾接管；C—毛细管；D—螺旋夹；E—安全瓶；F—测压计；G—二通活塞

（1）热源

大多采用油浴加热，这样可以保证受热均匀，沸腾平稳，防止局部过热而使蒸馏瓶破裂。当液体沸点超过180℃时，可采用砂浴，也可采用电热套加热，但绝不允许使用直接火源加热。无论使用何种热源，都要控制热浴的温度比液体的沸点高20~30℃。

（2）蒸馏部分

减压蒸馏瓶（A）又称克氏蒸馏瓶，磨口仪器用克氏蒸馏头配圆底烧瓶组成，这种蒸馏烧瓶的主要优点是可以减少液体沸腾时常由于暴沸或泡沫的发生而溅入到冷凝管的现象。瓶的一颈插入温度计，另一颈插入一端拉成毛细管的玻璃管（C）。毛细管的下端距瓶底1～2mm，毛细管口要很细（检查毛细管口的方法是，将毛细管插入小试管的乙醚内，在玻璃管口轻轻吹气，若毛细管能冒出一连串的细小气泡，仿如一条细线，即为合用。如果不冒气，表示毛细管闭塞了，不能用）。玻璃管另一端套上一段橡胶管，用螺旋夹（D）夹住橡胶管，用于调节进入瓶中的空气量（当蒸馏易氧化物质时，应通入氮气）。使空气（或氮气）进入液体时呈微小气泡冒出，成为液体沸腾的汽化中心，同时又起一定的搅动作用，这样可以防止液体暴沸溅跳现象，使沸腾保持平稳。接收器可用圆底烧瓶（但不可用平底烧瓶或锥形瓶），为了能在不中断蒸馏的情况下分段收集馏分，常采用双头或多头尾接管（B）（亦称燕尾管），只要转动多头尾接管，就可使不同馏分流入指定的接收器中。

应根据蒸出液体的沸点不同来选择冷凝管。蒸馏140℃以上高沸点物质时，可用空气冷凝管，蒸馏140℃以下物质时应用直形冷凝管。

（3）抽气（减压）部分

它是用来制造体系所需真空度的设备，在实验室中使用水泵（图3-13）、循环水泵（图1-8）或油泵即可。若不需要很低的压力时可用水泵，如果水泵的构造好，且水压又高时，其抽真空效率可以达到1067～3333Pa(8～25mmHg)。这对一般减压蒸馏已经可以了。水泵所能抽到的最低压力，理论上相当于当时水温下的水蒸气压力。例如，水温在25℃、20℃、10℃时，水蒸气压力分别为3200Pa（24mmHg）、2400Pa（18mmHg）、1203Pa（9mmHg）。用水泵抽气一般采用图3-14所示的减压蒸馏装置。用水泵抽气时，应在水泵前装上安全瓶，以防水压下降时水流倒吸。停止蒸馏时要先恢复压力，然后关闭水泵。

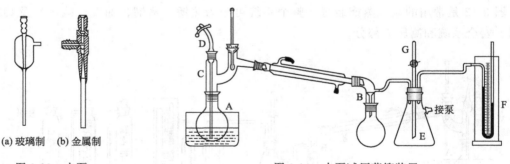

(a) 玻璃制　(b) 金属制

图 3-13　水泵　　　　　图 3-14　水泵减压蒸馏装置

若要达到更高的真空度就要使用油泵，效果好的油泵可使真空度达到133.3Pa（1mmHg）以下，甚至可达13.3Pa(0.1mmHg)。用油泵抽气必须采用图3-12所示的减压蒸馏装置。油泵的好坏取决于其机械结构和油的质量，为了使油泵正常工作，需要注意防护保养。如果蒸馏挥发性较大的有机溶剂，有机溶剂会被油吸收，结果增加了蒸气压从而降低了抽空效能；如果是酸性蒸气，就会腐蚀油泵；如果是水蒸气，会使泵油乳化，也会降低泵的效能。因此，要防止有机物、水、酸等的蒸气侵入泵内。使用油泵时，在蒸馏系统和油泵之间必须安装吸收装置，以保护减压设备。吸收装置一般由下述几部分组成：

① 冷却阱（捕集管）——用来冷凝水蒸气和一些挥发性物质，捕集管可放在广口保温瓶

内，用冰-水、冰-盐或干冰等冷却低沸点气体；

② 硅胶（或无水氯化钙）干燥塔——用来吸收经冷却阱后还未除净的残余水蒸气；

③ 氢氧化钠（粒状）吸收塔——用来吸收酸性蒸气；

④ 石蜡片干燥塔——用来吸收烃类气体。

若蒸气中含有碱性蒸气或有机溶剂蒸气，则要考虑增加碱性蒸气吸收塔和有机溶剂蒸气吸收塔等。如果能用水泵抽气，则尽量使用水泵，如蒸馏物中含有低沸点物质，可先用水泵减压蒸除，然后改用油泵。减压系统必须保持密封不漏气，所有的橡胶塞的大小和孔道部要十分合适，橡胶管要用真空用的厚壁橡胶管。磨口玻璃塞涂上真空脂。实验室常用旋转蒸发仪（图 1-7）来进行减压蒸馏以蒸出溶剂或浓缩溶液。

（4）安全瓶（E）

无论是用水泵或油泵都要安装一个安全瓶（一般用吸滤瓶，壁厚耐压），安全瓶与减压泵和测压计相连，它能起安全作用，防止因压力变化而使泵油或水倒吸入接收器中，还能起压力控制和调节的作用，因为控制安全瓶二通活塞（G）进入的空气量可以控制和调节体系的压力，它还是减压蒸馏开始和结束的"启动阀"。

（5）测压计（F）

测压计的作用是指示减压系统内的压力，常用的有真空表和水银测压计，实验室通常采用水银测压计。水银测压计有封闭式和开口式（U形）两种，如图 3-15 所示。封闭式水银测压计使用方便，其两臂液面高度之差即为系统中的压力。此种压力计管后木座上装有可滑动的刻度标尺，测定压力时，通常把滑动标尺的零点调整到 U 形管右臂的汞柱顶端线上，则根据左臂的汞柱顶端线所指示的刻度，可直接读出测定的压力。这种测压计装入汞时要严格控制不让空气进入。充汞的方法是先将纯净汞放入小圆底烧瓶内，然后如图 3-16 所示与测压计连接，用高效油泵抽空至 13.3Pa(0.1mmHg) 以下，轻拍小烧瓶，使汞内的气泡逸出，并用电吹风或小火加热玻璃管，使附着于管壁上的气体被抽走，再把汞注入 U 形管内。停止抽气，放入大气即可。开口式水银测压计装汞比较容易，测量比较准确，U 形管两臂汞柱高度之差即为大气压力与系统中压力之差。因此，蒸馏系统内的实际压力应为大气压力减去这一汞柱之差。mmHg 和 Pa 的换算见表 3-2。

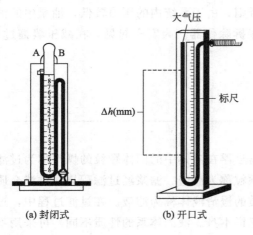

(a) 封闭式　　(b) 开口式

图 3-15　测压计

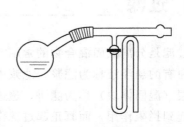

图 3-16　充汞方法

表 3-2　mmHg 和 Pa 的换算（1mmHg=133.3Pa）

mmHg	0.01	0.02	0.03	0.04	0.05	0.06	0.07	0.08	0.09	0.1	0.2
Pa	1.33	2.67	4.00	5.33	6.67	8.00	9.33	10.66	12.00	13.3	26.7
mmHg	0.3	0.5	0.8	1.0	2	5	10	15	20	25	30
Pa	40.0	66.7	106.6	133	267	667	1333	2000	2667	3333	4000
mmHg	35	40	45	50	60	70	80	100	200	500	760
Pa	4666	5332	5999	6666	7999	9333	10666	13332	26664	66661	101325

3.3.3　减压蒸馏的操作

① 按图 3-12 装好仪器，整个系统必须严密不漏气。因此，选用的橡胶塞的大小及钻孔都要十分合适，所用橡胶管都必须用厚壁耐压的橡胶管，玻璃磨口部位都应仔细涂上真空脂。检查系统是否漏气，试验装置内压力能否达到预定要求。检测方法是：首先打开安全瓶上的旋塞，旋紧克氏蒸馏瓶上毛细管的螺旋夹，用泵抽气，再逐渐关闭安全瓶上的旋塞。观察压力计能否达到要求的压力（如果仪器装置紧密不漏气，系统内的真空情况应能保持良好，否则应查明原因，排除漏气），然后慢慢旋开安全瓶上的旋塞，放入空气，直到内外压力相等为止。

② 在克氏蒸馏瓶中加入需要蒸馏的液体，其量不得超过烧瓶容积的一半，打开安全瓶上的旋塞，开动抽气泵。再逐渐关闭安全瓶上的旋塞，调节毛细管上的螺旋夹，使进入的空气量能冒出一连串的小气泡。

③ 当达到所要求的真空度，并且压力稳定后，便开始加热。当液体沸腾后，应注意控制温度，注意观察沸点和压力的变化情况。开始时往往有低沸点馏分，待观察到沸点不变时，立即转动多头尾接管（燕尾管），接收所需馏分，蒸馏速率以 1~2 滴/s 为宜。

④ 蒸馏完毕，应先移去热浴，待蒸馏瓶冷却后，再慢慢旋开毛细管上的橡胶螺旋夹，并慢慢旋开安全瓶上的旋塞，平衡内外压力。若安全瓶上的旋塞开得太快，水银柱很快上升，有冲破测压计（闭口式）的可能，此时尤其要小心。使测压计的水银柱缓慢地恢复原状。待内外压力平衡后，才可关闭抽气泵。否则，由于系统内的压力较低，油泵中的油就有可能倒吸入干燥塔。最后按与安装相反的次序拆除仪器。为安全起见，在减压蒸馏过程中，建议戴上护目眼镜。

3.4　过滤

过滤是分离液固混合物的常用方法。分离悬浮在液体中的固体颗粒的操作称为过滤。通常将原有的悬浮液称为滤浆，滤浆中的固体颗粒称为滤渣。滤浆经过滤积累在过滤介质上的滤渣层（湿固体块）称为滤饼，透过过滤介质的澄清液体称为滤液。在过滤过程中，过滤介质只起到拦阻作用，而真正起过滤作用的是滤饼本身。液固体系的性质不同，可采用不同的过滤方法。过滤分为普通过滤、减压过滤与加热过滤。

3.4.1 过滤介质

过滤介质应选择恰当，使选择过滤介质的孔径正好小于过滤沉淀中最小的颗粒的直径，可起到拦阻颗粒的作用。通常所观察到的过滤速率减慢是滤饼层集结紧密，起阻拦作用之故。实验室中常用的过滤器材有砂芯漏斗、滤纸、玻璃棉等。

（1）砂芯漏斗

砂芯漏斗又称为烧结玻璃漏斗。它是由玻璃粉末烧结制成多孔性滤片，再焊接在相同或相似的膨胀系数的玻璃上所形成的一种过滤容器。若滤液具有碱性，或者有酸性物质、酸酐或氧化剂等存在，会对普通滤纸有腐蚀性作用，在过滤（或吸滤）时容易发生滤纸破损，使滤物穿透滤纸而泄漏，导致过滤的失败。而选用砂芯漏斗代替铺设有滤纸的漏斗，则可进行有效的分离。表 3-3 列出了国产砂芯漏斗的型号、规格和用途，供实验者针对不同沉淀颗粒大小，选用不同型号的漏斗，以达到最佳过滤效果。有机化学实验中，3#或4#砂芯漏斗使用较多，其他型号用得较少。砂芯漏斗若是新购置的，在使用前，应当用热盐酸或铬酸洗液进行洗涤、抽滤，随后再用蒸馏水洗净，除去砂芯中的尘埃等外来杂质。

表 3-3　国产砂芯漏斗的型号、规格和用途

型号	滤板平均孔径/μm	一般用途
1	80～120	滤除大颗粒沉淀
2	40～80	滤除较大颗粒沉淀
3	15～40	滤除化学反应中的一般结晶和杂质，过滤水银
4	5～15	滤除细颗粒沉淀
5	2～5	滤除极细颗粒沉淀，滤除较大的细菌
6	<2	滤除细菌

砂芯漏斗不能过滤浓氢氟酸、热浓磷酸、浓碱液等，因为这些试剂可溶解砂芯中的微粒，使滤孔增大，并有使芯片脱落的危险。砂芯漏斗在减压使用时其两面的压力差不允许超过 101.3kPa。在使用砂芯漏斗时，因其有熔接的边缘，温度环境要相对稳定些，防止温度急剧升降，以免容器破损。

砂芯漏斗的洗涤工作是很重要的，洗涤不仅能保持仪器的清洁，而且对保持砂芯漏斗的过滤效率不下降、延长其使用寿命等都有重要作用。砂芯漏斗每次用毕或使用一段时间后，会因沉淀物堵塞滤孔而影响过滤效率，因此必须及时进行有效的洗涤。可将砂芯漏斗倒置，用水反复进行冲洗，以洗净沉淀物，烘干后即可再用。还可根据不同性质的沉淀物，有针对性地进行“化学洗涤”。例如，对于脂肪、脂膏、有机物等沉淀，可用四氯化碳等有机溶剂进行洗涤。碳化物沉淀可使用重铬酸盐的温热浓硫酸浸泡过夜。经碱性沉淀物过滤后的砂芯漏斗，可用稀酸溶液洗涤。经酸性沉淀物过滤后的砂芯漏斗，可用稀碱溶液洗涤。然后再用清水冲洗干净，烘干后备用。

砂芯漏斗不能用来过滤含有活性炭颗粒的溶液，因为细小颗粒的炭粒容易堵塞滤板的洞孔，使其过滤效率下降，甚至报废。由于砂芯漏斗的价格较贵，有时难于彻底洗净滤板，还要防范强碱、氢氟酸等的腐蚀作用，故其使用的范围并不广泛。

（2）滤纸

化学实验室常用滤纸作为过滤介质，使溶液与固体分离。它是一种具有良好过滤性能的

纸，纸质疏松，对液体有强烈的吸收性能。滤纸分为定性滤纸和定量滤纸两种，一般定性滤纸孔径较大且没有很严格的规定，而定量滤纸的孔径较小。过滤速率不同，孔径也不同，滤纸分为"快速""中速"和"慢速"三种，其孔径分别是 $80\sim120\mu m$、$30\sim50\mu m$ 和 $1\sim3\mu m$。圆形滤纸的规格按直径大小分为 7cm、9cm、11cm、12.5cm、15cm 和 18cm 几种。根据沉淀物的性质和沉淀颗粒的大小，选择合适滤孔的滤纸，加快滤速。

（3）高分子膜材料

高分子膜材料是新型过滤材料。它有聚砜、聚醚砜、亲水性的三乙酸纤维素、聚丙烯腈等。这些高分子膜材料在溶剂脱水、饮用水处理、油水分离、工业水处理等行业中已得到很好的应用。

（4）无机陶瓷膜材料

无机陶瓷膜材料也是一种新型过滤材料。它具有耐酸碱、耐有机溶剂及耐大多数化学品，机械强度高，可经受蒸气、氧化剂消毒，易清洗再生，抗污染，易储存，使用寿命长等特点。

（5）其他过滤介质

棉织布：质地致密的棉织布，其强度比滤纸高，可代替滤纸。

毛织物（或毛毡）：可用于过滤强酸性溶液。

涤纶布、氯纶布：可用于强酸性或强碱性溶液的过滤。

玻璃棉：可用于过滤酸性介质。因其孔隙大，只适合分离颗粒较粗的溶液。

在实验室处理过滤溶液量较大时，可以根据被过滤物质的性质，有选择性地选用上述过滤介质。

3.4.2 过滤方法

（1）普通过滤

普通过滤通常用 $60°$ 角的圆锥形玻璃漏斗。漏斗的大小应与滤纸的大小相适应，滤纸的上缘应低于漏斗上沿 $0.5\sim1cm$。滤纸的大小要与沉淀的多少相适应，过滤后，漏斗中的沉淀一般不要超过滤纸圆锥高度的 1/3，最多不得超过 1/2。选择滤纸的致密程度要与沉淀的性质相适应。胶状沉淀应选用质松孔大的滤纸，晶形沉淀应选用致密孔小的滤纸。沉淀越细，所选用的滤纸就越致密。过滤时应先把滤纸润湿，然后过滤。倾入漏斗的液体，其液面应比滤纸的边缘低 1cm。

过滤有机液体中的大颗粒干燥剂时，可在漏斗颈部的上口轻轻地放少量疏松的棉花或玻璃毛，以代替滤纸。如果过滤的沉淀物颗粒细小或具有黏性，应该首先使溶液静置，然后过滤上层的澄清部分，最后把沉淀移到滤纸上，这样可以使过滤速率加快。

（2）减压过滤

减压过滤（也叫抽滤）是指在与过滤漏斗密闭连接的接收器中造成真空，过滤表面的两面发生压力差，使过滤能加速进行的一种过程。减压过滤是一种在实验室和工业生产上广泛应用的操作技术之一。

减压过滤装置主要由减压系统、过滤装置与接受容器组成，如图 3-17 所示。减压系统一般由水泵与安全瓶组成。用布氏漏斗过滤，接受容器为吸滤瓶。在装配时注意使布氏漏斗的最下端斜

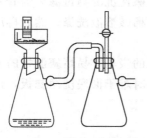

图 3-17 减压过滤装置

口的部分对着吸滤瓶的支管部位（如果位置不当，易使滤液吸入支管而进入抽气系统）。吸滤瓶的支管连接减压系统。若用水泵，吸滤瓶与水泵之间宜连接一个安全瓶（也叫缓冲瓶，是由配有二通旋塞的吸滤瓶组成，调节旋塞，可以防止水的倒吸）。使用移动式或手提式的水循环真空泵最为方便。最好不要用油泵，如果用油泵，一定要增加油泵的保护装置，在吸滤瓶与油泵之间应连接吸收水气的干燥塔和安全瓶，否则会使油泵的功能迅速下降，甚至损坏油泵。

　　布氏漏斗内的滤纸应剪成略比布氏漏斗的内径小一些，但能完全覆盖住所有滤孔的圆形滤纸为宜。不能剪成比布氏漏斗内径大的圆形滤纸，这样滤纸的周边会皱折或边缘翘起，不可能全部紧贴器壁与滤板面，使待过滤的溶液会不经过滤纸而流入吸滤瓶内。在用橡胶管相互连接时，应选用厚壁橡胶管，以使抽气时管子不会压扁。吸滤瓶与安全瓶都应在铁架台上固定好，以防操作时不慎碰翻，造成损失。由于在进行减压操作时，吸滤瓶与安全瓶均要承受压力，不能用薄壁器皿作为安全瓶。

　　过滤少量晶体时，可用如图 3-18 所示的用于少量样品过滤的漏斗，如玻璃钉漏斗。玻璃钉漏斗上的圆滤纸应较玻璃钉的直径略大，抽滤操作与布氏漏斗抽滤相同。

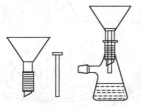  

(a) 带磨砂口玻璃钉抽滤漏斗　　(b) 少量样品抽滤漏斗　　(c) 玻璃钉漏斗

图 3-18　少量样品抽滤漏斗装置

　　在抽滤前，用同一种溶剂将滤纸湿润，使滤纸面紧贴在布氏漏斗的滤面上。然后开动泵，将滤纸吸紧贴在漏斗上。以免待滤的固液混合物未经滤纸而直接从未贴紧的滤纸与滤面间隙漏入吸滤瓶中。在过滤时，小心地把要过滤的混合物倒入漏斗中，为了加快过滤速率，可先倒入混合物的上层澄清液，由于固体颗粒较少，会很快滤完，然后将其余的部分均匀地倾注在整个滤面上，一直抽气到几乎没有液体滤出时为止。为了尽量把液体除净，此时再用玻璃瓶塞倒置压挤过滤的固体——滤饼，以尽量压出滤液。

　　若要洗涤固体，可直接在布氏漏斗上进行，以减少因转移滤饼而造成的产品损失。进行洗涤时，将安全瓶上的二通旋塞打开（或拔掉吸滤瓶上的橡胶管），使吸滤瓶内恢复为常压状态，用尽量少的溶剂（一般要用重结晶的同一溶剂洗涤）均匀地洒在布氏漏斗中的滤饼上，使溶剂恰能盖住滤饼。小心搅动，但不要使滤纸松动，静置片刻，使溶剂慢慢地渗入滤饼，待有滤液从漏斗下端滴下时，再关闭二通旋塞，重新抽气，抽气的同时可用玻璃瓶塞倒置在结晶表面上用力挤压，至滤饼尽量抽干、压实为止。这样反复几次，就可把滤饼洗净。

　　在停止抽滤时，不要马上关闭连接的抽气泵。而是应该先打开安全瓶上的二通旋塞，接通大气，使吸滤瓶内恢复为常压状态，然后才能关闭抽气泵。否则，会使水倒灌入安全瓶内。

　　在过滤强酸性或强碱性溶液时，滤纸容易破损，溶液会穿透滤纸而流入吸滤瓶内。此时，可在布氏漏斗上铺上玻璃布、涤纶布或氯纶布等来代替滤纸。

（3）热过滤

热过滤是过滤操作的一种形式。热过滤操作可以过滤除去一切不溶杂质。热过滤操作要求在过滤除去杂质时，能以最短时间，迅速通过滤纸，而不使溶液温度下降，保持其温度变化不大。如果采用普通玻璃漏斗过滤，由于过滤速率过慢，过滤时间太长，使溶液的温度陡降，溶解度下降，从而在滤纸上有不少晶体析出，堵塞了滤纸上的滤孔，阻碍滤液的通过，导致过滤操作的失败。

① 用保温漏斗进行热过滤。用锥形的玻璃漏斗过滤热的饱和溶液时，常在漏斗中或其颈部析出晶体，使过滤发生困难。这时可以用保温漏斗来进行热过滤。保温漏斗是铜质夹层漏斗，夹层内注热水，有一短柄可以进行加热。保温漏斗内放一个玻璃漏斗，如图 3-19 所示。为了尽量利用滤纸的有效面积以加快过滤速率，过滤热的饱和溶液时，常使用折叠式滤纸，折叠式滤纸是一种滤纸的折纸形式，如图 3-20 所示。普通玻璃漏斗中用的滤纸的过滤面积，只是其滤纸面积的 3/4，而折叠式滤纸的过滤面积是滤纸面积的全部，从过滤面积上比较，折叠式比普通滤纸多 1/4，过滤的速率同样会有较大的提高。折叠式滤纸应当折成扇面状，一经展开就成为热过滤用滤纸。

图 3-19　保温漏斗与热过滤装置

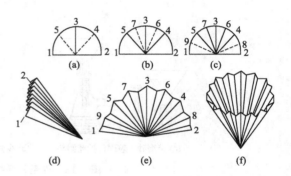

图 3-20　滤纸折叠

在热过滤操作时，应将保温漏斗注入热水，放入玻璃漏斗与折叠滤纸，在保温漏斗的柄部加热。过滤时，逐渐将热的待滤溶液沿着玻璃棒分批加入漏斗中，不宜一次加入太多，以免析出晶体，堵塞漏斗。在漏斗上面可覆盖表面皿，以减少溶剂的蒸发与保温。

② 用布氏漏斗进行减压热过滤。由于上述热过滤操作是在常压下进行的，因而热过滤速率是较慢的，容易发生析出晶体等问题，故也可以采用减压热过滤（也叫抽滤）。其特点是过滤快，但缺点是遇到沸点较低的溶液时，会因减压而使热溶剂沸腾、蒸发导致溶液浓度改变，使晶体有过早析出的可能。

减压热过滤操作时，先将布氏漏斗用热水浴、水蒸气浴或在电烘箱中进行预热（预热时应将橡胶塞取下）后，然后按减压过滤操作方法，如图 3-17 所示。剪两张比布氏漏斗内径稍小的圆形滤纸，用水湿润并贴在预热好的布氏漏斗内，放在吸滤瓶上，减压吸紧，然后迅速将热溶液倒入布氏漏斗中（注意：此操作活性炭等不溶解物质不能穿过，故一般用两张滤纸）。在过滤过程中漏斗里应一直保持有溶液，在未过滤完之前不要抽干，同时使压力不宜降得过低，防止由于压力低，溶液沸腾而沿抽气管跑掉。滤完后，用少量热溶剂洗涤一次，将滤液倒入干净的锥形瓶中，自然冷却，使其结晶。

（4）离心过滤

离心过滤适用于少量、微量物质的过滤。将盛混合物的离心试管放入离心机中进行离心沉淀，固体沉降于离心试管底部，用滴管小心地吸去上层清液，如图 3-21(a) 所示。滴管最好用图 3-22(a) 那种尖端有过滤棉层的滴管。也可以在离心沉降后用一条滤纸把整个上层清液吸去，如图 3-21(b) 所示。

如果液固很易分离（固体易沉降），可不必用离心机，直接按图 3-21 所示的方法分离。

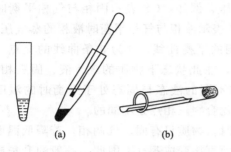

图 3-21　离心过滤分离微量液体

图 3-22　过滤滴管
(a) 尖端堵塞滴管；(b) 中间堵塞滴管

（5）过滤滴管过滤

这种方法适用于微量液固分离，其方法是用滴管把液固混合物转移到图 3-22(b) 的中部有过滤棉的滴管中，然后滤液流到干净的小试管中，使固液得以分离。还可以用手捏滴管的橡胶帽，加速过滤。用过滤滴管过滤也适用于热过滤，必要时还可以用手提电吹风加热过滤滴管。

（6）助滤剂

被过滤的固体颗粒非常小，如高锰酸钾还原成二氧化锰后，不论使用哪种方法过滤都很困难，很快就把滤纸、滤布的微孔堵塞，这时可以使用颗粒大的多孔性物质如硅藻土作助滤剂，把助滤剂铺在滤纸上面或直接放到玻璃钉上面形成一薄层，再进行过滤就容易了。使用助滤剂时，固体滤渣往往都是准备废弃的。

3.5 升华

升华是指物质自固态不经过液态直接转变为蒸气的现象，在有机化学实验操作中，只要是物质从蒸气不经过液态而直接转变成固态的过程都称之为升华。升华是固体化合物提纯的又一种手段，但不是所有的固体都具有升华的性质，只有在其熔点温度以下具有相当高蒸气压（一般高于 $2.67kPa$）的固态物质，才可用升华来提纯。利用升华可以除去不挥发性杂质，或分离不同挥发度的固体混合物。升华的操作比重结晶要简便，纯化后产品的纯度较高。但升华操作时间长，损失也较大，在实验室里只用于较少量（$1\sim2g$）物质的纯化，不适合大量产品的提纯。

3.5.1 基本原理

升华是利用固体混合物的蒸气压或挥发度不同，将不纯净的固体化合物在熔点温度以下加热，利用产物蒸气压高、杂质蒸气压低的特点，使产物不经液体过程而直接气化，遇冷后固化，而杂质则不发生这个过程，达到分离固体混合物的目的。

一般来说，具有对称结构的非极性化合物，其电子云密度分布比较均匀，电偶极矩较小，晶体内部静电引力小。因此，这种固体都具有蒸气压高的性质。图 3-23 为物质的三相平衡图。图中的 3 条曲线将图分为 3 个区域，每个区域代表物质的一相。由曲线上的点可读出二相平衡时的蒸气压。例如：GS 表示固相与气相平衡时固相的蒸气压曲线，SY 表示液相与气相平衡时液相的蒸气压曲线，SV 则是固相与液相的平衡曲线。S 为 3 条曲线的交点，也是物质的三相平衡点，在此状态下物质的气、液、固三相共存。由于不同物质具有不同的液态与固态处于平衡时的温度与压力，因此，不同的化合物三相点是不同的。

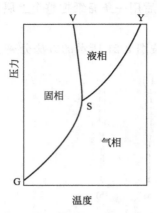

图 3-23　物质的三相平衡图

在三相点以下时，物质只有固、气两相。若降低温度，蒸气就不经过液态，而直接变成蒸气。因此，一般的升华操作皆应在三相点温度以下进行，即在固体的熔点以下进行。若某物质在三相点温度以下的蒸气压很高，就可以由固态直接变为蒸气，且稍降低温度即能由蒸气直接转变成固态，从而容易地在常压下用升华方法来提纯。升华操作加热时要用小火，否则蒸气压超过了三相点后会出现液态而影响升华。如果在常压下不易升华的物质，可利用减压进行升华。

3.5.2　升华操作

（1）常压升华

常用的常压升华装置如图 3-24 所示。图 3-24（a）是实验室常用的常压升华装置。将经过干燥、粉碎的待升华固体放入蒸发皿中，铺匀。取一大小合适的锥形漏斗，将颈口处用少量脱脂棉花堵住，以免蒸气外逸，造成产品损失。选一张略大于漏斗底口的滤纸，在滤纸上扎一些小孔后盖在蒸发皿上，用漏斗盖住。在石棉网或砂浴上，将蒸发皿渐渐地升高温度，在加热过程中应注意控制温度在熔点以下，慢慢升华。当蒸气开始通过滤纸上升至漏斗中时，可以看到滤纸和漏斗壁上有晶体出现。如晶体不能及时析出，可在漏斗外面用湿布冷却。

进行较大量物质的升华时，可用图 3-24（b）装置分批进行升华。把待精制的物质放入烧杯中，烧杯上放置一个通冷却水的烧瓶，使蒸气在烧杯底部凝结成晶体并附在烧瓶底上。

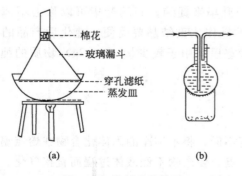

图 3-24　常压升华装置

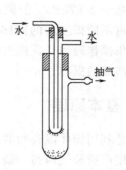

图 3-25　减压升华装置

（2）减压升华

减压升华适用于常压下其蒸气压不大或受热易分解的物质，图 3-25 是用于少量物质减压升华的装置图，将待升华的物质放在吸滤管中，然后将装有具支试管的塞子塞紧，内部通过冷却水，然后开动水泵或油泵减压，再将吸滤管加热，升华的物质冷凝在通有冷水的试管壁上。

3.6 色谱分析

色谱法是分离、提纯和鉴定有机化合物的重要方法之一，具有广泛的用途。在蒸馏、分馏、升华、重结晶等纯化有机反应粗产物的经典方法中，如果遇到化合物的物化性质十分相近的两个或两个以上组分时，用以上的几种方法均不能得到较好的分离。此时，用色谱分离技术可以得到满意的结果。色谱法的分离效果远比蒸馏、分馏、升华、重结晶等一般方法要好，特别适用于半微量和微量物质的分离提纯。随着科技的飞速发展，色谱分离技术应用越来越广泛，已发展成为分离、纯化和鉴定有机化合物的重要实验技术。

色谱法有许多种类，但基本原理是一致的，即利用待分离混合物中的各个组分在某一物质中（此物质称作固定相）的吸附或溶解性能（即分配）的不同，或其亲和作用性能的差异。让混合物溶液（此相称作流动相）流经固定相，使待分离的混合物在固定相和流动相之间进行反复吸附或分配等作用，从而使混合物中的各个组分得以分离。

按分离原理色谱可分为吸附色谱、分配色谱和离子交换色谱等。按操作条件色谱又可分为柱色谱、薄层色谱、纸色谱、气相色谱和高压液相色谱等。

3.6.1 柱色谱

柱色谱一般有吸附色谱和分配色谱两种。前者常用氧化铝和硅胶作固定相，后者则以附着在惰性固体（如硅藻土、纤维素等）上的活性液体作为固定相（也称固定液）。实验室中最常用的是吸附色谱，因此这里重点介绍吸附色谱。柱色谱方法比较费时，但由于操作方便，分离量可以大至几克，小至几十毫克，仍显示其较大的实用价值。

3.6.1.1 基本原理

柱色谱是分离、提纯复杂有机化合物的重要方法。其原理是利用混合物中各组分在不相混溶的两相（即流动相和固定相）中吸附和解吸的能力不同，也可以说在两相中的分配不同，当混合物随流动相流过固定相时，发生了反复多次的吸附和解吸过程，从而使混合物分离成两种或多种单一的纯组分。

柱色谱是通过色谱柱来实现分离的，图 3-26 是一般色谱柱的装置。液体样品从色谱柱柱顶加入，当溶液流经吸附柱时，各组分同时被吸附在柱的上端，然后再从柱顶加入洗脱剂（流动相）进行淋洗。样品中各组分在吸附剂（固定相）上的吸附能力不同，一般来说，极性大的吸附能力强，极性小的吸附能力相对弱一些。当用洗脱剂淋洗时，各组分在洗

溶剂或洗脱剂

溶剂或洗脱剂
石英砂
吸附剂

石英砂
脱脂棉

图 3-26　色谱柱装置

脱剂中的溶解度也不一样，因此，被解吸的能力也就不同。根据"相似相溶"原理，极性化合物易溶于极性洗脱剂中，非极性化合物易溶于非极性洗脱剂中。一般是先用非极性洗脱剂进行淋洗。当样品加入后，无论是极性组分还是非极性组分均被固定相吸附（其作用力为范德华力），当加入洗脱剂后，非极性组分由于在固定相（吸附剂）中吸附能力弱，而在流动相（洗脱剂）中溶解度大，首先被解吸出来，被解吸出来的非极性组分随着流动相向下移动与新的吸附剂接触再次被固定相吸附。随着洗脱剂向下流动，被吸附的非极性组分再次与新

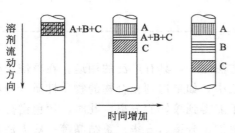

图 3-27　色层的展开

的洗脱剂接触，并再次被解吸出来随着流动相向下流动。而极性组分由于吸附能力强，且在洗脱剂中溶解度又小，因此不易被解吸出来，随流动相移动的速率比非极性组分要慢得多（或根本不移动）。这样经过一定次数的吸附和解吸后，若是有色物质，则在柱上可以直接看到色带，如图 3-27 所示。各组分在色谱柱中形成了一段一段的色带，继续用洗脱剂洗脱时，吸附能力最弱的组分

随洗脱剂首先流出，吸附能力强的后流出，每一段色带代表一个组分，分别收集各组分，再逐个鉴定。若是无色物质，可用紫外光照射，有些物质呈现荧光，可作检查，或在洗脱时，分段收集一定体积的洗脱液，然后通过薄层色谱（参见 3.6.2）逐个鉴定，再将相同组分的收集液合并在一起，蒸除溶剂，即得到单一的纯净物质。如此，可将各组分分离开。

3.6.1.2　操作方法

（1）吸附剂

选择合适的吸附剂作为固定相对于柱色谱来说是非常重要的。常用的吸附剂有硅胶、氧化铝、氧化镁、碳酸钙和活性炭等。选择吸附剂的首要条件是与被吸附物及展开剂均无化学作用。吸附能力与颗粒大小有关，颗粒太粗，流速快分离效果不好，太细则流速慢，通常使用的吸附剂的颗粒大小以 100～150 目为宜。实验室一般使用氧化铝或硅胶，在这两种吸附剂中氧化铝的极性更大一些，它是一种高活性和强吸附的极性物质。通常市售的氧化铝分为中性、酸性和碱性三种。酸性氧化铝是用 1% 盐酸浸泡后，用蒸馏水洗至悬浮液 pH 值为 4～4.5，用于分离酸性有机物质；中性氧化铝 pH 值为 7.5，适用于中性物质的分离，如醛、酮、酯、醌等类有机物质，应用最广；碱性氧化铝 pH 值为 9～10，用于分离生物碱、胺、碳氢化合物等。市售的硅胶略带酸性。

吸附剂的活性取决于吸附剂的含水量，含水量越高，活性越低，吸附剂的吸附能力越弱，反之则吸附能力强。吸附剂的含水量和活性等级关系如表 3-4 所示。

表 3-4　吸附剂的含水量和活性等级关系

活性等级	Ⅰ	Ⅱ	Ⅲ	Ⅳ	Ⅴ
氧化铝含水量/%	0	3	6	10	15
硅胶含水量/%	0	5	15	25	38

一般常用的是 Ⅱ 和 Ⅲ 级吸附剂，Ⅰ 级吸附性太强，而且易吸水，Ⅴ 级吸附性太弱。吸附剂按其相对的吸附能力可粗略分类如下。

① 强吸附剂：低含水量的氧化铝、硅胶、活性炭。

② 中等吸附剂：碳酸钙、磷酸钙、氧化镁。

③ 弱吸附剂：蔗糖、淀粉、滑石粉。

吸附剂的吸附能力不仅取决于吸附剂本身，还取决于被吸附物质的结构。化合物的吸附性与它们的极性成正比，化合物分子中含有极性较大的基团时，吸附性也较强，以氧化铝为例，对各种化合物的吸附性按以下次序递减：

酸和碱≫醇、胺、硫醇＞酯、醛、酮＞芳香族化合物＞卤代物＞醚＞烯＞饱和烃

（2）洗脱剂

在柱色谱分离中，洗脱剂的选择也是一个重要的因素。一般洗脱剂的选择是通过薄层色谱实验来确定的。具体方法：先用少量溶解好（或提取出来）的样品，在已制备好的薄层板上点样（具体方法见 3.6.2 薄层色谱），用少量展开剂展开，观察各组分点在薄层板上的位置，并计算 R_f 值。哪种展开剂能将样品中各组分完全分开，即可作为柱色谱的洗脱剂。有时，单纯一种展开剂达不到所要求的分离效果，可考虑选用混合展开剂。

选择洗脱剂的另一个原则是洗脱剂的极性不能大于样品中各组分的极性。否则会由于洗脱剂在固定相上被吸附，迫使样品一直保留在流动相中。在这种情况下，组分在柱中移动的速率非常快，难以建立起分离所要达到的平衡，影响分离效果。另外，所选择的洗脱剂必须能够将样品中各组分溶解，但不能同各组分竞争与固定相的吸附。如果被分离的样品不溶于洗脱剂，那么各组分可能会牢固地吸附在固定相上，而不随流动相移动或移动很慢。

色谱柱的洗脱首先使用极性最小的溶剂，使最容易脱附的组分分离，然后逐渐增加洗脱剂的极性，使极性不同的化合物按极性由小到大的顺序自色谱柱中洗脱下来。常用洗脱剂的极性及洗脱能力按如下顺序递增：

己烷和石油醚＜环己烷＜四氯化碳＜三氯乙烯＜二硫化碳＜甲苯＜苯＜二氯甲烷＜氯仿＜环己烷-乙酸乙酯（80：20）＜二氯甲烷-乙醚（80：20）＜二氯甲烷-乙醚（60：40）＜环己烷-乙酸乙酯（20：80）＜乙醚＜乙醚-甲醇（99：1）＜乙酸乙酯＜丙酮＜正丙醇＜乙醇＜甲醇＜水＜吡啶＜乙酸

极性溶剂对于洗脱极性化合物是有效的，非极性溶剂对于洗脱非极性化合物是有效的，若分离复杂组分的混合物，通常选用混合溶剂。

所用洗脱剂必须纯粹和干燥，否则会影响吸附剂的活性和分离效果。

（3）装置及操作

色谱柱是一根带有下旋塞或无下旋塞的玻璃管，如图 3-26 所示。柱色谱的分离效果不仅依赖于吸附剂和洗脱剂的选择，而且还与色谱柱的大小和吸附剂的用量有关。一般要求柱中吸附剂的质量是待分离样品质量的 30～40 倍，若需要时可增至 100 倍，柱高和直径之比一般为 8：1。

① 装柱。装柱是柱色谱中最关键的操作，装柱的好坏直接影响分离效率。装柱之前，先将空柱洗净干燥，然后将柱垂直固定在铁架台上。如果色谱柱下端没有砂芯横隔，就取一小团脱脂棉或玻璃棉，用玻璃棒将其推至柱底，再在上面铺上一层厚 0.5～1cm 的石英砂，然后进行装柱。装柱的方法有湿法和干法两种。

a. 湿法装柱。将吸附剂（氧化铝或硅胶）用洗脱剂中极性最低的洗脱剂调成糊状，在柱内先加入约 3/4 柱高的洗脱剂，再将调好的吸附剂边敲打边倒入柱中，同时，打开下旋活塞，在色谱柱下面放一个干净并且干燥的锥形瓶或烧杯，接收洗脱剂。当装入的吸附剂有一定高度时，洗脱剂下流速率变慢，待所用吸附剂全部装完后，用流下来的洗脱剂转移残留的吸附剂，并将柱内壁残留的吸附剂淋洗下来。在此过程中，应不断敲打色谱柱，以使色谱柱

填充均匀并没有气泡。柱子填充完后，在吸附剂上端覆盖一层约 0.5cm 厚的石英砂。覆盖石英砂的目的，一是可使样品均匀地流入吸附剂表面，二是当加入洗脱剂时，它可以防止吸附剂表面被破坏。在整个装柱过程中，柱内洗脱剂的高度始终不能低于吸附剂最上端，否则柱内会出现裂痕和气泡。

b. 干法装柱。在色谱柱上端放一个干燥的漏斗，将吸附剂倒入漏斗中，使其成为一细流连续不断地装入柱中，并轻轻敲打色谱柱柱身，使其填充均匀，再加入洗脱剂湿润。也可以先加入 3/4 的洗脱剂，然后再倒入干的吸附剂。因为硅胶和氧化铝的溶剂化作用易使柱内形成缝隙，所以这两种吸附剂不宜使用干法装柱。

② 加样及洗脱。液体样品可以直接加入到色谱柱中，如浓度低可浓缩后再进行分离。固体样品应先用少量的溶剂溶解后再加入到柱中。在加入样品时，应先将柱内洗脱剂排至稍低于石英砂表面后停止排液，用滴管沿柱内壁把样品一次加完（注意滴管尽量向下靠近石英砂表面）。样品加完后，打开下旋活塞，使液体样品进入石英砂层后，再加入少量的洗脱剂将壁上的样品洗下来，待这部分液体的液面和吸附剂表面相齐时，即可打开安置在柱上装有洗脱剂的滴液漏斗的活塞，加入洗脱剂，进行洗脱，直至所有色带被展开。

色谱带的展开过程也就是样品的分离过程。在此过程中应注意以下几点。

a. 洗脱剂应连续平稳地加入，不能中断。样品量少时，可用滴管加入。样品量大时，用滴液漏斗作储存洗脱剂的容器，控制好滴加速率，可得到更好的效果。

b. 在洗脱过程中，应先使用极性最小的洗脱剂淋洗，然后逐渐加大洗脱剂的极性，使洗脱剂的极性在柱中形成梯度，以形成不同的色带环。也可以分步进行淋洗，即将极性小的组分分离出来后，再改变极性，分出极性较大的组分。

c. 洗脱剂的流速对柱色谱的分离效果有显著影响。在洗脱过程中，样品在柱内的下移速率不能太快，如果溶剂流速较慢，则样品在柱中保留的时间长，各组分在固定相和流动相之间能得到充分吸附或分配，从而使混合物，尤其是结构、性质相似的组分得以分离。但是也不能太慢（甚至过夜），因为吸附表面活性较大，时间太长会造成某些成分被破坏，使色谱扩散，影响分离效果。因此，层析时洗脱速率要适中。通常流出速率为每分钟 5~10 滴，若洗脱剂下移速率太慢，可适当加压或用水泵减压，以加快洗脱速率，直至所有色带被分开。

d. 当色谱带出现拖尾时，可适当提高洗脱剂极性。

③ 样品中各组分的收集。当样品中各组分带有颜色时，可根据不同的色带用锥形瓶分别进行收集，然后分别将洗脱剂蒸除得到纯组分。但是大多数有机物质是没有颜色的，可采用等分收集的方法，即将收集瓶编好号，根据使用吸附剂的量和样品分离情况进行收集，一般用 50g 吸附剂，每份洗脱剂的收集体积约为 50mL。如果洗脱剂的极性增加或样品中组分的结构相近，每份的收集量应适当减小。将每份收集液浓缩后，以残留在烧瓶中物质的质量为纵坐标，收集瓶的编号为横坐标绘制曲线图，确定样品中的组分数。还可以在吸附剂中加入磷光体指示剂，用紫外线照射来确定。一般用薄层色谱进行监控是最为有效的方法。

3.6.2　薄层色谱

薄层色谱（thin layer chromatography）简称 TLC，是一种微量、快速和简便的分离分析方法，其特点是：需要的样品量少（几微克到几十微克），展开速率快（几分钟到几十分钟），分离效率高。薄层色谱可用于精制样品、化合物的鉴定与分离，如通过与已知结构的化合物相比较，可鉴定有机混合物的组成。在有机合成反应中可以利用薄层色谱对反应进行监控。在柱色谱分离中，经常利用薄层色谱来摸索最佳分离条件和监控分离的进程。若制作薄层板时，把吸附层加厚，将样品点成一条线，则可分离多达 500mg 较大量的样品。特别适用于挥发性较低，或在高温下易发生变化而不能用气相色谱进行分离的化合物。

3.6.2.1 基本原理

薄层色谱是另外一种固-液吸附色谱的形式，与柱色谱原理和分离过程相似。常用的有吸附色谱和分配色谱两类。一般能用硅胶或氧化铝薄层色谱分开的物质，也能用硅胶或氧化铝柱色谱分开；凡能用硅藻土和纤维素作支持剂的分配柱色谱能分开的物质，也可分别用硅藻土和纤维素薄层色谱展开，因此薄层色谱常用作柱色谱的先导。吸附剂的性质和洗脱剂的相对洗脱能力在柱色谱中适用的同样适用于薄层色谱中。与柱色谱不同的是，薄层色谱中的流动相沿着薄板上的吸附剂向上移动，而柱色谱中的流动相则沿着吸附剂向下移动。

薄层色谱是将吸附剂均匀地涂在玻璃板（或某些高分子薄膜）上作为固定相，经干燥、活化后，将待分离的样品溶液用毛细管点于离薄层板一端约 1cm 处的起点线上，晾干或吹干后置薄板于盛有展开剂（流动相）的展开缸内，如图 3-28 所示，浸入深度约 0.5cm。当展开剂在吸附剂上展开时，由于吸附剂对各组分吸附能力不同，展开剂对各组分的解吸能力也不同，各组分向前移动的速率会不同。其结果是吸附能力强的组分相对移动得慢些，而吸附能力弱的移动得快些。停止展开时，各组分便停留在薄板的不同部位，从而使混合物的各组分得以分离。当展开剂前沿离顶端约 1cm 附近时，将色谱板取出，吹干显色。

将薄板取出，如果各组分本身有颜色，则薄板干燥后会出现一系列高低不同的斑点，如果本身无色，则可用各种显色方法使之显色，或在紫外灯下显色，以确定斑点位置。记录原点至斑点中心及展开剂前沿的距离。

在薄板上混合物的每个组分上升的高度与展开剂上升的前沿之比称为该化合物的 R_f 值，又称比移值，计算 R_f 值的公式如下，示意图见图 3-29。

$$R_f = \frac{d_m}{d_s} = \frac{样品中某组分移动离开原点的距离}{展开剂前沿距原点中心的距离}$$

图 3-28　薄层色谱装置

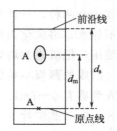

图 3-29　计算 R_f 值示意图

R_f 值随被分离化合物的结构、固定相和流动相的性质、温度以及薄层板本身的因素而变化。当固定相、流动相、温度、薄板厚度等实验条件固定时，各物质的 R_f 值是恒定的，因此可利用 R_f 值对未知物进行定性鉴定。但由于影响 R_f 值的因素很多，如展开剂、吸附剂、薄层板的厚度、温度等均能影响 R_f 值，因此同一化合物的 R_f 值与文献值会相差很大。在实验时，常采用在一块板上同时点一个未知物和一个标准样品，进行展开对照，通过比较

两者的 R_f 值，可对样品作出定性鉴定，还可以通过比较未知物和标准物的色斑大小或颜色深浅来定量判定甚至定量测定其含量。良好的分离 R_f 值应在 $0.15\sim0.75$ 之间，否则应该调换展开剂重新展开。

3.6.2.2 操作方法

薄层色谱具体操作过程有以下几步。

(1) 吸附剂的选择

薄层色谱最常用的吸附剂是硅胶和氧化铝，它们的分子中都含具有孤对电子的氧原子和能形成氢键的羟基。

① 硅胶。硅胶是无定形多孔物质，略具酸性，适用于酸性和中性物质的分离和分析，薄层色谱用的硅胶分为以下几种：

硅胶 H——不含黏合剂；

硅胶 G——含煅石膏黏合剂（G 代表石膏，gypsum 的缩写）；

硅胶 HF_{254}——含荧光物质，可在波长 254nm 的紫外光下观察荧光；

硅胶 GF_{254}——既含黏合剂，又含荧光剂。

② 氧化铝。氧化铝也因含黏合剂或荧光剂而分为氧化铝 G、氧化铝 HF_{254} 及氧化铝 GF_{254}。氧化铝的极性比硅胶大，适用于分离极性小的化合物。

黏合剂除上述的煅石膏（$2CaSO_4 \cdot H_2O$）外，还有淀粉、聚乙烯醇和羧甲基纤维素钠（CMC）。使用时，一般配成水溶液。如羧甲基纤维素钠的质量分数一般为 $0.5\%\sim1\%$，最好是 0.7%。淀粉的质量分数为 5%。通常将薄板按加黏合剂和不加黏合剂分为两种，加黏合剂的薄板称为硬板，不加黏合剂的薄板称为软板。

在薄层色谱中所用的吸附剂颗粒比柱色谱中用的要小很多，一般为 260 目以上。当颗粒太大时，表面积小，吸附量少，样品随展开剂移动速率快，斑点扩散较大，分离效果不好。当颗粒太小时，样品随展开剂移动速率慢，斑点不集中，效果也不好。

薄层吸附色谱和柱吸附色谱一样，化合物的吸附能力与它们的极性成正比，具有较大极性的化合物吸附较强，因而 R_f 值较小。因此利用化合物极性的不同，用硅胶或氧化铝薄层色谱可将一些结构相近的物质或顺、反异构体分开。

(2) 薄层板的制备

薄板的制备方法有两种，一种是干法制板，另一种是湿法制板。干法制板常用氧化铝作吸附剂，涂层时不加水，将氧化铝倒在玻璃上，取直径均匀的一根玻璃棒，将两端用胶布缠好，在玻璃板上滚压，把吸附剂均匀地铺在玻璃板上。这种方法操作简便，展开快，但是样品展开点易扩散，制成的薄板不易保存。实验室最常用的是湿法制板。例如，取 3g 硅胶 G，边搅拌边慢慢加入到盛有 $6\sim7mL$ $0.5\%\sim1\%$ 羧甲基纤维素水溶液的烧杯中，调成糊状（3g 硅胶可铺 7.5cm×2.5cm 载玻片 $5\sim6$ 块）。将糊状硅胶均匀地倒在载玻片上，先用玻璃棒铺平，然后用手轻轻震动至平。大量铺板或铺较大板时，也可使用涂布器。

薄层板制备的好与坏直接影响色谱分离的效果，在制备过程中应注意以下几点。

① 要制备均匀而又不带块状的糊状涂层浆料，应把硅胶加到溶剂中去，边加边搅拌混合物。若把溶剂加到吸附剂中，常会产生团块。一般宜将吸附剂调得稀一些。

② 铺板前，一定要将玻璃板洗净、擦干，涂布速率要快。

③ 铺板时，尽量均匀，不能有气泡或颗粒等，而且厚度（$0.25\sim1mm$）要固定。否则，在展开时溶剂前沿不齐，色谱结果也不易重复。

④ 湿板铺好后，应放在水平的平板上晾干，千万不要快速干燥，否则薄层板会出现裂痕。

（3）薄板的活化

把涂好的薄板置于室温自然晾干后，再放在烘箱内加热活化，进一步除去水分。活化时需慢慢升温。硅胶板一般在 $105\sim110℃$ 的烘箱中活化 $0.5h$ 即可。氧化铝板在 $200℃$ 烘 $4h$ 可得到活性 II 级的薄层板，在 $150\sim160℃$ 烘 $4h$ 可得到活性 III～IV 级的薄层板。活化后的薄板应保存在干燥器中备用。

（4）点样

将样品溶于低沸点溶剂（如甲醇、乙醇、丙酮、氯仿、苯、乙醚及四氯化碳）中配成 $1\%\sim5\%$ 的溶液，在距薄层板的一端 $1cm$ 处，用铅笔轻轻地画一条横线作为点样时的起点线。用内径小于 $1mm$ 干净并且干燥的毛细管，吸取少量的样品轻轻触及薄层板的起点线（即点样），然后立即抬起，待溶剂挥发后，再触及第二次。点样的次数依样品溶液的浓度而定，一般为 $2\sim5$ 次。点样后斑点直径不超过 $2mm$，点样斑点过大，往往会造成拖尾、扩散等现象，影响分离效果。若在同一板上点几个样品，样点间距约为 $1cm$。点样结束待样品干燥后，再放入展开缸中进行展开。

（5）展开

薄层色谱展开剂的选择和柱色谱一样，主要根据样品的极性、溶解度、吸附剂的活性等因素来考虑。溶剂的极性越大，则对化合物的洗脱力也越大，即 R_f 值也越大。如发现样品各组分的 R_f 值较大，可考虑换用一种极性较小的溶剂，或在原来的溶剂中加入适量极性较小的溶剂去展开。相反，如原用展开剂使样品各组分的 R_f 值较小，则可加入适量极性较大的溶剂进行展开，以达到分离的目的。薄层色谱用的展开剂绝大多数是有机溶剂，各种溶剂的极性参见柱色谱部分。

薄层的展开需要在密闭的容器中进行，先将选择的展开剂放在层析缸中（液层高度约 $0.5cm$），使层析缸内溶剂蒸气饱和 $5\sim10min$，再将点好样品的薄板按图 3-28 所示放入层析缸中进行展开。在展开过程中，样品斑点随着展开剂向上迁移，当展开剂前沿至薄层板上边约 $0.5cm$ 时，立刻取出薄层板，记下溶剂前沿位置，放平晾干。

（6）显色

如果化合物本身有颜色，在展开后就可直接观察它的斑点。但大多数有机化合物是无色的，看不到色斑，只有通过显色才能使斑点显现。常用的显色方法有显色剂法和紫外光显色法。

① 显色剂法。常用的显色剂有三氯化铁水溶液、浓硫酸、浓盐酸、浓磷酸和碘等。许多有机化合物能与碘生成棕色或黄色的配合物。利用这一性质可将几粒碘置于密闭容器（一般用展开缸即可）中，稍稍加热，让碘升华，待容器充满碘蒸气后，将展开后的色谱板放入，碘与展开后的有机化合物可逆地结合，在几秒钟到数分钟内薄层板上的样品点处即可显示出黄色或棕色斑点，呈现的斑点一般在几秒钟内消失，因此取出薄层板用铅笔将点圈好即可。碘熏显色法是观察无色物质的一种简便有效的方法，因为碘可以与除烷烃和卤代烃以外的大多数有机物形成有色配合物。三氯化铁溶液可用于带有酚羟基化合物的显色。

② 紫外光显色法。用硅胶 GF_{254} 制成的薄板，由于加入了荧光剂，在 $254nm$ 波长的紫外灯光下观察，展开后的有机化合物在亮的荧光背景上呈暗色斑点，此斑点就是样品点。

用各种显色方法使斑点出现后，应立即用铅笔圈好斑点的位置，并计算 R_f 值。以上这些显色方法在柱色谱和纸色谱中同样适用。

3.6.3 纸色谱

纸色谱和薄层色谱一样，主要用于反应混合物的分离和鉴定。此法一般适用于微量有机物（$5\sim500\mu g$）的定性分析，分离出来的色点也能用比色方法定量。纸色谱的优点是操作简单，价格便宜，所得到的色谱图可以长期保存。缺点是展开时间较长，因为展开过程中，溶剂的上升速率随着高度的增加而减慢。由于纸色谱对亲水性较强的组分分离效果较好，故特别适用于多官能团或高极性化合物如糖、氨基酸等的分离。

3.6.3.1 基本原理

纸色谱属于分配色谱的一种。纸色谱的溶剂是由有机溶剂和水组成的，当有机溶剂和水部分溶解时，即有两种可能，一相是以水饱和的有机溶剂相，另一相是以有机溶剂饱和的水相。纸色谱的分离作用不是靠滤纸的吸附作用，而是以滤纸作为惰性载体，因为纤维和水有较大的亲和力，对有机溶剂则较差。以吸附在滤纸上的水作为固定相，被水饱和的有机相为流动相，称为展开剂，展开剂如常用的正丁醇-水，这是指用水饱和的正丁醇。在滤纸的一定部位点上样品，当有机相沿滤纸流动经过原点时，原点的样品即在滤纸上的水与流动相间连续发生多次分配，结果在流动相中具有较大溶解度的物质随溶剂移动的速率较快，有较高的 R_f 值，而在水中溶解率较大的物质随溶剂移动的速率较慢，这样便能利用样品中各组分在两相中分配系数的不同达到分离的目的。

流动相（展开剂）与固定相的选择，根据被分离物质性质而定，一般规律如下。

① 对于易溶于水的化合物，可直接以吸附在滤纸上的水作为固定相（即直接用滤纸）。以能与水混溶的有机溶剂作流动相，如低级醇类。

② 对于难溶于水的极性化合物，应选择非水性极性溶剂作为固定相，如甲酰胺、N,N-二甲基甲酰胺等浸渍于滤纸上作固定相。以不能与固定相相混合的非极性化合物作为流动相，如环己烷、苯、四氯化碳、氯仿等。

③ 对于不溶于水的非极性化合物，应以非极性溶剂作为固定相，如液体石蜡等。以极性溶剂作为流动相，如水、含水的乙醇、含水的酸等。

纸色谱中所用的展开剂是与水部分互溶的有机溶剂，挥发性不宜太大。多数情况下不使用单一溶剂，而使用两组分或多组分的混合溶剂，在使用之前先用水饱和。例如在分离氨基酸时常采用的混合展开剂有正丁醇-水、正丁醇-乙酸-水，可按 4∶1∶5 的比例配制，混合均匀，充分振荡，放置分层后，取出上层溶液作为展开剂。

3.6.3.2 操作方法

（1）装置

纸色谱须在密闭的色谱缸中展开，形式多样，如图 3-30 所示的是其中一种装置，由展开缸、橡胶塞和钩子组成。钩子被固定在橡胶塞上，展开时将滤纸挂在钩子上。

纸色谱操作过程与薄层色谱一样，所不同的是薄层色谱需要吸附剂作为固定相，而纸色谱只需用一张滤纸，或在滤纸上吸附相应的溶剂作为固定相。所选用滤纸的质量应厚薄均匀，无折痕，滤纸纤维松紧适宜。作一般分析时可用新华 2 号色谱滤纸，样品较多时可用新华 5 号厚滤纸。滤纸大小可以自由选择，一般 为 3cm×20cm、5cm×30cm 或 8cm×50cm 等。

（2）点样

纸色谱的点样与薄层色谱相似，可用毛细管点样。液体样品可直接点样，固体样品可用与展开剂相同或相似的溶剂配制成溶液来点样。先将色谱滤纸在展开溶剂蒸气中放置过夜，再按图 3-31 所示在滤纸的一端约 2cm 处用铅笔划好起点线，用毛细管吸取样品溶液点在起点线上，样点直径不宜超过 2mm。若在同一张滤纸上点几个样点，则应点在同一水平线上，间距 1～2cm。待溶剂挥发后剪去纸条上下手持的部分。

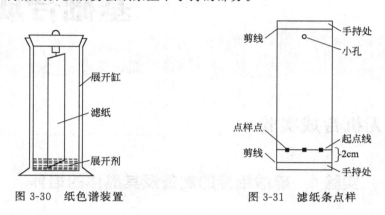

图 3-30　纸色谱装置　　　　图 3-31　滤纸条点样

（3）展开

展开在密闭的、充满展开剂蒸气的展开槽中进行。将点好样且溶剂挥发后的滤纸悬挂在展开缸的钩上，使滤纸条下端与展开剂接触（浸入展开剂中约 1cm，展开剂液面高度不能超过样品点的高度）。展开剂即沿滤纸条上升，样品中组分随之展开，当展开剂上升前沿接近滤纸上端约 1.5cm 处时，取出滤纸，记下溶剂的前沿位置，将展开后的滤纸晾干或吹干后显色。

（4）显色

纸色谱的显色法与薄层色谱大致类同，碘蒸气显色法、紫外光显色法等通用方法也适用于纸色谱，但浓硫酸、浓硝酸等显色法不适用于纸色谱。纸色谱多采用化学显色剂喷雾显色的方法，如茚三酮溶液适用于蛋白质、氨基酸及酰的显色；硝酸银氨溶液适用于糖类的显色；pH 指示剂适用于有机酸、碱的显色等。若被分离物中各组分是有色的，滤纸条上就有各种颜色的斑点显出，可计算各化合物的比移值 R_f。

基础合成实验

4.1 基础无机合成实验

实验 1　硫酸铝钾的制备及其晶体的培养

一、实验目的

1. 巩固复盐的有关知识，掌握制备简单复盐的基本原理和方法。

2. 进一步认识金属铝和氢氧化铝的两性。

3. 学习从溶液中培养晶体的原理和方法。

4. 掌握固体溶解、加热蒸发、减压过滤的基本操作。

二、实验原理

硫酸铝同碱金属的硫酸盐（K_2SO_4）作用生成硫酸铝钾复盐。

硫酸铝钾[$K_2SO_4 \cdot Al_2(SO_4)_3 \cdot 24H_2O$]俗称明矾，它是一种无色晶体，易溶于水，并水解生成 $Al(OH)_3$ 胶状沉淀。它具有较强的吸附性能，是工业上重要的铝盐，可作为净水剂、造纸充填剂等。

本实验利用金属铝溶于氢氧化钾溶液，生成可溶性的四羟基合铝酸钾：

$$2Al + 2KOH + 6H_2O = 2K[Al(OH)_4] + 3H_2\uparrow$$

金属铝中其他金属或杂质则不溶，过滤除去杂质。用硫酸溶液中和四羟基合铝酸钾可制得微溶于水的复盐明矾——硫酸铝钾 $K_2SO_4 \cdot Al_2(SO_4)_3 \cdot 24H_2O$ 结晶。

$$2K[Al(OH)_4] + 4H_2SO_4 + 16H_2O = K_2SO_4 \cdot Al_2(SO_4)_3 \cdot 24H_2O$$

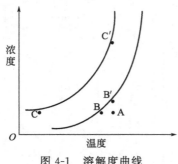

图 4-1　溶解度曲线

从溶液中要使盐的晶体析出，从原理上来说有两种方法。以图 4-1 的溶解度曲线和过溶解度曲线为例，BB′为溶解度曲线，在曲线的下方为不饱和区域。若从处于不饱和区域的 A 点状态的溶液出发，要使晶体析出，一种方法是采用 A →B 的过程，即保持浓度一定，降低温度的冷却法；另一种方法是采用 A →B′的过程，即保持温度一定，增加浓度的蒸发法。用这样的方法使溶液的状态进入到 BB′线上方区域。一进到这个区域一般就有晶核产生和成长，但有些物质，在一定条件下，虽处于这个区域，溶液中并不析出晶体，成为过饱和溶液。可是过饱和度是有界限的，一旦达到某种界限时，稍加震动就会有新的较多的晶体析出（在图 4-1 中 CC′ 表示过饱和的界限，此曲线称为过溶解度曲线）。在 CC′ 和 BB′ 之间的区域为介稳定区域。要使晶体能较大地成长起来，就应当使溶液处于介稳定区域，让它慢慢地成长，而不使细小的晶体析出。

明矾单晶的培养：当有 $K_2SO_4 \cdot Al_2(SO_4)_3 \cdot 24H_2O$ 晶体析出后，过滤得到晶体后，选出规整的作为晶种，放在滤液中，盖上表面皿，让溶液自然蒸发，结晶就会逐渐长大，成为大的单晶，单晶具有八面体晶形。为使晶种长成大的单晶，重要的是溶液温度不要变化太大，使溶液的水分缓慢蒸发。另外为长成大结晶，也可将生成的晶体系上尼龙绳，悬在溶液中。这样晶体在各方面生长速率不受影响，生成的晶体更规则。

三、实验用品

仪器与材料：烧杯、电子台秤、布氏漏斗、酒精灯、三脚架、石棉网、火柴、量筒、滤纸、pH 试纸、尼龙线、温度计、广口瓶、保温杯。

药品：Al 屑（C.P.）、KOH（C.P.）、硫酸铝钾（C.P.）、H_2SO_4（6mol/L）、乙醇（95％）、$BaCl_2$（0.1mol/L）。

四、实验步骤

1. 四羟基合铝酸钾的制备

称取 2g KOH 固体，置于 100mL 烧杯中，加入 25mL 蒸馏水使之溶解。称取 1g 铝屑，分批放入溶液中（反应剧烈，防止溅出，应在通风橱内进行），至不再有气泡产生，说明反应完毕，然后再加入 10mL 蒸馏水，抽滤。将滤液转入烧杯中。

2. 硫酸铝钾的制备

向烧杯的溶液中慢慢滴加 6mol/L H_2SO_4 溶液，并不断搅拌，将中和后的溶液加热几分钟（勿沸），使沉淀完全溶解，冷却至室温后，放入冰箱内进一步冷却、结晶。减压抽滤，用 15mL 95％乙醇洗涤晶体 2 次，将晶体用滤纸吸干，称重。

3. 明矾大晶体的培养

（1）晶种的培养　将配制的比室温高 20～30℃的硫酸铝钾饱和溶液注入搪瓷盘里（水与硫酸铝钾的质量比约为 100∶20），液高 2～3cm，放于偏僻处自然冷却，经 24h 左右，在盘的底部有许多晶体析出。选择晶形完整的晶体作为晶种。

（2）大晶体的培养　称取 10g 硫酸铝钾放入烧杯中，加入 50mL 蒸馏水，加热使其溶解，冷却到 45℃左右时，转移到广口瓶中。等广口瓶中溶液温度降到 40℃时，把预先用尼龙线系好的晶种吊入溶液中部位置。注意观察不能出现晶种溶解现象，否则应取出晶种，待溶液温度进一步降低后，再放入晶种。与此同时，在保温杯内加入比溶液温度高 1～3℃的热水，然后把已吊好晶种的广口瓶放入保温杯中，盖好盖子，静置到次日，观察在晶种上生长起来的大晶体的形状。

五、预习内容

1. 查阅资料，找出检验溶液中含有 Al^{3+}、K^+、SO_4^{2-} 的最简单、最可行的方法。
2. 查出明矾、$Al_2(SO_4)_3$ 和 K_2SO_4 在不同温度下的溶解度。

六、思考题

1. 为什么用碱溶解 Al？
2. 将硫酸钾和硫酸铝两种饱和溶液混合能够制得明矾晶体，用溶解度来说明其理由。

3. 如何检验新配成的溶液就是某温度下的饱和溶液？

实验 2　四碘化锡的制备

一、实验目的
1. 学习在非水溶剂中制备无水四碘化锡的原理和方法。
2. 学习加热、回流等基本操作。
3. 了解四碘化锡的某些化学性质。

二、实验原理
无水四碘化锡是橙红色的立方晶体，为共价型化合物，熔点 144.5℃，沸点 364℃。受潮易水解。在空气中也会缓慢水解，易溶于二硫化碳、三氯甲烷、四氯化碳、苯等有机溶剂中，在冰醋酸中溶解度较小。根据四碘化锡溶解度的特性，它的制备一般在非水溶剂中进行，目前较多选择四氯化碳或冰醋酸为合成溶剂。本实验采用冰醋酸为溶剂，金属锡和碘在非水溶剂冰醋酸和乙酸酐体系中直接合成：

$$Sn + 2I_2 \Longrightarrow SnI_4$$

三、实验用品
仪器与材料：圆底烧瓶（100～150mL）、球形冷凝管、烧杯、蒸发皿、吸滤瓶、布氏漏斗、循环水泵、干燥管、磁力加热搅拌器。

药品：$I_2(s)$、锡箔、KI（饱和）、冰醋酸、乙酸酐、氯仿、丙酮。

四、实验步骤
1. 四碘化锡的制备

在 100～150mL 干燥的圆底烧瓶中，加入 1.5g 的碎锡箔和 4g I_2，再加入 30mL 冰醋酸和 30mL 乙酸酐。按图 2-9(b) 所示，装好带有氯化钙干燥管的球形冷凝管，于水浴中加热至沸，1～1.5h，直至紫红色的碘蒸气消失，溶液颜色由紫红色变成橙红色，停止加热。冷至室温即有橙红色的四碘化锡晶体析出，结晶用布氏漏斗抽滤，将所得晶体转移到圆底烧瓶中加入 30mL 氯仿，水浴加热回流溶解后，趁热抽滤（保留滤纸上的固体。为何物质？）将滤液倒入蒸发皿中，置于通风橱内，待氯仿全部挥发抽尽后，可得 SnI_4 橙红色晶体，称量，计算产率。

2. 产品检验

（1）确定碘化锡最简式　称出滤纸上剩余 Sn 箔的重量（准确至 0.01g），根据 I_2 与 Sn 的消耗量，计算其比值，得出碘化锡的最简式。

（2）性质实验

① 取自制的 SnI_4 少量溶于 5mL 丙酮中，分成两份，一份加几滴水，另一份加同样量的饱和 KI 溶液，解释所观察到的实验现象。

② 用实验证实 SnI_4 易水解的特性。

五、预习内容
1. 四碘化锡的性质。
2. 加热、回流操作。

六、思考题

1. 在合成四碘化锡的操作过程中应注意哪些问题？
2. 在四碘化锡合成中，以何种原料过量为宜，为什么？

附注

1. 在制备无水四碘化锡时，所用仪器都必须充分干燥。

2. 市售锡粒不宜用于实验。可把锡粒置于清洁的坩埚中，以喷灯熔化之，再把熔锡倒入盛水的磁盘中，锡减开形成薄片。也可以将锡粒烧至红热，迅速倒在石棉网上用玻璃片压成锡箔。

实验3 硫代硫酸钠的制备及纯度的测定

一、实验目的

1. 掌握用亚硫酸钠和硫黄制备硫代硫酸钠的原理和方法。
2. 进一步学习用冷凝管进行回流的操作。
3. 熟悉减压过滤、蒸发、结晶等基本操作。
4. 进一步练习滴定操作。

二、实验原理

硫代硫酸钠从水溶液中结晶得五水合物（$Na_2S_2O_3 \cdot 5H_2O$），它是一种白色晶体，商品名称为"海波"，硫代硫酸根中硫的氧化值为+2，其结构式为：

$$\begin{pmatrix} O & & O \\ & S & \\ O & & S \end{pmatrix}^{2-}$$

硫元素的电极电势图如下：

$$\varphi_A^{\ominus}/V \qquad SO_4^{2-} \xrightarrow{0.20} H_2SO_3 \xrightarrow{0.40} S_2O_3^{2-} \xrightarrow{0.50} S \xrightarrow{0.14} H_2S$$

$$\varphi_B^{\ominus}/V \qquad SO_4^{2-} \xrightarrow{-0.92} SO_3^{2-} \xrightarrow{-0.58} S_2O_3^{2-} \xrightarrow{-0.74} S \xrightarrow{-0.476} S^{2-}$$

由电极电势图可知，酸性溶液中 $S_2O_3^{2-}$ 易发生歧化反应，生成 H_2SO_3 和 S。碱性溶液中发生反歧化反应，即由 SO_3^{2-} 与 S 作用生成 $S_2O_3^{2-}$。

本实验是利用亚硫酸钠与硫共煮制备硫代硫酸钠。其反应式为：

$$Na_2SO_3 + S \xrightarrow{\triangle} Na_2S_2O_3$$

鉴别 $Na_2S_2O_3$ 的特征反应为：

$$2Ag^+ + S_2O_3^{2-} \longrightarrow Ag_2S_2O_3 \downarrow （白色）$$
$$Ag_2S_2O_3 \downarrow + H_2O \longrightarrow H_2SO_4 + Ag_2S \downarrow （黑色）$$

在含有 $S_2O_3^{2-}$ 溶液中加入过量的 $AgNO_3$ 溶液，立刻生成白色沉淀，此沉淀迅速变黄、变棕，最后变成黑色。

硫代硫酸盐的含量测定是利用反应：

$$2S_2O_3^{2-} + I_2(aq) \Longrightarrow S_4O_6^{2-} + 2I^-(aq)$$

但亚硫酸盐也能与 I_2-KI 溶液反应：

$$SO_3^{2-} + I_2 + H_2O \Longrightarrow SO_4^{2-} + 2I^- + 2H^+$$

所以用标准碘溶液测定 $Na_2S_2O_3$ 含量前，先要加甲醛使溶液中的 Na_2SO_3 与甲醛反应，生成加合物 $CH_2(Na_2SO_3)O$，此加合物还原能力很弱，不能还原 I_2-KI 溶液中的 I_2。

三、实验用品

仪器与材料：圆底烧瓶（500mL）、球形冷凝管、量筒、减压过滤装置、表面皿、烘箱、锥形瓶、滴定管（50mL）、滴定台、移液管（25mL）、蒸发皿、电子天平、分析天平。

药品：Na_2SO_3、硫黄、HAc-NaAc 缓冲溶液（含 HAc 0.1mol/L、NaAc 1mol/L）、$AgNO_3$（0.1mol/L）、I_2 标准溶液（0.05000mol/L，准确浓度见标签）、淀粉溶液（0.5%）、中性甲醛溶液（40%）[配制方法：在 40% 甲醛水溶液中加入 2 滴酚酞，滴加 NaOH 溶液（2g/L）至刚呈微红色]。

四、实验步骤

1. 制备 $Na_2S_2O_3 \cdot 5H_2O$

在圆底烧瓶中加入 12g Na_2SO_3、60mL 去离子水、4g 硫黄，按图 2-9(a) 安装好回流装置，加热煮沸悬浊液，回流 1h 后，趁热减压过滤。将滤液倒入蒸发皿，蒸发滤液至开始析出晶体。取下蒸发皿，冷却，待晶体完全析出后，减压过滤，并用吸水纸吸干晶体表面的水分。称量产品质量，并按 Na_2SO_3 用量计算产率。

2. 产品的鉴定

(1) 定性鉴别　取少量产品加水溶解。取此水溶液数滴加入过量 $AgNO_3$ 溶液，观察沉淀的生成及其颜色变化。若颜色由白色→黄色→棕色→黑色，则证明有 $Na_2S_2O_3$。

(2) 定量测定产品中 $Na_2S_2O_3$ 的含量　称取 1g 样品（精确至 0.1mg）于锥形瓶中，加入刚煮沸过并冷却的去离子水 20mL 使其完全溶解。加入 5mL 中性 40% 甲醛溶液，10mL HAc-NaAc 缓冲溶液（此时溶液的 pH≈6），用标准碘水溶液滴定，近终点时，加 1~2mL 淀粉溶液，继续滴定至溶液呈蓝色，30s 内不消失即为终点。计算产品中 $Na_2S_2O_3 \cdot 5H_2O$ 的含量。

五、预习内容

1. 硫代硫酸钠的化学性质。
2. 加热、回流操作。

六、思考题

1. $Na_2S_2O_3$ 在酸性溶液中能否稳定存在？写出相应的反应方程式。
2. 适量和过量的 $Na_2S_2O_3$ 与 $AgNO_3$ 溶液作用有什么不同？用反应方程式表示之。
3. 计算产率时为什么以 Na_2SO_3 用量而不以硫黄的用量计算？
4. 在定量测定产品中 $Na_2S_2O_3$ 的含量时，为什么要用刚煮沸过并冷却的去离子水溶解样品？

实验 4　磷酸一氢钠、磷酸二氢钠的制备及检验

一、实验目的

1. 掌握制备磷酸一氢钠和磷酸二氢钠的方法，加深对磷酸盐的认识。

2. 复习和巩固多元酸的解离平衡与溶液 pH 值的关系。

二、实验原理

磷酸是三元酸，在溶液中有三步解离。当用碳酸钠或氢氧化钠中和磷酸时，中和磷酸的一个氢离子（pH 值为 4.2～4.6），浓缩结晶后得到的是 $NaH_2PO_4 \cdot 2H_2O$，它是无色菱形晶体。如果中和掉磷酸的两个氢离子（pH 值约为 9.2），浓缩结晶后得到的是 $Na_2HPO_4 \cdot 12H_2O$，它是无色透明单斜晶系菱形结晶，在空气中迅速风化。

磷酸二氢钠（$NaH_2PO_4 \cdot 2H_2O$）溶于水后显酸性，是因为它在水溶液中同时存在以下两个平衡：

水解平衡： $$H_2PO_4^- + H_2O \Longrightarrow H_3PO_4 + OH^- \tag{1}$$

解离平衡： $$H_2PO_4^- \Longrightarrow H^+ + HPO_4^{2-} \tag{2}$$

由于 $H_2PO_4^-$ 的解离程度（$K_{a_2} = 6.3 \times 10^{-8}$）比水解程度（$K_h = 10^{-11}$）大，故磷酸二氢钠呈弱酸性（pH＝4～5）。

磷酸一氢钠（$Na_2HPO_4 \cdot 12H_2O$）溶于水后，也存在水解和解离的双重平衡：

水解： $$HPO_4^{2-} + H_2O \Longrightarrow H_2PO_4^- + OH^- \tag{3}$$

解离： $$HPO_4^{2-} \Longrightarrow H^+ + PO_4^{3-} \tag{4}$$

但由于 HPO_4^{2-} 的水解程度比解离程度大，故磷酸一氢钠溶液显弱碱性（pH＝9～10）。同理可推出，磷酸钠溶液显碱性。

因此，通过严格控制合成时溶液的 pH 值，就能用磷酸分别制得磷酸一氢钠和磷酸二氢钠。还需指出的是，制备一钠盐和二钠盐时，都可用碳酸钠代替氢氧化钠。但制备二钠盐时，容易发生 $NaHCO_3$ 混入结晶。所以，本实验制备一钠盐时，用无水碳酸钠中和磷酸；制备二钠盐时，改用 NaOH 中和磷酸制得。

在正磷酸盐（包括 Na_3PO_4、Na_2HPO_4、NaH_2PO_4）溶液中，加入 $AgNO_3$ 皆生成 Ag_3PO_4 黄色沉淀。

三、实验用品

仪器与材料：电子台秤、分析天平、碱式滴定管（25mL）、锥形瓶（50mL）、烧杯（100mL）、水浴锅、布氏漏斗、量筒（10mL、50mL）、pH 试纸、蒸发皿。

药品：无水 Na_2CO_3(C.P.)、$NaH_2PO_4 \cdot 2H_2O$(A.R.)、H_3PO_4(C.P.)、HCl(2mol/L)、NaOH(2mol/L、6mol/L、0.1000mol/L)、$AgNO_3$(0.1mol/L)、酚酞、无水乙醇。

四、实验步骤

1. $NaH_2PO_4 \cdot 2H_2O$ 的制备

取 2mL 化学纯的磷酸于 100mL 烧杯中，加入 15mL 蒸馏水，搅匀，加热至 60～70℃。少量、分次加入无水 Na_2CO_3（每次作用完后再加），调至溶液的 pH 值为 4.2～4.6（如果溶液的 pH 值已超过此值，可以用稀 H_3PO_4 溶液调低）。将溶液转到蒸发皿中，在水浴上加热浓缩至表面有较多的晶膜出现。用冰水冷却，加入几粒 $NaH_2PO_4 \cdot 2H_2O$ 晶体作为晶种，可适当搅拌，待晶体析出后，抽滤。晶体用少量无水乙醇（3～5mL）洗涤 2～3 次，吸干后，称重。

2. 产品（$NaH_2PO_4 \cdot 2H_2O$）检验

① 取少量产品置于试管中，加入几滴 2mol/L HCl。仔细观察有无气泡产生。

② 检验 $NaH_2PO_4 \cdot 2H_2O$ 水溶液的酸碱性。

③ 产品含量的测定：称取 0.2500g 样品，溶于 15mL 蒸馏水中，加 2 滴酚酞指示剂，用 0.1000mol/L NaOH 滴定，直至溶液呈微红色为止。计算样品中 $NaH_2PO_4 \cdot 2H_2O$ 的含量。

④ 取少量产品置于试管中，加水溶解，加入 0.1 mol/L $AgNO_3$ 溶液，观察沉淀的颜色。

3. $Na_2HPO_4 \cdot 12H_2O$ 的制备

取 2mL 化学纯的磷酸于 100mL 烧杯中，加入 15mL 蒸馏水，搅匀。加入 6mol/L NaOH 溶液，调节溶液的 pH 值为 9.2（注意：中和到 pH＝7～8 时，改用 2mol/L NaOH 溶液调节）。将溶液转到蒸发皿中，在水浴上加热，浓缩至表面刚有微晶出现（不要过分浓缩）。用冰水或冷水冷却（可适当搅动，防止晶体结块）。待晶体析出后，抽滤。晶体用少量无水乙醇（3～5mL）洗涤 2～3 次，吸干后，称重。

4. 产品（$Na_2HPO_4 \cdot 12H_2O$）检验

① 检验 $Na_2HPO_4 \cdot 12H_2O$ 水溶液的酸碱性。

② 取少量产品置于试管中，加水溶解，加入 0.1mol/L $AgNO_3$ 溶液，观察沉淀的颜色。

五、预习内容

1. 磷酸及其盐的化学性质。

2. 酸碱质子理论。

六、思考题

1. 酸式盐的水溶液是否都具有酸性，为什么？

2. 在 Na_3PO_4、Na_2HPO_4、NaH_2PO_4 溶液中，分别加入 $AgNO_3$，为什么得到的沉淀物都是 Ag_3PO_4？

3. 欲用酸溶解 Ag_3PO_4 沉淀，在盐酸、硝酸和硫酸中，选用哪一种最适宜？为什么？

实验 5　一种钴（Ⅲ）配合物的制备及表征

一、实验目的

1. 掌握制备金属配合物的最常用的方法——水溶液中的取代反应和氧化还原反应。

2. 学习使用电导率仪测定配合物组成的原理和方法。

3. 掌握用可见光谱测定配合物最大吸收峰并计算配离子分裂能 Δ_0 的方法。

二、实验原理

1. 合成

运用水溶液的取代反应来制取金属配合物，是在水溶液中的一种金属盐和一种配体之间的反应。实际上是用适当的配体来取代水合配离子中的水分子。氧化还原反应，是将不同氧化态的金属配合物，在配体存在下使其适当的氧化或还原制得金属配合物。

Co(Ⅱ) 的配合物能很快地进行取代反应（是活性的），而 Co(Ⅲ) 配合物的取代反应则很慢（是惰性的）。Co(Ⅲ) 的配合物制备过程一般是，通过 Co(Ⅱ)（实际上是它的水合配合物）和配体之间的一种快速反应生成 Co(Ⅱ) 的配合物，然后使它被氧化成为相应的 Co(Ⅲ) 配合物（配位数均为 6，八面体场）。例如，在含有氨、铵盐和活性炭（作表面活性催化剂）的 CoX_2（X＝Cl^-、Br^- 或 NO_3^-）溶液中加入 H_2O_2 或通入氧气就可得到六氨合钴（Ⅲ）配合物。没有活性炭时，常常发生取代反应，得到取代的氨合钴（Ⅲ）配合物。本实验的氯化一氯五氨合钴（Ⅲ）配合物就是这样制备的。

$$2CoCl_2 + 8NH_3 + 2NH_4Cl + H_2O_2 \Longrightarrow 2[Co(NH_3)_5H_2O]Cl_3$$

$$[Co(NH_3)_5H_2O]Cl_3 \xrightarrow[HCl]{\triangle} [Co(NH_3)_5Cl]Cl_2 + H_2O$$

$[Co(NH_3)_5Cl]^{2+}$ 为紫红色，常见的 Co(Ⅲ) 配合物还有：$[Co(NH_3)_6]^{3+}$（黄色）、$[Co(NH_3)_5H_2O]^{3+}$（粉红色）、$[Co(NH_3)_4CO_3]^+$（紫红色）、$[Co(NH_3)_3(NO_2)_3]$（黄色）、$[Co(CN)_6]^{3-}$（紫色）、$[Co(NO_2)_6]^{3+}$（黄色）等。

2. 电导法测定配合物中离子数

电解质溶液的导电性可以用电导（G）表示：

$$G = \frac{\gamma}{K}$$

式中，γ 为电导率，常用单位为 S/cm；K 为电导池常数，单位为 cm^{-1}。电导池常数 K 的数值并不是直接测量得到的，而是利用已知电导率的电解质溶液，测定其电导，然后根据上式即可求得电导池常数。一般采用 KCl 溶液作为标准电导溶液，它在各种浓度时的电导率均经准确测定，如 0.0200mol/L KCl 溶液在温度为 18℃ 及 25℃ 时的电导率分别为 0.002394S/cm 及 0.002768S/cm。

一定浓度的电解质溶液的摩尔电导率为该溶液的电导率与其浓度之比，符号为 Δ_m，即

$$\Delta_m = \frac{\gamma}{c}$$

式中，c 为溶液的物质的量浓度。

测定已知浓度溶液的电导并变换为摩尔电导率与文献值比较，使我们能够确定溶液中存在的离子数。25℃时，离子数为 2、3、4、5 的离子导体在水溶液中的 Δ_m 的一般范围如下。

离子数	$\Delta_m /(S \cdot cm^2 /mol)$
2	118～131
3	235～273
4	408～435
5	≈560

3. 配合物的可见吸收光谱

晶体场理论认为，在八面体场中，d 轨道分裂成两组，一组是能量较高的 e_g 轨道，另一组是能量较低的 t_{2g} 轨道，这两组轨道之间的能量差 ΔE，称为分裂能 Δ_0，如下图所示。

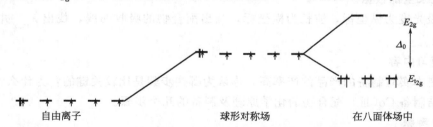

Co^{3+} 的电子层结构为 $[Ar]3d^6$。在六配位的八面体场中，Co^{3+} 在基态时的 6 个 3d 电子处于能量较低的 t_{2g} 轨道，当它们吸收一定波长的可见光时，就会在分裂的 d 轨道之间跃

迁，即由 t_{2g} 轨道跃迁到 e_g 轨道，称为 d-d 跃迁。配离子的颜色就是从入射光中去掉被吸收的光，剩下波长的可见光所呈现的颜色。3d 电子所吸收的能量等于 e_g 轨道与 t_{2g} 轨道之间的能量差（$E_{e_g}-E_{t_{2g}}$），亦即等于配离子分裂能 Δ_0 的大小：

$$E_{e_g}-E_{t_{2g}}=\Delta E=h\nu=h\,\frac{c}{\lambda}=\Delta_0$$

式中，h 为普朗克（Planck）常量（6.626×10^{-34} J・s）；c 为光速（3×10^{10} cm/s）。利用分光光度法测定配合物的最大吸收峰波长 λ_{max} 可以计算得到分裂能 Δ_0。

三、实验用品

仪器与材料：电导率仪、分光光度计、电子台秤、分析天平、烧杯、锥形瓶、量筒、研钵、三脚架、酒精灯、滴管、药勺、石棉网、温度计、布氏漏斗、抽滤瓶、容量瓶（100mL）、滤纸等。

药品：氯化铵、氯化钴、浓氨水、盐酸（6mol/L、浓）、H_2O_2（30%）、KCl（0.02mol/L）。

四、实验步骤

1. 制备 Co(Ⅲ) 配合物

在锥形瓶中将 1.0g 氯化铵溶于 6mL 浓氨水中，待完全溶解后持锥形瓶颈不断振荡，使溶液均匀。分数次加入 2.0g 氯化钴粉末，边加边摇动，加完后继续摇动使溶液呈棕色稀浆。再往其中滴加过氧化氢（30%）2～3mL，边加边摇动，加完后再摇动，当固体完全溶解，溶液中停止起泡时，慢慢加入 6mL 浓盐酸，边加边摇动，并在水浴上微热，温度不要超过 85℃，边摇边加热 10～15min，然后在室温下冷却混合物并摇动，待完全冷却后过滤出沉淀。用 5mL 冷水分数次洗涤沉淀，接着用 5mL 冷的 6mol/L 盐酸洗涤，产物在 105℃左右烘干并称量，计算产率。

2. 配合物摩尔电导率的测定

所有溶液的制备均使用蒸馏水。

① 配制 0.02mol/L KCl 水溶液，根据对溶液测得的电导，求得电导池常数 K。

② 配制 100mL 0.001mol/L [Co(NH$_3$)$_5$Cl] Cl$_2$ 水溶液并测量它的电导。在溶液配制之后立即进行测量，因为静置时间过长会发生显著的分解。

计算钴（Ⅲ）配合物的摩尔电导率，推测配合物中所含的离子数。

3. 配合物的 λ_{max} 的测定

① 用分析天平称取钴（Ⅲ）配合物 0.3g，溶入 100mL 容量瓶中配成溶液。

② 用 722 型分光光度计，以蒸馏水为参比，在波长 380～600nm 范围内分别测定上述溶液的吸光度。测定时，每隔 10nm 测一次吸光度数据，在接近峰值附近，每隔 5nm 测一次数据，记录全部数据。

③ 以吸光度为纵坐标，波长为横坐标，画出配合物的吸收曲线，找出 λ_{max} 并计算配离子分裂能 Δ_0。

五、预习内容

1. 要使本实验制备的产品的产率高，你认为哪些步骤是比较关键的？为什么？

2. 总结制备 Co(Ⅲ) 配合物的化学原理及制备的几个步骤。

六、思考题

1. 将氯化钴加入氯化铵与浓氨水的混合液中，可发生什么反应，生成何种配合物？

2. 上述实验中加过氧化氢起何作用，如不用过氧化氢还可以用哪些物质，用这些物质有什么不好？上述实验中加浓盐酸的作用是什么？

3. 有五个不同的配合物，试分析其组成后确定有共同的实验式 $K_2CoCl_2I_2(NH_3)_2$；电导测定得知在水溶液中五个化合物得电导率数值均与硫酸钠相近。请写出五个不同配电子的结构式，并说明不同配离子间有何不同。

实验 6 十二钨磷酸的制备及其 IR 表征

一、实验目的

1. 学习十二钨磷酸的制备原理和方法。

2. 练习萃取分离等基本操作。

3. 通过对十二钨磷酸的 IR 表征，了解 IR 吸收光谱仪的使用。

二、实验原理

钨和钼等元素在化学性质上的显著特点之一是在一定条件下易自聚或与其他元素聚合，形成多酸或多酸盐。由同种含氧酸根离子缩合形成的阴离子叫同多阴离子，其酸称同多酸。由不同种类的含氧酸根缩合形成的阴离子叫杂多阴离子，其酸称杂多酸。到目前为止，人们已经发现元素周期表中近 70 种元素可以参与到多酸化合物组成中来。多酸在催化化学、药物化学、功能材料等诸多方面的研究都取得了一些突破性的成果，我国是国际上五个多酸研究中心（中国、美国、俄罗斯、法国和日本）之一。

1862 年，Berzerius J 合成了第一个杂多酸盐 12-钼磷酸铵 $(NH_4)_3PMo_{12}O_{40} \cdot nH_2O$。1934 年，英国化学家 Keggin J F 采用 X 射线粉末衍射方法，成功地测定了十二钨磷酸的分子结构（见图 4-2）。$[PW_{12}O_{40}]^{3-}$ 是一类具有 Keggin 结构的杂多化合物的典型代表之一。

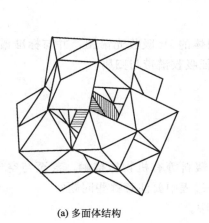 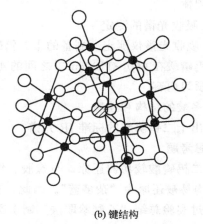

(a) 多面体结构   (b) 键结构

图 4-2 $[PW_{12}O_{40}]^{3-}$ 的 Keggin 结构图

◯—氧原子；▨—磷原子；●—钨原子

钨、磷等元素的简单含氧化合物在溶液中经过酸化缩合便可生成相应的十二钨磷酸根离子：

$$12WO_4^{2-} + HPO_4^{3-} + 23H^+ \Longrightarrow [PW_{12}O_{40}]^{3-} + 12H_2O$$

在反应过程中，H^+ 与 WO_4^{2-} 中的氧结合形成 H_2O 分子，从而使钨原子之间通过共享氧原子的配位形成多核簇状结构的杂多阴离子，该阴离子与反荷离子 H^+ 结合，则得到相应的杂多酸。

采取乙醚萃取制备十二钨磷酸是一经典的方法。向反应体系中加入乙醚并酸化，经乙醚萃取后液体分三层，上层是溶有少量杂多酸的醚，中间是氯化钠、盐酸和其他物质的水溶液，下层是油状的杂多酸醚合物。收集下层，将醚蒸出，即析出杂多酸晶体。

三、实验用品

仪器与材料：IR 吸收光谱仪、烧杯（250mL）、分液漏斗（250mL）、蒸发皿、酒精灯、三脚架、石棉网、火柴、铁圈、铁架台。

药品：二水合钨酸钠、磷酸氢二钠、HCl(6mol/L，浓)、乙醚、H_2O_2(3%)。

四、实验步骤

1. 十二钨磷酸溶液的制备

取 12.5g 二水合钨酸钠和 2g 磷酸氢二钠溶于 80mL 热水中，溶液稍浑浊。边加热边搅拌下，以细流状向溶液中加入 12.5mL 浓 HCl 溶液，溶液澄清，继续加热 0.5min。若溶液呈现蓝色，是由于钨（Ⅵ）被还原的结果，需向溶液中滴加 3% 过氧化氢至蓝色褪去，冷却至室温。

2. 酸化，乙醚萃取制十二钨磷酸

将烧杯中的溶液和析出的少量固体一并转移至分液漏斗中，加入 20mL 乙醚，再加入 5mL 6mol/L 盐酸，振荡（注意防止气流将液体带出），静置后液体分三层。分出、收集下层油状的醚合物于蒸发皿中。在 250mL 烧杯中加入开水作为热源，将蒸发皿置于烧杯上水浴蒸发（小心！醚易燃），直至液体表面出现晶膜。由于乙醚有毒性，蒸醚过程应在通风橱内进行。若在蒸发过程中，液体变蓝，则需滴加少许 3% 过氧化氢至蓝色褪去。将蒸发皿置于通风柜内（注意，防止落入灰尘），使醚在空气中渐渐挥发掉，即可得到白色或浅黄色十二钨磷酸固体。

3. IR 吸收光谱的测定

用 IR 吸收光谱仪测定所制备的十二钨磷酸固体的 IR 吸收光谱图，并与标准谱图对比，查出十二钨磷酸在 600～1100cm^{-1} 之间的 4 条特征吸收谱带与归属。

五、预习内容

1. 杂多酸的结构和性质。

2. 查出十二钨磷酸的标准 IR 光谱。

六、思考题

1. 十二钨磷酸较易被还原，与橡胶、纸张、塑料等有机物质接触，甚至与空气中灰尘接触时，均易被还原为"杂多蓝"。因此，在制备过程中要注意哪些问题？

2. 通过实验总结"乙醚萃取法"制多酸的方法。

附注

1. 由于十二钨磷酸易被还原，也可以用下面方法提取：用水洗分出油状液体，并加少量乙醚，将下层分出，用电吹风吹干净的空气（防止尘埃使之还原）以除去乙醚。将析出的晶体移至玻璃板上，在空气中干燥直到乙醚味消失为止。

2. 乙醚沸点低，挥发性强。燃点低，易燃、易爆。因此，在使用时一定要加小心。

实验 7 由钛铁矿制取二氧化钛及其纯度的测定

一、实验目的

1. 熟悉硫酸法溶钛铁矿制备二氧化钛的原理和方法。
2. 掌握无机制备中的沙浴、溶矿浸取、高温煅烧等操作。
3. 学习用原子发射光谱法测定二氧化钛纯度的分析方法。

二、实验原理

钛铁矿的主要成分为 $FeTiO_3$，杂质主要为镁、锰、钒、铬、铝等。由于这些杂质的存在，还由于一部分铁（Ⅱ）在风化过程中转化为铁（Ⅲ），所以钛铁矿中二氧化钛的含量变化范围较大，一般为 50%左右。

在 160～200℃时，过量的浓硫酸与钛铁矿发生下列反应：

$$FeTiO_3 + 2H_2SO_4 = TiOSO_4 + FeSO_4 + 2H_2O$$

$$FeTiO_3 + 3H_2SO_4 = Ti(SO_4)_2 + FeSO_4 + 3H_2O$$

它们都是放热反应，反应一开始便进行得很激烈。

用水浸取分解产物，这时钛和铁等以 $TiOSO_4$ 和 $FeSO_4$ 的形式进入溶液。此外，部分 $Fe_2(SO_4)_3$ 也进入溶液，因此需在浸出液中加入金属铁粉，把 Fe^{3+} 完全还原为 Fe^{2+}，铁粉可稍微过量一点，可以把少量的 TiO^{2+} 还原为 Ti^{3+}，以保护 Fe^{2+} 不被氧化。有关的电极电势如下：

$$Fe^{2+} + 2e^- = Fe \qquad \varphi^\ominus = -0.45V$$

$$Fe^{3+} + e^- = Fe^{2+} \qquad \varphi^\ominus = +0.77V$$

$$TiO^{2+} + 2H^+ = Ti^{3+} + H_2O \qquad \varphi^\ominus = +0.10V$$

将用铁粉还原后的溶液冷却至 0℃以下，便有大量的 $FeSO_4 \cdot 7H_2O$ 晶体析出。部分未析出的 Fe^{2+} 只要不被氧化为 Fe^{3+}，可以在硫酸氧钛水解或偏钛酸（水解产物）的水洗过程中除去。

为了使 $TiOSO_4$ 在高酸度下水解，可先取一部分上述 $TiOSO_4$ 溶液，使其水解并分散为偏钛酸溶胶，以此作为沉淀的凝聚中心与其余的 $TiOSO_4$ 溶液一起，加热至沸腾使其水解，即得偏钛酸沉淀。

$$TiOSO_4 + 2H_2O = H_2TiO_3 \downarrow + H_2SO_4$$

将偏钛酸在 800～1000℃灼烧，即得二氧化钛。

$$H_2TiO_3 \xrightarrow{800\sim1000℃} TiO_2 + H_2O \uparrow$$

三、实验用品

仪器与材料：蒸发皿、温度计、吸滤瓶、布氏漏斗、玻璃砂漏斗、循环水泵、坩埚、电子台秤、电子天平、称量瓶、砂浴盘、量筒、烧杯、试管、容量瓶（100mL）、酒精灯、三脚架、石棉网、火柴、沙子、冰、玻璃棒。

药品：钛铁矿精矿粉（325 目）、铁粉（C.P.）、H_2SO_4（2mol/L，浓）、H_2O_2（3%）、$K_3[Fe(CN)_6]$（0.1mol/L）。

四、实验步骤

1. 由钛铁矿制取二氧化钛

（1）硫酸分解钛铁矿 称取 25g 磨细的钛铁矿粉（325 目，含 TiO_2 约 50%），放入有柄蒸发皿中，加入 20mL 浓硫酸，搅拌均匀后放在沙浴中加热，并不停地搅动，观察反应物的变化。用温度计测量反应物的温度。当温度升至 110～120℃ 时，要不停地搅动反应物，并注意观察反应物的变化（开始有白烟冒出，反应物变为蓝黑色，黏度逐渐增大），此时搅拌要用力。当温度上升到 150℃ 左右时，反应猛烈进行，反应物迅速变稠变硬，这一过程在几分钟内即可结束，故这段时间要大力搅拌，避免反应物凝固在蒸发皿壁上，猛烈反应结束后，继续保持温度约 0.5h（把温度计插入沙浴中，测量砂浴温度，保持在 200℃ 左右的砂浴温度约 0.5h），不时搅动以防结成大块，最后移出沙浴，冷却至室温。

（2）硫酸溶矿的浸取　将产物转入烧杯中，加入 60mL 约 50℃ 的温水，此时溶液温度有所升高，搅拌至产物全部分散为止，保持体系温度不得超过 70℃，以免硫酸氧钛过早水解为白色乳浊状极难过滤的产物。浸取时间为 1h，然后用玻璃砂漏斗抽滤，滤渣用 10mL 水洗涤一次，弃去滤渣。溶液体积保持在 70mL，观察滤液的颜色。证实浸取液中有 Ti(Ⅳ) 化合物存在（用过氧化氢检验）。

（3）除去主要杂质铁　往浸取液中慢慢加入适量（<1g）铁粉，并不断搅拌，至溶液变为紫黑色（Ti^{3+} 为紫色）为止，立即抽滤，滤液用冰盐水冷却至 0℃ 以下，观察 $FeSO_4 \cdot 7H_2O$ 结晶析出，再冷却一段时间后，进行抽滤，回收 $FeSO_4 \cdot 7H_2O$。

（4）钛盐水解　将上述实验中得到的浸取液，取出 1/5 的体积，在不停地搅拌下逐滴加入到为浸取液总体积 8～10 倍（约 400mL）的沸水中，继续煮沸 10～15min 后，再慢慢加入其余全部浸取液，继续煮沸约 0.5h 后（应适当补充水），静置沉降，先用倾泻法除去上层水，再用热的稀硫酸（2mol/L）洗两次，并用热水冲洗沉淀，直至检查不出 Fe^{2+} 为止，抽滤，得偏钛酸。

（5）煅烧　把偏钛酸放在瓷坩埚中，先小火烘干后大火烧至不再冒白烟为止（亦可在马弗炉内 850℃ 灼烧），冷却，即得白色二氧化钛粉末，称重并计算产率。

2．二氧化钛纯度的测定

准确称取自制二氧化钛 0.0200g，用硫酸溶解，在容量瓶中配成 100mL 溶液，用原子发射光谱法测定二氧化钛纯度。

五、预习内容

1．硫酸分解钛铁矿制备二氧化钛的实验原理。

2．原子发射光谱仪的使用。

六、思考题

1．温度对浸取产物有何影响？为什么温度要控制在 75℃ 以下？

2．实验中能否用其他活泼金属来还原 Fe^{3+}？

3．浸取硫酸溶矿时，加水的多少对实验有何影响？

附注

表 4-1　不同温度时 $FeSO_4 \cdot 7H_2O$ 在水中的溶解度

$t/℃$	0	10	20	30	40	50
$S/(g/100gH_2O)$	15.65	20.51	26.5	32.0	40.2	48.6

实验 8　乙酸铬（Ⅱ）水合物的制备及纯度测定

一、实验目的

1. 学习在无氧条件下制备易被氧化的不稳定化合物的原理和方法。
2. 通过测定乙酸铬（Ⅱ）的磁化率来表征其纯度。
3. 练习和巩固沉淀的洗涤、过滤等基本操作。

二、实验原理

通常二价铬的化合物非常不稳定，它们能迅速被空气中的氧气氧化为三价铬的化合物。只有铬的（Ⅱ）卤素化合物、磷酸盐、碳酸盐和乙酸盐可存在于干燥状态。

乙酸铬（Ⅱ）是淡红棕色结晶性物质，不溶于水，但易溶于盐酸。这种溶液亦与其他所有亚铬酸盐相似，能被空气中的氧气氧化。

制备容易被氧气氧化的化合物不能在大气气氛中进行，常用惰性气体作保护性气氛，如 N_2、Ar 气氛等。有时也在还原性气氛中合成。

本实验在封闭体系中利用金属锌作还原剂，将三价铬还原为二价铬，再与乙酸钠溶液作用制得乙酸铬（Ⅱ）。反应体系中产生的氢气除了增大体系压强使铬（Ⅱ）溶液进入 NaAc 溶液中，同时，H_2 还起到隔绝空气使体系保持还原性气氛的作用。制备反应的离子方程式如下：

$$2Cr^{3+} + Zn \Longrightarrow 2Cr^{2+} + Zn^{2+}$$

$$2Cr^{2+} + 4CH_3COO^- + 2H_2O \Longrightarrow [Cr(CH_3COO)_2]_2 \cdot 2H_2O$$

纯的乙酸铬（Ⅱ）$[Cr(CH_3COO)_2]_2 \cdot 2H_2O$ 是反磁性的，因为它是二聚分子（如图 4-3 所示）。铬原子与铬原子之间存在电子-电子相互作用，自旋单电子全部配对。反磁性物质的 $\chi_m < 0$。若 $\chi_m > 0$，即有一点顺磁性就意味着样品不纯。

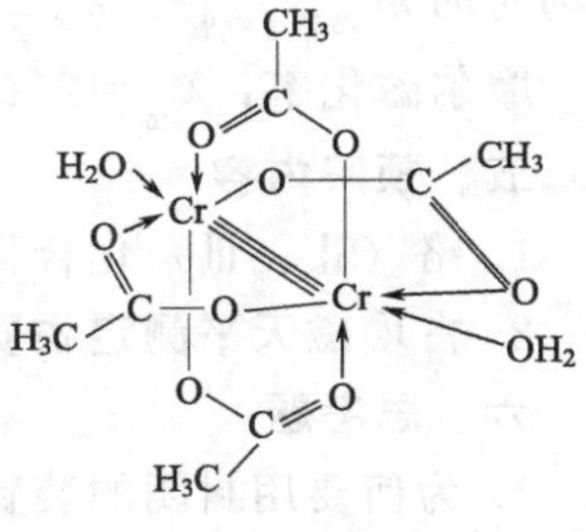

三、实验用品

仪器与材料：吸滤瓶（250mL）、两孔橡胶塞、滴液漏斗（50mL）、锥形瓶（150mL）、烧杯（100mL）、布氏漏斗、循环水泵、电子台秤、量筒、平底试管、表面皿、古埃磁天平。

药品：六水合三氯化铬、锌粒、无水乙酸钠、浓盐酸、无水乙醇、乙醚、去氧水。

图 4-3　$[Cr(CH_3COO)_2]_2 \cdot 2H_2O$ 分子结构

四、实验步骤

1. 乙酸铬（Ⅱ）的制备

制备装置如图 4-4 所示。称取 5g 无水乙酸钠置于锥形瓶中，用 12mL 去氧水配成溶液。在吸滤瓶中放入 8g 锌粒和 5g 三氯化铬晶体，加入 6mL 去氧水，摇动吸滤瓶得到深绿色混合物。夹住通往乙酸钠溶液的橡胶管，通过滴液漏斗缓慢加入浓盐酸 HCl 10mL，并不断摇动吸滤瓶，溶液逐渐变为蓝绿色，最终变为亮蓝色。当氢气仍然较快放出时，松开图右边橡胶管，夹住图左边橡胶管，以迫使二氯化铬溶液进入盛有乙酸钠的锥形瓶中。搅拌，形成红色乙酸铬（Ⅱ）沉淀。用铺有双层滤纸的布氏漏斗或砂芯漏斗过滤沉淀，并用 15mL 去氧水洗涤数次［乙酸铬（Ⅱ）易被氧化，为防止产品与空气接触，过滤和洗涤时，晶体上面要有一层液体覆盖。过滤时不等前一次溶液或洗涤液滤完，就要加下一次的洗涤液]。然后用少量乙醇、乙醚各洗涤三次。将产物薄薄一层铺在表面皿上，在室温下使其干燥。称量，计算产率。将产品在惰性气氛中密封保存。

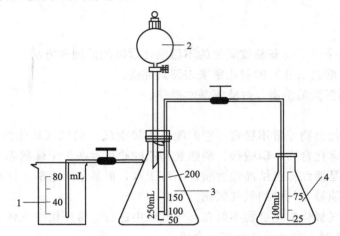

图 4-4　制备乙酸铬（Ⅱ）装置图
1—烧杯（内装水）；2—滴液漏斗（内装浓盐酸）
3—吸滤瓶（内装锌粒和三氯化铬）；
4—锥形瓶（内装乙酸钠溶液）

2. 乙酸铬（Ⅱ）的纯度测定

将乙酸铬（Ⅱ）粉末装入平底试管，填充过程中不断用玻璃棒挤压样品，使粉末样品均匀填实，直到约 15cm 为止，用直尺测量样品的高度 h。

选定励磁电流分别为 3A、4A。读取所对应的在高斯计上指示的磁感应强度 B。测出无磁场时的 $m_{样品+空管}$、$m_{空管}$。分别测出 $B_{I=3A}$、$B_{I=4A}$、$B_{I=0}$ 时 $m_{样品+空管}$、$m_{空管}$。

摩尔磁化率：$\chi_m = 2(\Delta m_{样品+空管} - \Delta m_{空管})ghM/\mu_0 B^2 m$。

五、预习内容

1. 铬（Ⅱ、Ⅲ）化合物的性质。

2. 古埃磁天平测定物质磁性的原理和方法。

六、思考题

1. 为何要用封闭的装置来制备乙酸铬（Ⅱ）？

2. 为什么反应物锌要过量？产物为什么用乙醇、乙醚洗涤？

附注

1. 反应物锌应当过量，浓盐酸适量。这一点至关重要。

2. 滴酸的速度不宜太快，反应的时间要足够长（约 1h）。

3. 产品必须洗涤干净。

4. 产品在惰性气氛中密封保存。在严格的密封保存下，乙酸铬（Ⅱ）样品可始终保持砖红色。然而，若空气进入样品，它就逐渐变成灰绿色，这是被氧化物质的特征颜色。

5. 吸滤瓶可用锥形瓶代替。

6. 盐酸用量最好小于 10mL，以 7～8mL 为宜。因为乙酸亚铬不溶于水，但易溶于盐酸。

实验 9　由软锰矿制备 $KMnO_4$ 及其纯度的测定

一、实验目的

1. 学习碱熔法由软锰矿（或二氧化锰）制取高锰酸钾的基本原理和方法。
2. 熟悉锰的各种氧化态化合物之间相互转化的条件。
3. 进一步练习加热、浸取、过滤、结晶、滴定等基本操作。

二、实验原理

高锰酸钾是深紫色的针状晶体，是最重要也是最常用的氧化剂之一。本实验是以软锰矿（主要成分是 MnO_2）为原料制备高锰酸钾，将软锰矿与碱和氧化剂（$KClO_3$）混合后共熔，即可得绿色的 K_2MnO_4：

$$3MnO_2 + 6KOH + KClO_3 \xrightarrow{熔融} 3K_2MnO_4 + KCl + 3H_2O$$

然后将锰酸钾溶于水，发生歧化反应，可得 $KMnO_4$：

$$3MnO_4^{2-} + 2H_2O \Longrightarrow 2MnO_4^- + MnO_2\downarrow + 4OH^-$$

在此溶液中加酸降低溶液的 pH 值，可使反应正向进行。常用的方法是通入 CO_2 气体：

$$3K_2MnO_4 + 2CO_2 \Longrightarrow 2KMnO_4 + MnO_2\downarrow + 2K_2CO_3$$

从反应方程式可见，用酸化的方法只有 2/3 量的 K_2MnO_4（也即 MnO_2）转化为 $KMnO_4$，转化率较低。为了提高转换率，较好的办法是采用电解 K_2MnO_4 溶液的方法来制备 $KMnO_4$：

$$2K_2MnO_4 + 2H_2O \xrightarrow{电解} 2KMnO_4 + 2KOH + H_2\uparrow$$

电极反应：

阳极
$$2MnO_4^{2-} \Longrightarrow 2MnO_4^- + 2e^-$$

阴极
$$2H_2O + 2e^- \Longrightarrow H_2\uparrow + 2OH^-$$

也可在 K_2MnO_4 溶液中直接加氧化剂，将其氧化成 $KMnO_4$：

$$2MnO_4^{2-} + Cl_2 \Longrightarrow 2MnO_4^- + 2Cl^-$$

高锰酸钾的纯度可以草酸为基准物质，进行氧化还原滴定而得。草酸与高锰酸钾在酸性溶液中发生下列反应：

$$2KMnO_4 + 5H_2C_2O_4 + 3H_2SO_4 \Longrightarrow K_2SO_4 + 2MnSO_4 + 10CO_2\uparrow + 8H_2O$$

反应产物 Mn^{2+} 对反应有催化作用，开始反应较慢，随着 Mn^{2+} 增多反应加快。

三、实验用品

仪器与材料：直流电源、泥三角、铁坩埚、坩埚钳、铁搅拌棒、粗铁丝、导线、镍片、布氏漏斗、吸滤瓶、玻璃布（或尼龙布）、电子台秤、电子天平、称量瓶、容量瓶、移液管、洗耳球、烧杯、滴定管、滴定管夹、铁架台、三脚架、酒精灯、石棉网、火柴。

药品：软锰矿（或 MnO_2）、KOH（C.P.）、$KClO_3$（C.P.）、硫酸（1mol/L）、KOH（4%）、标准草酸溶液（约 0.05000mol/L，准确浓度见标签）。

四、实验步骤

1. 锰酸钾的制备

称取 5.2g 固体 KOH 和 2.5g 固体 $KClO_3$，放入铁坩埚内，混合均匀，小火加热，并用铁棒搅拌。待混合物熔融后，一边搅拌，一边将 63.0g MnO_2 粉末分批加入。随着反应的进行，熔融物的黏度逐渐增大，此时应用力搅拌，以防结块。如果反应剧烈使熔融物逸出，可将火焰移开。在反应快要干涸时，应不断搅拌，使之成为颗粒状，以不结成大块粘在坩埚壁上为宜。待反应物完全干涸后，加大火焰，在仍保持翻动下强热 10min，即得墨绿色的锰酸钾。

待熔体冷却后，用铁棒尽量将熔块捣碎，并将其侧放入盛有 30mL 蒸馏水的烧杯中浸取，搅拌，加热使其溶解，静置片刻，倾出上层清液于另一个烧杯中。再用 30mL 4% KOH 溶液重复浸取两次。合并三次浸取液（连同熔物渣），趁热减压过滤（铺有玻璃布的布氏漏斗）浸取液，即可得到墨绿色的 K_2MnO_4 溶液。

2. 高锰酸钾的制备

将 K_2MnO_4 溶液倒入 150mL 烧杯中，加热至 60℃，按图 4-5 所示装上电极。阳极是光滑的镍片（12.5cm×8cm），卷成圆筒状，浸入溶液的面积约为 32cm²，阴极为粗铁丝（直

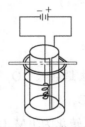

图 4-5　电解装置图

径约 2mm），浸入溶液的面积为阳极的 1/20。电极间的距离为 0.5～1.0cm。接通直流电源，控制阳极的电流密度为 30mA/cm²，阴极电流密度 300mA/cm²，槽电压为 2.5V，这时可观察到阴极上有气体放出，高锰酸钾则在阳极析出沉于烧杯底部，溶液由墨绿色逐渐转为紫红色，电解 1h 后，K_2MnO_4 已大部分转为 $KMnO_4$。此时用玻璃棒蘸取一些电解液在滤纸上，如果滤纸条上只显示紫红色而无绿色痕迹，即可认为电解完毕。停止通电，取出电极。将烧杯在冷水中冷却，使电解液结晶完全，用铺有玻璃布的布氏漏斗将晶体抽干，称量，计算产率。

3. 高锰酸钾的重结晶

按 $KMnO_4$：H_2O 为 1：3 的质量比，将制得的粗 $KMnO_4$ 晶体，溶于去离子水，并小火加热促使其溶解，趁热过滤，将滤液冷却以使其结晶，抽滤，把 $KMnO_4$ 晶体尽可能抽干，称量，计算产率，记录产品的颜色和形状。

4. 高锰酸钾纯度的测定

在电子天平上用差减法称取自制的 $KMnO_4$ 晶体（约 0.32g），用 50mL 蒸馏水溶解，煮沸并保持微沸 1h 后，全部转移到 100mL 容量瓶内，用蒸馏水稀释至标线。

用移液管移取 25.00mL 标准草酸溶液（约 0.05mol/L）于 250mL 锥形瓶中，加入 25mL 1mol/L H_2SO_4，混匀后在水浴中加热至 75～85℃，接着用 $KMnO_4$ 溶液滴定之。记下所消耗的 $KMnO_4$ 溶液的体积。

重复滴定一次，取其平均值。

根据滴定结果，计算自制 $KMnO_4$ 的纯度。

5. 锰各种氧化态间的相互转化（选做）

利用自制的高锰酸钾晶体，如右图所示设计实验，实现锰的各种氧化态之间的相互转化，写出实验步骤及有关反应的离子方程式。

五、预习内容

1. 由软锰矿（或二氧化锰）制取高锰酸钾的基本原理和方法。

2. 设计实验步骤 5 的实验方案并写出有关反应的离子方程式。

1. KOH 溶解软锰矿时，应注意哪些安全问题？

2. 为什么碱熔融时不用瓷坩埚和玻璃棒搅拌？

3. 过滤 $KMnO_4$ 溶液为什么不能用滤纸？

4. 重结晶时，$KMnO_4$：H_2O 为 1：3 质量比是如何确定的？

5. 由软锰矿制取高锰酸钾，除电解法外，还可以用哪些其他方法？试进行比较讨论。

实验 10　乙二胺四乙酸钙钠的合成、结构和性质

一、实验目的

1. 掌握乙二胺四乙酸钙钠的合成方法。

2. 理解 EDTA 配位滴定法滴定金属离子含量的化学机理。

3. 掌握配合物的结构表示方法，进一步理解配位键、离子键本质。

4. 了解乙二胺四乙酸钙钠用作金属中毒解毒剂的药用化学原理。

二、实验原理

乙二胺四乙酸（EDTA）是一种无色无味的白色固体，能溶于水，极难溶于乙醇。EDTA 分子结构中有六个配位原子，是一种良好的多齿配位剂，容易和金属离子形成螯合物，在分析化学上被广泛地用于测定金属离子含量的配位滴定剂。

乙二胺四乙酸钙钠，又名依地酸钙钠，是一种白色固体粉末，无臭、无味、易潮解，在水中易溶，不溶于乙醇、乙醚等有机溶剂，能与多种金属离子发生置换反应生成稳定且易溶于水的配合物，并释放钙离子，生成的水溶性配合物可由尿排出，达到治疗铅、镉、锰、镍、钴、铜等金属以及镭、钚、钍、铀等放射性元素中毒的治疗效果，是一种金属中毒的解毒药物。乙二胺四乙酸钙钠口服不易吸收，吸收量仅为总摄入量的 $4\%\sim5\%$，口服给药无效，临床上采用肌肉注射或静脉给药。与乙二胺四乙酸二钠相比，乙二胺四乙酸钙钠不能螯合钙离子，故用药后不会使人体产生低钙反应，其主要副作用是损害胃肠道及出现过敏反应，大剂量可损害肾脏。乙二胺四乙酸钙钠虽然和汞、砷配位能力较强，但用于汞和砷金属中毒的解毒疗效不明显，可能是汞和砷与体内的酶结合能力更强所致。乙二胺四乙酸钙钠在农业领域用作钙微量元素，在食品工业领域用作食品添加剂，不仅可以防止金属引起的变色、变质、变浊和维生素 C 的氧化损失，还能提高油脂的抗氧化性（油脂中的微量金属如铁、铜等有促进油脂氧化的作用）。

乙二胺四乙酸钙钠的合成原理：

乙二胺四乙酸钙钠用作金属中毒解毒药的化学原理：

M^{n+}代表有毒金属元素离子

三、实验用品

氯化钙，乙二胺四乙酸二钠，碳酸氢钠，2mol/L 盐酸，乙醇，15％碳酸钾溶液，焦锑酸钾（六羟基合锑酸钾），钙指示剂，0.1mol/L 硝酸镁溶液，0.1mol/L 硝酸铅溶液，氨水，草酸铵，0.1mol/L 氯化铜，0.1mol/L 亚铁氰化钾溶液，0.1mol/L 镁试剂，氯化钠或硝酸钠，0.1mol/L 碘化钾。

四、实验步骤

1. 乙二胺四乙酸钙钠的合成

称取无水氯化钙 5.6g 和 EDTA 1.7g 置于烧杯中，加 50mL 蒸馏水溶解。然后加入 0.8g 碳酸氢钠，搅拌均匀后，用盐酸调节 pH 值为 7。加热至沸腾，冷却，过滤除去不溶物，滤液经蒸发浓缩、冷却、析出晶体，减压过滤得到白色固体，于 105℃干燥，称重，计算产率。

2. 乙二胺四乙酸钙钠的结构

推测乙二胺四乙酸钙钠中钠离子和钙离子的成键方式。

（1）钠离子成键方式推测　称取 0.1g 乙二胺四乙酸钙钠样品，置于大试管中，加 2mL 水溶解；再加入几滴钠离子溶液（氯化钠或硝酸钠），振荡后再加 2mL 15％碳酸钾溶液，加热至沸腾；然后加焦锑酸钾试液 4mL，加热至沸；置于冰水中冷却，必要时，用玻璃棒摩擦试管内壁，观察是否有沉淀生成。

称取 0.1g 乙二胺四乙酸钙钠样品，置于大试管中，加 2mL 水溶解，加 2mL 15％碳酸钾溶液，加热至沸腾；然后加焦锑酸钾试液 4mL，再加热至沸腾；置于冰水中冷却，必要时，用玻璃棒摩擦试管内壁，观察是否有沉淀生成。

（2）钙离子成键方式推测　取 1mL 钙离子溶液（氯化钙或硝酸钙），滴入 1 滴钙指示剂，观察颜色变化；另取 1mL 乙二胺四乙酸钙钠溶液，滴入 1 滴钙指示剂，观察颜色变化。

根据以上现象，推测出乙二胺四乙酸钙钠的合理化学结构式。

3. 乙二胺四乙酸钙钠的性质

乙二胺四乙酸配合物易溶于水，与无色金属离子配位生成无色配合物，和有色金属离子会生成比水合离子颜色加深的金属配合物，如 EDTA 合铜（Ⅱ）显深蓝色，EDTA 合镍（Ⅱ）显蓝绿色，EDTA 合铁（Ⅲ）显黄色，EDTA 合铬（Ⅲ）显深紫色，EDTA 合锰（Ⅱ）显紫红色。乙二胺四乙酸钙钠的中心金属钙离子能够被铅等其他金属离子所置换，生成比 EDTA 合钙更稳定的配合物，释放钙离子。

配置 0.1mol/L 的乙二胺四乙酸钙钠溶液 100mL。

（1）验证镁离子能否置换钙离子　取 4mL 乙二胺四乙酸钙钠溶液，慢慢滴加 0.1mol/L

硝酸镁溶液 3mL（注意不要滴加过量），振摇，再加 1 滴 1mol/L NaOH 溶液，1 滴镁试剂（Ⅰ），如沉淀呈天蓝色，示有 Mg^{2+} 存在，根据现象推断镁离子能否置换钙离子。如镁离子能置换钙离子，滴入 1 滴钙指示剂，观察颜色变化，进一步检验钙离子是否因置换生成而存在。

（2）验证铅离子能否置换钙离子 取 4mL 乙二胺四乙酸钙钠溶液，加 0.1mol/L 硝酸铅溶液 3mL，振摇，加碘化钾试液 1mL，观察是否产生黄色沉淀，从而推断是否存在铅离子。如果不存在铅离子，进一步检验铅离子是否置换出钙离子，滴入 1 滴钙指示剂，观察颜色变化。

可自行设计试验检验钙离子能否被其他离子（如铁、锰、钴、镉、镍）置换的方案。

五、预习内容

1. 配合物的组成和结构中，内界和外界的划分与化学键类型的关系。

2. 查阅各种金属离子-EDTA 配合物的稳定常数。

3. 预习各种水合金属离子的鉴定方法。

六、思考题

1. 合成乙二胺四乙酸钙钠的过程中加入碳酸氢钠的作用是什么？

2. 能否只根据金属离子-EDTA 配合物和钙-EDTA 稳定常数的大小就判断乙二胺四乙酸钙钠对金属中毒的解毒功效？为什么？

3. 为什么用乙二胺四乙酸钙钠而不直接用 EDTA 做金属中毒解毒药物？

4.2 基础有机合成实验

实验 11　1-溴丁烷的制备

一、实验目的

1. 学习 1-溴代烷的制备原理及实验方法。

2. 掌握液态有机化合物的洗涤、干燥、分液和蒸馏等基本操作技术。熟悉回流装置和有害气体吸收装置的应用及其目的。

3. 通过具体实验操作，掌握相关的实验技术和技能，学会运用所学知识和理论进行实验分析和实验操作的能力，养成良好的实验素质和习惯。

二、实验原理

在实验室中，一般是以醇与氢卤酸发生亲核取代反应来制备：

$$ROH + HX \rightleftharpoons RX + H_2O$$

溴化氢是一种极易挥发的无机酸，因此在制备时采用溴化钠与硫酸作用产生溴化氢直接参与反应。

醇和溴化氢的反应是可逆反应。增加醇（或溴化氢）的浓度，和设法不断地除去生成的溴代烷或水，或者两者并用都可以使平衡向生成卤代烃的方向移动。本实验是通过增加溴化钠的用量，同时加入过量的浓硫酸以吸收反应中生成的水来提高反应产率。主要的反应为：

$$NaBr + H_2SO_4 \longrightarrow HBr + NaHSO_4$$

$$CH_3CH_2CH_2CH_2OH + HBr \xrightarrow[\triangle]{H_2SO_4} CH_3CH_2CH_2CH_2Br + H_2O$$

在合成中，醇和无机物还可能发生副反应，主要的副反应为：

$$CH_3CH_2CH_2CH_2OH \xrightarrow[>140℃]{H_2SO_4} CH_3CH_2CH=\!\!=CH_2 + H_2O$$

$$CH_3CH_2CH_2CH_2OH \xrightarrow[130\sim140℃]{H_2SO_4} (CH_3CH_2CH_2CH_2)_2O + H_2O$$

$$2HBr + H_2SO_4 \longrightarrow Br_2 + SO_2 + 2H_2O$$

在合成得到的粗产物中，既有水溶性物质，又有非水溶性物质。本实验先用蒸馏方法蒸出易挥发组分和水，然后用水和浓硫酸洗去溴化氢、正丁醇与正丁醚，经过分离提纯以后的产品经干燥、蒸馏，最后得到纯的1-溴丁烷。

三、实验用品

仪器与材料：圆底烧瓶、烧杯、玻璃棒、滴管、量筒、球形冷凝管、直形冷凝管、蒸馏头、锥形瓶、分液漏斗、玻璃小漏斗、温度计、电炉或酒精灯等。

药品：正丁醇、无水溴化钠、浓硫酸、5％氢氧化钠溶液、饱和碳酸氢钠溶液、无水氯化钙。

四、实验步骤

在 50mL 圆底烧瓶中加入 5mL 水，慢慢加入 6mL(0.11mol) 浓硫酸，充分摇匀并冷却至室温。加入正丁醇 3.8mL(0.042mol)，混合后加入 5g(0.049mol) 研细的溴化钠[1]，快速摇匀后，再加入 1~2 粒沸石。迅速装上回流冷凝管，在其上口装上一吸收溴化氢气体的装置[2] ［见图 2-9(c) ］，用 5％氢氧化钠溶液作吸收剂。小火加热回流 30min（此过程中，要经常摇动烧瓶），反应完毕，稍冷却后，改成蒸馏装置 ［见图 3-2(a) ］，加热蒸出粗产物1-溴丁烷[3]。

将馏出液转入分液漏斗，用 5mL 的水洗涤[4]，小心地将粗产品转入一干燥的分液漏斗中，用 5mL 的浓硫酸洗涤[5]，尽量分去硫酸层。有机层依次分别用 5mL 的水、饱和碳酸氢钠溶液及水洗涤后[6]，产物移入干燥的小锥形瓶中，加入适量的无水氯化钙干燥，间歇摇动，放置干燥 30min。

将干燥好的产物过滤到蒸馏烧瓶中，投入 1~2 粒沸石，加热蒸馏[7]，收集 99~103℃ 的馏分。称重或量取产品体积，并计算产率[8]，测产物的沸点或折射率。

纯1-溴丁烷为无色透明液体，沸点 101.6℃，折射率 n_D^{20} 1.4399。

本实验约需 4h。

五、注释

[1] 如用含结晶水的溴化钠（NaBr·2H₂O），可按物质的量进行换算，并相应地减少加入的水量。

[2] 使漏斗口恰好要接触水面，切勿浸入水中，以免倒吸。

[3] 1-溴正丁烷是否蒸完，可从下列几个方面判断：

① 馏出液是否由浑浊变为澄清；

② 反应瓶上层油层是否消失；

③ 取一试管收集几滴馏出液，加水摇动，观察有无油珠出现，如无，表示馏出液中已无有机物，蒸馏完成。这种方法常用于检验蒸馏不溶于水的有机物。

[4] 水洗涤后馏出液如有红色，是因为含有溴的缘故，可用少量饱和亚硫酸氢钠溶液洗涤以除去由于浓硫酸的氧化作用生成的游离溴。

$$2NaBr + 3H_2SO_4(浓) \longrightarrow Br_2 + SO_2 + 2H_2O + 2NaHSO_4$$

$$Br_2 + 3NaHSO_3 \longrightarrow 2NaBr + NaHSO_4 + 2SO_2 + H_2O$$

[5] 浓硫酸可溶解存在于粗产物中的少量未反应的正丁醇及副产物正丁醚等杂质。否则正丁醇和1-溴丁烷可形成共沸物（bp98.6℃，含正丁醇13%）而难以除去。使用干燥的分液漏斗是为了防止漏斗中残余水分子冲稀硫酸而降低洗涤效果。

[6] 各步洗涤，均需注意何层取之，何层弃之。若不知密度，可根据水溶性来判断。

[7] 在蒸馏已干燥的产物时，所用的蒸馏仪器应充分干燥。如果用称重法计算产率，接液瓶要预先称重。

[8] 在有机制备中，产率的计算式如下：

$$产率 = \frac{实际产量}{理论产量} \times 100\%$$

理论产量是指根据反应方程式，原料全部转变为产物的数量（即假定在分离、纯化过程中没有损失）。实际产量简称为产量，是指实验中得到的纯品的数量。

例：用20mL正丁醇和36g溴化钠（NaBr·2H₂O）制备获得21g 1-溴正丁烷。试计算产率。

为了提高产率，在有机制备中往往会增加某些反应物的用量，这时应以用量最少的反应物为基准来计算产率。

化学反应式：$CH_3(CH_2)_3OH + NaBr \xrightarrow[\triangle]{H_2SO_4} CH_3CH_2CH_2CH_2Br + NaHSO_4 + H_2O$

分子量：　　　　74　　　　103　　　　　　137
　　　　　　　（1mol）　（1mol）　　　　　（1mol）

反应物用量：　16.2g　　26.1g

　　　　　　（0.22mol）（0.26mol）

(1) 20mL正丁醇相当于0.22mol。36g NaBr·2H₂O折算为NaBr相当于0.26mol。

正丁醇密度为0.81g/mL，20mL正丁醇质量为20mL×0.81g/mL＝16.2g

$$\frac{16.2g}{74g/mol} = 0.22mol$$

36gNaBr·2H₂O折算成NaBr的质量为103×36g/139＝26.7g

$$\frac{26.7g}{103g/mol} = 0.26mol$$

其中正丁醇的用量最少，故应作为理论产量计算的基准。由于0.22mol正丁醇能产生0.22mol的1-溴正丁烷，即

$$0.22mol \times 137g/mol = 30.1g$$

(2) 实际产量为21g。

（3）产率为：

$$产率=\frac{21g}{30.1g}\times100\%=69.8\%$$

六、预习内容

1. 预习回流、蒸馏、萃取、液体有机物的干燥和折射率测定的原理及操作。

2. 了解本实验每一步洗涤的目的，可否用其他洗涤方法？

3. 熟悉带有害气体吸收装置的回流操作。

4. 本实验的流程示意图如下，请在括号的空白处填写相应化合物的分子式或相关内容与数据。

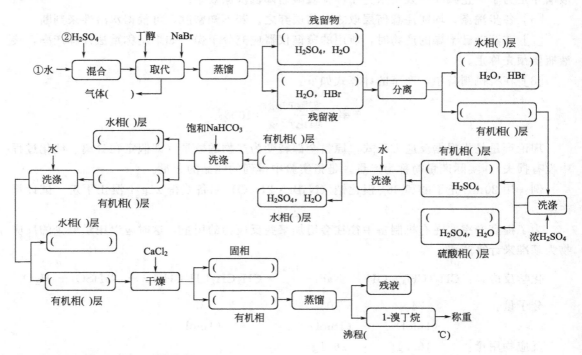

5. 查阅资料填写下列数据。

化合物	分子量	相对密度 (d_4^{20})	熔点 /℃	沸点 /℃	折射率 (n_D^{20})	水中溶解度	投料比			理论产量 /g
							体积/mL	质量/g	物质的量/mol	
1-溴丁烷							—	—	—	
正丁醇										—
正丁醚										—
1-丁烯										—
溴化钠						—				—
硫酸						—				—

七、思考题

1. 加料时，如不按实验操作中的加料顺序，而是先使溴化钠与浓硫酸混合然后加入正丁醇和水，可以吗？为什么？

2. 反应后的粗产物可能含有哪些杂质？各步洗涤的目的何在？

3. 粗的 1-溴丁烷洗涤时，一般应在下层（除用浓硫酸洗涤外）。但有时候可能出现在上层，为什么？若遇此现象可用什么简便方法加以判断？

4. 回流加热后反应瓶中的内容物呈红棕色，这是什么缘故？在粗产物分离步骤中，蒸馏 1-溴正丁烷后，残余物应趁热倒入烧杯中，何故？

5. 粗产品能否改为一般的蒸馏装置进行？本实验为什么可以用弯管蒸馏或不带温度计的蒸馏？

6. 从反应混合物中分离出粗产品 1-溴丁烷时，为什么用蒸馏的方法，而不直接用分液漏斗分离？

八、安全指南

1. 1-溴丁烷：易燃，有毒，有刺激性，勿吸入其蒸气或触及皮肤，万一接触，用大量水冲洗后就医诊治。不可将其倒入下水道。

2. 正丁醇和副产物正丁醚、1-丁烯：均易燃烧，应避免与明火接触。不要吸入其蒸气或触及皮肤。

3. 浓硫酸：有毒，一级无机酸性强腐蚀品。勿吸入烟雾，勿触及皮肤、衣物。使用时最好戴橡胶手套。配制取用硫酸时注意加料顺序，将硫酸加入到溶剂中，而不要相反，因放热，操作要小心，必要时刻可冷却处理。有遗留要及时处理，以免伤及他人。

4. 本实验及反应中生成酸性的气体溴化氢，除使用吸收装置外，还应在通风条件下进行操作。

实验 12　正丁醚的制备

一、实验目的

1. 学习酸催化下醇分子间脱水制醚的反应原理和实验方法。

2. 掌握使用分水器的实验操作。

二、实验原理

醇的分子间脱水是制备脂肪族低级单纯醚的主要方法。如：

$$2CH_3CH_2CH_2CH_2OH \xrightarrow{H_2SO_4, 135℃} (CH_3CH_2CH_2CH_2)_2O + H_2O$$

实验室常用的脱水剂是浓硫酸。除硫酸外，还可用磷酸或离子交换树脂。由于反应是可逆的，根据反应体系的特点，可采用不同方法促使反应向有利于生成醚的方向移动。

在制取正丁醚时，由于原料正丁醇（沸点 117.7℃）和产物正丁醚（沸点 142℃）的沸点较高，故可以使反应在装有分水器的回流装置中进行，控制加热温度，将生成的水或水的共沸混合物不断蒸出。虽然蒸出的水中会夹有正丁醇等有机物，但是正丁醇等在水中溶解度较小，相对密度又较水轻，故浮在水层上面。因此，借分水器可使绝大部分正丁醇自动连续返回到反应烧瓶中，而水则沉于分水器的下部，达到反应不断向生成醚方向移动的目的。根据蒸出的水的体积，还可估计反应进行的程度。

由于醇在较高温度下还能被浓硫酸脱水生成烯烃，为了减少这个副反应，在操作时必须控制好反应温度。

本实验的主要副反应为：

$$CH_3CH_2CH_2CH_2OH \xrightarrow[>140℃]{H_2SO_4} CH_3CH_2CH=CH_2 + H_2O$$

三、实验用品

仪器与材料：三口烧瓶、分水器、圆底烧瓶、烧杯、量筒、球形冷凝管、空气冷凝管、蒸馏头、锥形瓶、分液漏斗、玻璃小漏斗、温度计、电炉或酒精灯等。

药品：正丁醇、浓硫酸、2mol/L 氢氧化钠溶液、饱和氯化钙溶液、无水氯化钙。

四、实验步骤

在干燥的 50mL 三口烧瓶中加入 8mL（0.088mol）正丁醇，将 1.1mL（0.02mol）浓硫酸缓慢加入，振荡使混合均匀[1]，加入几粒沸石。按图 2-11（a）装置仪器，三口烧瓶一侧口安装温度计，温度计的水银球必须浸入液面以下，另一侧口塞住，中口装上分水器，分水器上端接一回流冷凝管，先在分水器中放置（$V-1$）mL 水[2]，然后将烧瓶小火加热，使溶液微沸，并保持平稳回流[3]。

随着反应的进行，回流液经冷凝管收集于分水器内，分液后水层沉于下层，上层有机相返回反应瓶中[4]。当烧瓶内反应物温度上升至 135℃ 左右，分水器全部被水充满时，表明反应已基本完成，即可停止反应。若继续加热，则溶液变黑并有大量副产物烯烃生成。

待反应物冷却后，把混合物倒入盛有 13mL 水（最好是取分水器里的水）的分液漏斗中，充分振荡，静置后弃去水层。有机层依次用 8mL 水、5mL 2mol/L 氢氧化钠溶液[5]、5mL 水及 5mL 饱和氯化钙溶液洗涤[6]，然后用无水氯化钙干燥。将干燥后的产物滤入蒸馏瓶中蒸馏，收集 139～142℃ 馏分。称重或量取产品体积，并计算产率，测产物的沸点或折射率。

纯正丁醚为无色液体，沸点 142.4℃，折射率为 $n_D^{20}1.3992$。

本实验约需 4h。

五、注释

[1] 如不充分摇匀，在醇与酸的界面处会局部过热，使部分正丁醇炭化，反应液很快变为红色甚至棕色。部分炭化，对产率略有影响。

[2] 如果醇转变为醚的反应是定量进行的话，那么反应中应该被除去的水的体积数可以用下式来估算。

例：
$$2C_4H_9OH - H_2O == (C_4H_9)_2O$$
$$2×74g/mol \quad 18g/mol \quad 130g/mol$$

本实验是用 6.5g 正丁醇脱水剂制备正丁醚，那么应该脱去的水量为：

$$\frac{6.5g×18g/mol}{(2×74)g/mol} = 0.79g$$

V 为分水器的体积，本实验根据理论计算失水体积为 0.79mL，实际分出的水，体积略大于计算量，故分水器放满水后需先分掉约 1mL 水。那么加上反应以后生成的水一起正好充满分水器，而使汽化冷凝后的醇正好溢流返回反应瓶中，从而达到自动分离的目的。

[3] 回流开始时宜用小火，微沸一段时间后，应加大火焰使蒸气达到分水器，以达到除水目的。

[4] 本实验利用恒沸点混合物（或称共沸物）蒸馏的方法将反应生成的水不断从反应中除去。正丁醇、正丁醚和水可能生成以下几种恒沸点混合物：

恒沸点混合物		沸点/℃	质量分数/%		
			正丁醚	正丁醇	水
二元	正丁醇-水	93.0	—	55.5	45.5
	正丁醚-水	94.1	66.6	—	33.4
	正丁醇-正丁醚	117.6	17.5	82.5	—
三元	正丁醇-正丁醚-水	90.6	35.5	34.6	29.9

制备正丁醚的较适宜温度是 130～140℃，但这一温度在开始回流时是很难达到的。因为生成以上的共沸物，因此实际操作中温度较长时间在 130℃以下。随着反应进行，出水速度渐慢，温度逐渐升高，至反应结束时，一般可升至 135℃或稍高一些。如果反应液温度已经上升至 138℃，而分水量仍未达到理论值，还可再放宽 1～2℃。但反应液温度不要超过 140℃，时间也不宜太长，否则会有较多副产物生成。

〔5〕在碱洗涤过程中，不要太剧烈地振摇分液漏斗，否则生成的乳浊液很难被破坏而影响分离。

〔6〕上层粗产物的洗涤也可采用下法进行：先每次用冷的 4mL 50％硫酸洗两次，再每次用 5mL 水洗两次。因 50％硫酸可洗去粗产物中的正丁醇，但正丁醚也能微溶，所以产率略微降低。

六、预习内容

1. 预习回流、蒸馏、萃取、液体有机物的干燥和折射率测定的原理及操作。

2. 了解本实验每一步洗涤的目的，可否用其他洗涤方法？

3. 了解使用分水器的原理和方法。

4. 本实验的流程示意图如下，请在括号的空白处填写相应化合物的分子式或相关内容与数据。

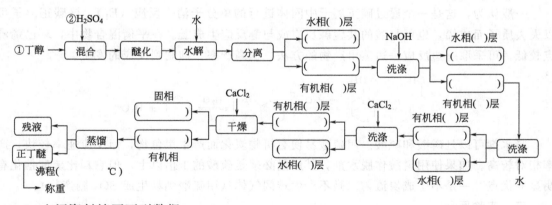

5. 查阅资料填写下列数据。

化合物	分子量	相对密度 (d_4^{20})	熔点/℃	沸点/℃	折射率 (n_D^{20})	水中溶解度	投料比			理论产量/g
							体积/mL	质量/g	物质的量/mol	
正丁醚							—			
正丁醇										—
1-丁烯										—
硫酸					—					

1. 如何严格掌握反应温度？怎样得知反应比较完全？

2. 反应结束后为什么要将混合物倒入 13mL 水中？各步洗涤的目的何在？

3. 某同学在回流结束时，将粗产品进行蒸馏以后，再进行洗涤分液。你认为这样做有什么好处？本实验略去这一步，可能会产生什么问题？

4. 为什么反应过程中，反应的温度逐渐从低到高变化，如果继续加热到 150℃ 以上，你估计会有什么问题？

八、安全指南

1. 正丁醚、正丁醇和副产物 1-丁烯均易燃烧，应注意防止火灾。

2. 取用浓硫酸时要小心，不要弄到皮肤和衣物上。

实验 13　环己烯的制备

一、实验目的

1. 学习烯烃的制备方法和醇在酸性条件下脱水成烯的反应历程和反应特点。

2. 学习液液萃取、蒸馏、分馏、干燥等实验技术。

3. 通过具体实验操作，掌握相关的实验技术和技能，学会运用所学知识和理论进行实验分析和实验操作的能力，养成良好的实验素质和习惯。

二、实验原理

实验室常采用酸催化醇脱水的方法来制备烯烃。反应为可逆反应，生成的烯烃在同样条件下能够发生水合反应，因此必须把烯烃产物从反应混合物中不断移出。

一般认为，这是一个通过碳正离子中间体进行的单分子消去反应（E_1）。该碳正离子可以失去质子而成烯，也可与酸的共轭碱反应或与醇反应生成醚。在平衡混合物中，环己烯沸点较低，可采取一边反应一边蒸出产物的方法，提高产率，抑制副反应的发生。

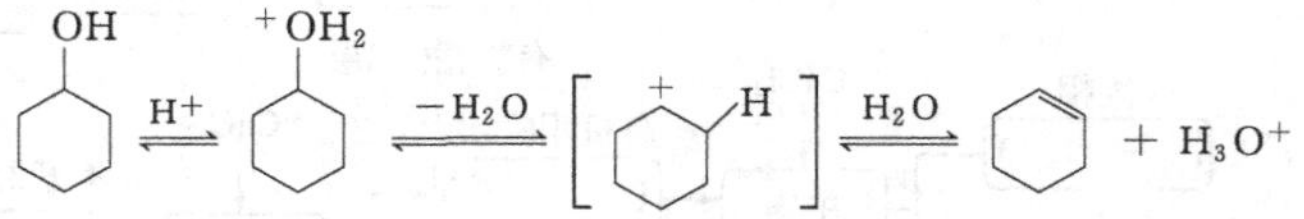

$$\text{OH} \xrightarrow{H^+} \overset{+}{\text{OH}_2} \underset{-H_2O}{\rightleftharpoons} \left[\overset{+}{}H \right] \xrightarrow{H_2O} + H_3O^+$$

脱水剂可以是磷酸和硫酸。用硫酸易使有机物炭化而产生黑色物，但反应速率较快，产率相对较高。如果使用磷酸作脱水剂，其用量必须是硫酸的 1 倍以上，但它却比硫酸催化有明显的优点：一是不生成炭渣，二是不产生难闻气体（用硫酸则易生成 SO_2 副产物）。

三、实验用品

仪器与材料：圆底烧瓶、分馏柱、蒸馏头、直形冷凝管、漏斗、玻璃棒、量筒、滴管、锥形瓶、接引管、温度计、冰浴、电炉或酒精灯。

药品：环己醇、磷酸（85％）、精盐、5％碳酸钠溶液、无水氯化钙、碎冰。

四、实验步骤

在 50mL 干燥的圆底烧瓶中，加入 5mL（0.048mol）环己醇[1]及 2.5mL（0.043mol）85％磷酸和几粒沸石，充分振荡使之混合[2]，如图 4-6 安装分馏装置，用小锥形瓶作接收器，置于冰水浴中[3]。

用小火加热反应混合物至沸腾，控制分馏柱顶部温度不超过90℃[4]，缓慢蒸出生成的环己烯和水（浑浊液体）。若无液体蒸出时，可把火加大。当烧瓶中只剩下很少量的残渣并出现阵阵白雾时，即可停止加热[5]。全部蒸馏时间约需1h。

将馏出液先用精盐饱和[6]，再用5%碳酸钠水溶液中和微量的酸至pH＝7。将液体移入分液漏斗，静置分层，分出水层后，将油层由分液漏斗上口倾入干燥的小锥形瓶内，加入适量的块状无水氯化钙，塞紧瓶塞放置0.5h干燥，间歇振荡，得澄清透明液体[7]。

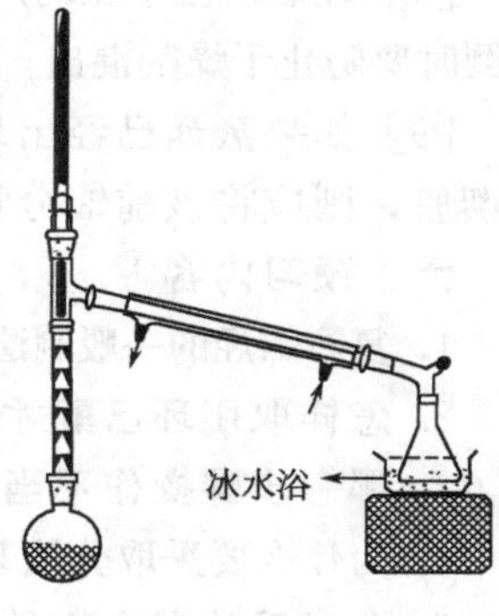

将干燥后的环己烯液体，滤入干燥的蒸馏瓶中[8]，投入几粒沸石后水浴加热蒸馏，用浸入冷水浴的干燥接收瓶接收，收集80～85℃的馏分[9]。称重或量取产品体积，并计算产率。测产物的沸点或折射率。化学性质鉴别：溴的四氯化碳溶液实验、高锰酸钾溶液实验。

纯环己烯为无色液体，沸点为83℃，折射率 n_D^{20} 1.4465。

本实验约需4h。

冰水浴

图4-6 环己烯的制备装置

五、注释

[1] 由于环己醇在常温下是黏稠状的液体，用量筒量取时不易倒净，应注意减少转移时的损失。

[2] 如不充分摇匀，则会有游离态的酸存在，当加热时就会由于发生局部炭化，反应液迅速变为棕黑色。

[3] 收集和转移环己烯时，应保持充分冷却（如将接收瓶放在冷水浴中），以免因挥发而损失。

[4] 最好用简易空气浴或电热套加热，使蒸馏烧瓶受热均匀。反应过程中会形成以下三种共沸物：

共沸物	沸点/℃	质量分数/%		
		环己醇	环己烯	水
环己醇-环己烯	64.9	30.5	69.5	—
环己烯-水	70.8	—	90	10
环己醇-水	97.8	20	—	80

加热的大部分时间应控制温度为60～70℃。使因为反应中环己烯与水形成共沸物被移出反应体系。如果分馏柱顶部温度超过90℃，蒸馏速率过快，环己醇与水易形成共沸点（97.8℃），使未作用的环己醇被蒸出。

[5] 由于蒸馏烧瓶壁黏附着碳化物或聚合物，因此稍冷后应立刻清洗，否则，冷至室温或放置太久将不易清洗。

[6] 利用盐析效应降低环己烯在水中的溶解度并有利于分层。

[7] 无水氯化钙除起干燥作用之外，还兼有除去部分未反应的环己醇的作用。产品是否清亮透明，是衡量产品是否合格的外观标准。干燥应充分，否则不利于下一步蒸馏纯化，在蒸馏过程中残留的水分会与产品形成共沸物，从而使一部分产品损失在前馏分中。

[8] 在蒸馏已干燥的产物时，所用蒸馏仪器都必须充分干燥。当粗产品干燥好后，向烧瓶中倾倒时要防止干燥剂混出，可在普通玻璃漏斗颈处稍塞一团疏松的脱脂棉或玻璃棉过滤。

[9] 如果蒸馏已经出现了前馏分（80℃以下馏分）过多或蒸出物浑浊的情况，说明干燥不彻底，则应将该前馏分重新干燥并蒸馏，以收回其中的环己烯。

六、预习内容

1. 复习烯烃的一般制法和醇在酸性条件下脱水成烯的反应历程，此反应历程属于 E_1 还是 E_2？
2. 怎样取用环己醇才能保证加料量准确？
3. 哪一步骤操作不当会降低产率？本实验的操作关键是什么？
4. 为什么要采取分馏装置进行合成反应？实验中为什么要控制分馏柱顶端温度不超过 90℃？
5. 合成后的混合物是如何进行分离纯化的？
6. 萃取时为何要加入精盐至饱和？了解盐析法的基本原理及应用。
7. 用蒸馏法进一步纯化时为什么一定要干燥彻底？干燥彻底了为什么还要蒸馏纯化？蒸馏纯化前需要做哪些必要准备？如何称量产品？
8. 整个实验过程中，哪些步骤会对最终产率有较大影响？
9. 查阅资料填写下列数据。

化合物	分子量	相对密度 (d_4^{20})	熔点 /℃	沸点 /℃	折射率 (n_D^{20})	水中溶解度	投料比 体积/mL	质量/g	物质的量/mol	理论产量 /g
环己烯							—			
环己醇										—
磷酸										—

10. 本实验的流程示意图如下，请在括号的空白处填写相应化合物的分子式或相关内容与数据。

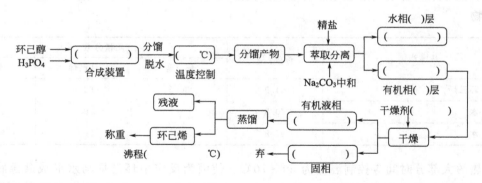

七、思考题

1. 本实验采用什么措施提高产率？
2. 在制备过程中为什么要控制分馏柱顶部的温度？反应时柱顶温度控制在何值最佳？
3. 如果采用回流装置、普通蒸馏装置替代本实验的分馏装置进行合成，结果会如何？
4. 本实验中如果干燥后不进行分离，将干燥剂与有机物一起蒸馏会有什么结果？
5. 无水氯化钙作为干燥剂，除了除去水分，还有其他作用吗？可以选用无水硫酸钠作为本实验的干燥剂吗？
6. 写出下列醇脱水产物的结构并指出主要产物。

(1) [环己烯结构，带 OH、H 和 CH₃]　(2) [环己烷结构，带 OH 和 CH₃]　(3) $CH_3-\overset{CH_3}{\underset{}{CH}}-\overset{OH}{\underset{}{CH}}-$ [环己基]　(4) $CH_3-\overset{OH}{\underset{}{CH}}-CH-CH_2-CH=CH_2$，上方 H_3C

八、安全指南

1. 环己烯：中等毒性，勿吸入其蒸气或触及皮肤；易燃，应远离火源，避免火灾。

2. 环己醇：毒性比环己烯强，勿吸入其蒸气或触及皮肤。

3. 磷酸：强酸，属二级无机酸性腐蚀品，不要溅入眼睛，不要触及皮肤。

实验 14　2-甲基-2-丁醇的制备

一、实验目的

1. 学习用格氏反应制备醇的原理及操作方法。

2. 了解简单无水操作技术。

二、实验原理

卤代烃在无水乙醚等溶剂中和金属镁作用生成烷基卤化镁 RMgX，称为格氏（Grignard）试剂。

$$RX + Mg \xrightarrow{\text{无水乙醚}} RMgX$$

格氏试剂能与环氧乙烷、醛、酮和羧酸酯等进行加成反应，水解后得到醇。格氏反应必须在无水和无氧条件下进行，因为水和氧可以破坏格氏试剂。

$$RMgX + H_2O \longrightarrow RH + Mg(OH)X$$
$$2RMgX + O_2 \longrightarrow 2ROMgX$$

因此，反应时最好用氮气赶走反应瓶中的空气。用无水乙醚作溶剂制备格氏试剂，可使乙醚与生成的格氏试剂形成可溶于溶剂的配合物，使该试剂成为稳定的溶剂化物溶于乙醚中。再由于溶剂乙醚具有较大的蒸气压，反应液被乙醚蒸气所包围，且可以借乙醚的挥发赶走空气。因而空气中的氧对反应影响不明显，不在氮气流下进行也可获得较高产率。由于该类型反应为放热反应，所以滴加 RX 速度不宜太快。制备格氏试剂时，必须先加少量的卤代烃和镁作用，待引发后再加入卤代烃，保持乙醚溶液微沸。

格氏试剂与醛、酮等形成的加成产物通常用稀盐酸或稀硫酸水解。由于水解放热，故要在冷却下进行，对于遇酸极易脱水的醇，最好用氯化铵水解。

本实验反应式如下：

$$CH_3CH_2Br + Mg \xrightarrow{\text{无水乙醚}} CH_3CH_2MgBr$$

$$CH_3CH_2MgBr + CH_3\overset{O}{\overset{\|}{C}}CH_3 \xrightarrow{\text{无水乙醚}} CH_3CH_2-\overset{CH_3}{\underset{OMgBr}{C}}-CH_3$$

$$CH_3CH_2-\overset{CH_3}{\underset{OMgBr}{C}}-CH_3 + H_2O \xrightarrow{H^+} CH_3CH_2-\overset{CH_3}{\underset{OH}{C}}-CH_3$$

三、实验用品

仪器与材料：三口烧瓶、圆底烧瓶、烧杯、量筒、球形冷凝管、直形冷凝管、蒸馏头、锥形瓶、分液漏斗、滴液漏斗（或恒压漏斗）、搅拌器、干燥管、温度计、电炉或酒精灯等。

药品：溴乙烷（新蒸）、镁、无水乙醚（新蒸）、丙酮（新蒸）、20%硫酸、5%碳酸钠溶液、无水氯化钙、碘、无水碳酸钾。

四、实验步骤

1. 乙基溴化镁的制备

在干燥 50mL 三口烧瓶上，分别装上搅拌器、回流冷凝管和滴液漏斗[1]，在冷凝管的上口装上氯化钙干燥管，装置见图 2-14（b）。三口烧瓶瓶内放置 1.8g（0.074mol）镁屑[2]及一小粒碘[3]，在滴液漏斗中加入 6.5mL（0.087mol）溴乙烷和 15mL 无水乙醚混合液，混合均匀。开始反应时，先从滴液漏斗中滴入 3～4mL 混合液于三口烧瓶中[4]。数分钟后即可见溶液呈微沸，碘的颜色消失（若不消失，表示无反应发生，可用温水浴加热）。反应开始后[5]，开动搅拌，继续滴加滴液漏斗中其余的混合液，控制滴加速率，保持反应液不加热时呈微沸状态[6]。滴加完毕，用温水浴加热回流[7]搅拌 30min，使镁屑几乎作用完全[8]。

2. 格氏试剂与丙酮的加成反应

将反应瓶置于冰水浴中冷却并不断搅拌，从滴液漏斗中慢慢滴入 5mL（0.068mol）丙酮与 5mL 无水乙醚的混合液，控制滴加速率，勿使反应过于剧烈。滴加完毕，在室温下继续搅拌 15min。

3. 加成产物的水解和产物的提取、纯化

将反应瓶在冰水浴中冷却并不断搅拌，再用滴液漏斗放置 30mL 20%硫酸溶液[9]，缓缓地滴入分解产物。分解完全后，将混合物转入分液漏斗，分出有机层，水层再分别用 10mL 普通乙醚萃取两次，以提取产物，合并有机液和萃取液，用 8mL 5%碳酸钠溶液洗涤，再用无水碳酸钾干燥。用热水浴蒸去乙醚[10]，然后在石棉网上加热蒸馏，收集 95～105℃馏分[11]。称重或量取产品体积，并计算产率，测产物的沸点或折射率。

纯 2-甲基-2-丁醇为无色液体，沸点 102.5℃，折射率为 n_D^{20} 1.4025。

本实验约需 6h。

五、注释

[1] 进行格氏反应时，所有的反应仪器及试剂必须充分干燥（溴乙烷用无水氯化钙干燥并蒸馏纯化，丙酮用无水碳酸钾干燥并蒸馏纯化，乙醚必须经无水处理，处理办法参见附录 5）。所用仪器在烘箱中烘干后，将仪器取出时，可在开口处用塞子塞紧，以防止在冷却过程中玻璃壁吸附空气中的水分。

[2] 镁屑处理方法：镁条用砂纸把表面的氧化层清除后立即用剪刀剪成约 0.5cm×0.5cm 的小块。

[3] 卤代芳烃或卤代烃和镁的作用较难发生时，通常是加入一小粒碘，碘对反应有催化作用，以促使反应开始。

[4] 注意，此时先不要搅拌，目的是为了使开始时溴乙烷的局部浓度较大，易于发生反应，故搅拌应在反应开始后进行。

[5] 如果碘颜色消失、出现浑浊和自发沸腾等现象就表明反应开始。

[6] 镁与卤代烷反应时所放出的热量足以使乙醚沸腾，根据乙醚沸腾的情况，可以判断反应是否进行得很剧烈。为保证实验成功，必须待反应开始后，再加入大部分乙醚和溴乙烷的混合液。

［7］加热不能太剧烈以免乙醚从冷凝管逸出。

［8］若仍有少量残留镁，并不影响后续的反应。

［9］硫酸溶液应事先配好并置于冰水浴中冷却备用。

［10］为避免火灾的发生，蒸乙醚严禁使用明火加热及旁边有明火出现。由于乙醚的体积较大，可采用分批滤入蒸去乙醚的方法。

［11］2-甲基-2-丁醇与水能形成共沸物（沸点为 87.4℃，含水 27.5%），所以如果干燥不彻底，前馏分将大大增加，影响产量。

六、预习内容

1. 复习格氏试剂的性质及其在有机合成中的应用。

2. 了解制备格氏试剂的方法及进行格氏反应的条件。

3. 了解有关机械搅拌装置及装拆时的注意事项。

4. 请说明本实验中为了使反应在无水条件下进行所采取的有关措施。

5. 本实验的流程示意图如下，请在括号的空白处填写相应化合物的分子式或相关内容与数据。

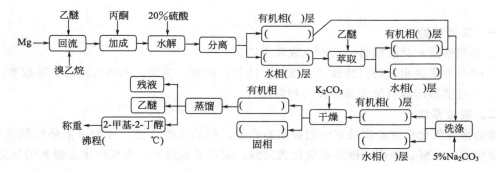

6. 查阅资料填写下列数据。

化合物	分子量	相对密度 (d_4^{20})	熔点 /℃	沸点 /℃	折射率 (n_D^{20})	水中溶解度	投料比			理论产量 /g
							体积/mL	质量/g	物质的量/mol	
2-甲基-2-丁醇							—	—	—	
溴乙烷										—
丙酮										—
乙醚										—
镁			—							—

七、思考题

1. 写出溴化苯基镁与下列化合物反应的反应式，包括反应混合物弱酸水解。

（1）二氧化碳　　（2）乙醇　　（3）甲酸乙酯

2. 如何从溴化苯基镁合成下列化合物。

（1）1,2-二苯基乙醇　　（2）苄醇

3. 工业乙醚通常含有乙醇，如果用这种乙醚而不是无水乙醚，乙醇对格氏试剂的形成有什么影响？解释原因。

4. 本实验在将格氏试剂加成物水解前的各步中，为什么使用的药品仪器均须绝对干燥？

为此你采取了什么措施？

5.反应若不能立即开始，应采取哪些措施？如反应未真正开始，却加进了大量溴乙烷，有何不好？

八、安全指南

1.溴乙烷：有毒，吸入、口服或与皮肤接触有害，对机体有不可逆损伤的可能性，接触皮肤后应立即用大量的指定的液体冲洗。密封避光保存。可燃，远离明火。

2.乙醚：易燃，有麻醉作用。防止吸入，防止明火。

3.丙酮：有毒，易燃。防止吸入和摄入，防止明火。

4.浓硫酸：防止其腐蚀性伤害，在使用时要倍加小心。

5.碘：有毒，勿摄入。对眼和皮肤有刺激性，防止接触。

6.镁条或镁屑：易燃，防止与明火接触。

实验 15　环己酮的制备

一、实验目的

1.学习铬酸氧化法制备环己酮原理和方法。

2.学习并掌握相关的实验技术：搅拌、滴加、回流、蒸馏、水蒸气蒸馏、萃取等。

3.通过实验培养科学实验的能力和素质。

二、实验原理

醇的铬酸氧化反应是实验室中制备脂肪族醛、酮的主要方法，环酮可由环醇氧化得到。为使醇氧化生成醛或酮而不继续被氧化成羧酸，需要控制温度、溶剂和采取温和的氧化剂。

铬酸可由重铬酸盐和 $40\%\sim50\%$ 硫酸混合而得。伯醇可被铬酸逐步氧化成醛和羧酸，可以采取将铬酸滴加到醇中，以避免氧化剂过量，并采用将生成的低沸点醛不断蒸出的方法，可以防止醛进一步氧化成羧酸，但仍不可能完全避免醛的进一步氧化，因此得到中等产率的醛。

$$Na_2Cr_2O_7 + 2H_2SO_4 \longrightarrow 2NaHSO_4 + H_2Cr_2O_7 \xrightarrow{H_2O} 2H_2CrO_4$$

$$3RCH_2OH + 2H_2CrO_4 + 3H_2SO_4 \longrightarrow 3RCHO + Cr_2(SO_4)_3 + 8H_2O$$

$$3RCHO + 2H_2CrO_4 + 3H_2SO_4 \longrightarrow 3RCOOH + Cr_2(SO_4)_3 + 5H_2O$$

仲醇的铬酸氧化是制备脂肪酮的较好方法，由于酮对氧化剂比较稳定，不易进一步被氧化，但如果提高温度，延长反应时间或在强氧化剂的作用下，则发生断链现象。醇的铬酸氧化是一个放热反应，反应中需要严格控制温度。反应机理可能中间经过铬酸酯：

$$3H_2CrO_3 + 3H_2SO_4 \longrightarrow H_2CrO_4 + Cr_2(SO_4)_3 + 5H_2O$$

重铬酸的硫酸溶液（铬酸）为橙红色，氧化的过程中首先是醇与铬酸形成酯，随后断裂，铬从+6价变为+3。反应产生的混合物显绿色即是三价铬的颜色。由于颜色变化显著，因此铬酸氧化常用来鉴别和检验伯醇和仲醇，因为叔醇不含 $\alpha\text{-}H$ 而不被氧化。如检测司机是否酒后驾车的仪器就是利用此原理进行设计的。

环己醇氧化制备环己酮的反应为：

$$3\ C_6H_{11}OH + Na_2Cr_2O_7 + 4H_2SO_4 \longrightarrow 3\ C_6H_{10}O + Cr_2(SO_4)_3 + Na_2SO_4 + 7H_2O$$

三、实验用品

仪器与材料：圆底烧瓶、蒸馏头、烧杯、锥形瓶、直形冷凝管、空气冷凝管、量筒、温度计、分液漏斗、玻璃棒、滴管、电炉或酒精灯等。

药品：环己醇、重铬酸钠（$Na_2Cr_2O_7 \cdot 2H_2O$）、浓硫酸、乙醚、氯化钠（或精盐）、无水硫酸镁。

四、实验步骤

在 100mL 烧杯中加入 2.5g（0.082mol）重铬酸钠和 13mL 水，搅拌，使之溶解，然后在搅拌下慢慢加入 2mL 浓硫酸，冷至 30℃ 以下备用。

在 125mL 锥形瓶中加入 2.5mL（0.024mol）环己醇和 7mL 水，然后一次加入上述制备好的铬酸溶液，振荡使之混合。放入一温度计，测量初始反应温度，并观察温度变化情况。当温度上升至 55℃ 时，立即用冷水浴冷却，维持反应温度在 55～60℃[1]。约 30min 后，温度开始出现下降趋势，移去水浴再放置 30min 以上。其间要不时摇振，使反应完全，最后反应液呈墨绿色。

将反应物倒入蒸馏烧瓶中，再加入 8mL 水和几粒沸石，改成蒸馏装置。将产物环己酮与水一起蒸出[2]，至馏出液不浑浊再多蒸出 4～5mL 为止（大约收集 13mL 馏出液）。

馏出液加氯化钠至饱和[3]（约 3g，逐渐加入，观察溶解），之后转入分液漏斗，静置分层后分出有机层。水层用 5mL 乙醚提取一次，合并有机层，用无水硫酸镁干燥。将干燥后的液体先在水浴或电热套上蒸去乙醚后，再蒸馏（用何种冷凝管？）收集 151～155℃ 馏分。称重或量取产品体积，并计算产率，测产物的沸点或折射率。

纯环己酮为无色液体，沸点为 155.7℃，折射率 $n_D^{20}1.4507$。

本实验需 4～5h。

五、注释

［1］冷水浴温度不宜过低，反应物过冷会积累起未反应的铬酸，铬酸浓度大会使反应进行得非常剧烈，有失控的危险。

［2］这里实际上是一种简化了的水蒸气蒸馏，环己酮与水形成恒沸混合物，沸点 95℃，含环己酮 38.4%。

［3］环己酮 31℃ 时在水中的溶解度为 2.4g/100g。加入精盐的目的是产生盐析作用，降低环己酮的溶解度，并增加水的密度，有利于环己酮的分层。注意水的馏出量不宜过多，否则即使用盐析，仍不可避免有少量环己酮溶于水中而损失掉。

六、预习内容

1. 本实验的反应原料的投料比为多少？反应介质和催化剂是什么？反应温度和反应时间是多少？

2. 反应后的产物如何进行分离纯化？

3. 反应混合物经水蒸气蒸馏后为何要加入氯化钠？

4. 预习醛、酮的化学性质和制备方法。

5. 本实验的流程示意图如下，请在括号的空白处填写相应化合物的分子式或相关内容与数据。

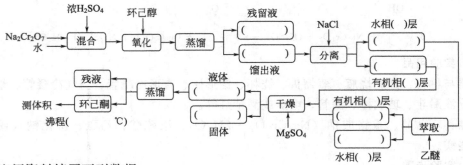

6. 查阅资料填写下列数据。

化合物	分子量	相对密度 (d_4^{20})	熔点 /℃	沸点 /℃	折射率 (n_D^{20})	水中溶解度	投料比			理论产量 /g
							体积/mL	质量/g	物质的量/mol	
环己酮							—			
环己醇										—
重铬酸钠										—
硫酸										—
乙醚										—

七、思考题

1. 本实验以什么方法使氧化停止在生成环己酮这一步？
2. 为什么要将氧化还原反应方程式进行配平？
3. 本实验为什么要严格控制反应温度在 55~60℃ 之间，温度过高或过低有什么不好？
4. 环己醇用铬酸氧化得到环己酮，用高锰酸钾氧化则得到己二酸，为什么？

八、安全指南

1. 环己酮：吸入和皮肤接触有中等毒性，对眼睛、皮肤和黏膜有刺激性。空气中容许浓度为 $200g/m^3$。

2. 环己醇：毒性比苯强，吸入和皮肤接触有中等毒性。最高容许浓度为 $200mg/m^3$。

3. 重铬酸钠：强氧化剂且有毒性，对眼睛和皮肤有刺激性，接触皮肤会引起过敏，可能致癌，使用时应尽量避免吸入本品的粉尘，接触皮肤后应立即用大量指定的液体冲洗。避免与眼睛和皮肤接触，反应的残余物不得随便乱倒，应放入指定回收处，以防污染环境。在使用前应得到专门指导，避免暴露，密封干燥处保存。

4. 浓硫酸：该品具有强烈的腐蚀性，能引起严重烧伤。万一接触到眼睛和皮肤应立即用大量水冲洗后就医。

5. 乙醚：易燃，有麻醉作用。防止吸入，防止明火。

实验 16　己二酸的制备

一、实验目的

1. 学习氧化法制备羧酸的实验技术和原理。

2. 学习并掌握浓缩、控温、过滤、重结晶等操作技能。

3. 通过对实验原理、实验过程和实验结果的分析和讨论培养科学实验的能力，通过具体的实验操作养成良好的实验习惯和科学的思维模式。

二、实验原理

羧酸是重要的有机化工产品。制备羧酸多用氧化法，烯、醇和醛等氧化都可以用来制备羧酸，所用氧化剂有 $K_2Cr_2O_7/H_2SO_4$、$KMnO_4$、HNO_3、H_2O_2 等。

制备脂肪族一元酸，可用伯醇为原料。由于羧酸不易继续氧化，又比较容易分离提纯，因此，在实验操作上比利用氧化反应由醇制备醛酮更简单。高锰酸钾氧化法常在碱性高锰酸钾水溶液中进行氧化，因在酸性条件下，生成的羧酸与醇易于进一步反应生成酯。用 $K_2Cr_2O_7/H_2SO_4$ 氧化醇时，生成的中间产物醛容易与原料醇生成半缩醛，产物中会含有较多的酯。

叔醇一般不易被氧化。仲醇氧化可得到酮，酮一般不被弱氧化剂氧化，但遇到强氧化剂 $KMnO_4$、HNO_3 等时，则发生断裂氧化，这时碳链断裂生成多种碳原子数较少的羧酸混合物。环己酮为对称环酮，氧化后得到单一产物己二酸，它是合成尼龙-66 的原料。

在中性或碱性介质中反应时高锰酸钾盐的还原产物是 MnO_2，在酸性介质中反应时是 Mn^{2+}。

本实验是以环己醇为原料，用碱性 $KMnO_4$ 为氧化剂制备己二酸，主要反应是：

氧化反应一般都是放热反应，所以必须严格控制反应条件和反应温度，如果反应失控，不仅破坏产物，降低产率，有时还有发生爆炸的危险。

三、实验用品

仪器与材料：锥形瓶、烧杯、抽滤瓶、布氏漏斗、短颈漏斗、量筒、玻璃棒、滤纸、滴管、表面皿、电炉或酒精灯等。

药品：环己醇、$KMnO_4$、10%NaOH 溶液、浓 HCl、活性炭。

四、实验步骤

将 6g(0.038mol) 高锰酸钾和 50mL 水加入 250mL 锥形瓶中，搅拌[1]至高锰酸钾溶解后，再加 5mL 10%氢氧化钠溶液。然后在搅拌下用滴管慢慢滴入 2.1mL(0.02mol) 环己醇[2]，注意反应物温度，控制滴加速率维持反应温度在 45℃左右[3]。滴加完毕反应温度开始下降时，再于沸水浴中将混合物加热 5min，使反应完全[4]。用玻棒蘸一滴反应混合物点到滤纸上做点滴试验。如有高锰酸盐存在，则在二氧化锰点的周围出现紫色的环，可加少量固体 NaHSO4 直到点滴试验无紫色环出现。

趁热抽滤混合物，滤渣用少量热水充分洗涤[5]。合并滤液与洗涤液，用浓盐酸酸化至溶液 pH＝1~2 后再多加 2mL。溶液中加少量活性炭煮沸脱色，趁热抽滤，在石棉网上加热浓缩使溶液体积减少至 10mL 左右，冷却结晶、过滤，得无色己二酸晶体[6]，烘干后称重，并计算产率。

纯己二酸是无色单斜晶体，熔点为 151~152℃。

本实验约需 4h。

五、注释

[1] 本实验是非均相反应，整个合成过程应注意搅拌。可用人工或磁力搅拌。但用人工搅拌可能会使反应产率有所降低。

[2] 环己醇熔点为 25.1℃，在较低温度下为针状晶体，熔化时为黏稠液体，不易倒净。为减少转移时的损失，可用少量水冲洗量筒，并加入锥形瓶中。

[3] 氧化反应是强放热反应。环己醇的滴加速率不宜过快，以避免反应过剧，引起爆炸。滴加时应保持反应温度在 40～45℃之间，必要时要用冷水浴冷却。

[4] 只有待环己醇几乎反应完后，温度才会下降。而在沸水浴中继续搅拌加热，主要是使氧化反应完全并促使 MnO_2 颗粒长大便于抽滤。

[5] 二氧化锰滤饼呈细泥状，难抽滤，且己二酸钠盐包在泥状物里，难洗涤，最好是将滤饼移入烧杯中，加水搅拌洗涤后抽滤。

[6] 己二酸为二元羧酸，水溶性较大，洗涤时需用冰水。若浓缩母液还可以回收少量产物。己二酸在不同温度下，水中的溶解度见下表。

温度/℃	15	34	50	70	87	100
溶解度/(g/100mL)	1.44	3.08	8.46	34.1	94.8	100

六、预习内容

1. 本实验的反应原料的投料比为多少？如何控制本实验的反应温度？添加实验原料时应注意哪些问题？

2. 如何判定氧化反应是否已经进行完全？

3. 复习羧酸的性质和制备方法。预习抽滤、重结晶等原理和操作。

4. 进行产物干燥时应注意什么问题？

5. 本实验存在哪些安全隐患？如何克服与预防？

6. 本实验的流程示意图如下，请在括号的空白处填写相应化合物的分子式或相关内容与数据。

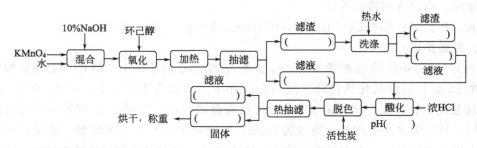

7. 查阅资料填写下列数据。

化合物	分子量	相对密度 (d_4^{20})	熔点/℃	沸点/℃	折射率 (n_D^{20})	水中溶解度	投料比 体积/mL	投料比 质量/g	投料比 物质的量/mol	理论产量/g
己二酸							—	—	—	
环己醇										
高锰酸钾										—

七、思考题

1. 本实验中为什么必须控制反应温度和环己醇的滴加速率？

2. 如果用碱性的 $KMnO_4$ 溶液氧化正丁酮，会得到什么产物？

3. 根据给出的溶解度数据，从理论上计算己二酸粗产物经一次重结晶后损失了多少？与实际损失是否有差别？为什么？

八、安全指南

1. 己二酸：低毒。对皮肤有刺激性，与空气混合有爆炸的危险。

2. 环己醇：毒性比苯强，对眼睛和皮肤有刺激性，注意防护。

3. 高锰酸钾：是一种常见的强氧化剂，有毒，且有一定的腐蚀性。吸入后可引起呼吸道损害。溅落眼睛内，刺激结膜，重者致灼伤。刺激皮肤后呈棕黑色。浓溶液或结晶对皮肤有腐蚀性，对组织有刺激性。严禁与易燃物及金属粉末同放。

4. 控制好反应温度，防止过于激烈而发生危险。

实验 17　Diels-Alder 反应

一、实验目的

1. 学习并掌握 Diels-Alder 反应的原理。

2. 掌握 Diels-Alder 反应合成环状化合物的实验方法和特点。

3. 进一步熟练处理固体产物的操作。

二、实验原理

Diels-Alder 反应或称双烯合成反应不仅是一个巧妙地合成六元环有机化合物的重要方法，而且在理论上占有重要的位置。它是共轭双键与含活化双键或三键分子所进行的 1,4-环加成反应。许多反应可以在室温或溶剂中加热进行，产率较高，在实际上应用也很广泛。

能与共轭二烯烃起 Diels-Alder 环加成反应的烯烃或炔烃称亲双烯体。当亲双烯体的烯键或炔键碳原子上连有—CHO、—COR、—COOR、—CN、—NO_2 等吸电子取代基，共轭二烯烃的双烯上连有烷基、烷氧基等供电子取代基时，有利于 Diels-Alder 反应的进行，反应速率加快。此反应机理是一步发生的协同反应，不存在形成活泼的反应中间体。Diels-Alder 反应具有可逆性和立体定向的顺式加成两大特点。

环戊二烯与马来酸酐的加成反应是 Diels-Alder 反应的典型实例。

蒽分子中各键长不相等，其中 9，10 位的键长较长，电子云密度最高，故蒽分子中间的一个环具有环己二烯的结构，显示出共轭双烯的性质，因而 9,10 位可看成是共轭双烯的两端，容易与亲双烯体发生 Diels-Alder 反应，生成桥环化合物。

蒽   马来酸酐   9,10-二氢蒽-9,10-α,β-马来酸酐
（共轭双烯） （亲双烯试剂）   （加成物）

所得产物的酸酐结构很容易水解生成二羧酸，因此反应过程中需要无水操作。反应是可逆的，在低温时反应向加成物方向进行，高温时则发生逆向的开环反应。成环的正反应和开环的逆反应都在合成上有很大的用途。蒽和菲主要来源于煤焦油，但菲不能发出 Diels-Alder 反应，所以可用此法提纯蒽。

三、实验用品

仪器与材料：圆底烧瓶、球形冷凝管、干燥管、烧杯、量筒、抽滤瓶、布氏漏斗、玻璃棒、滤纸、表面皿、电炉或酒精灯。

药品：蒽、无水二甲苯、马来酸酐（顺丁烯二酸酐）。

四、实验步骤

在 50mL 干燥的圆底烧瓶中加入 0.5g(0.005mol) 马来酸酐[1]和 1.0g(0.0056mol) 蒽，再加入 12mL 二甲苯，放入两粒沸石，装上球形冷凝管，冷凝管上端加氯化钙干燥管[2]。加热回流 25min[3]，然后将液面的边缘上析出的晶体振荡下去，再继续加热 5min，停止加热。趁热倒入烧杯中，冷却至室温，抽滤分出固体产物，放入 120℃烘箱内干燥或在真空干燥器内干燥[4]，烘干后称重，并计算产率。

纯粹的 9,10-二氢蒽-9,10-α,β-马来酸酐为白色晶体，熔点为 262～264℃（分解）。

本实验约需 2.5h。

五、注释

[1] 马来酸酐如放置过久，用时应重结晶，其方法是：称 10g 马来酸酐，加 15mL 三氯甲烷，加热沸腾数分钟，趁热过滤，滤液放冷，即得到纯净的马来酸酐。抽滤，置于干燥器中干燥。熔点为 52.8℃。

[2] 马来酸酐及其加成产物都易水解成相应二元羧酸，故所用全部仪器、试剂及溶剂均需干燥，并注意防止水或水汽进入反应系统。

[3] 延长加热回流时间可使产率提高，如回流 2h，粗品产率一般可在 90％以上。

[4] 干燥器内放入石蜡片和硅胶，石蜡片可以吸收产品表面的痕量二甲苯，硅胶吸收水汽。如果干燥不好，产物吸收水分水解对熔点测定有影响。

六、预习内容

1. 复习双烯合成反应的原理和特点。

2. 学习蒽与马来酸酐加成的操作方法。

3. 了解真空干燥器的使用方法和注意事项。

4. 设计并画出一张表示实验过程各步骤的流程图，注明相关内容与数据。

5. 查阅资料填写下列数据。

化合物	分子量	相对密度 (d_4^{20})	熔点 /℃	沸点 /℃	折射率 (n_D^{20})	水中溶解度	投料比			理论产量 /g
							体积/mL	质量/g	物质的量/mol	
9,10-二氢蒽-9,10-α,β-马来酸酐										
马来酸酐										—
蒽										—
二甲苯										—

七、思考题

1. 双烯合成反应属于哪一种反应机理，有哪些特点？

2. 为什么蒽能与亲双烯体发生 Diels-Alder 反应？

3. 为什么室温下环戊二烯常聚合为二聚体？写出其聚合和解聚的化学方程式。

4. 写出下列 Diels-Alder 反应的产物。

八、安全指南

1. 9,10-二氢蒽-9,10-α,β-马来酸酐：对眼睛有严重损伤，吸入或皮肤接触能引起过敏。

2. 马来酸酐：有腐蚀性，口服有害，对眼睛、呼吸系统和皮肤有刺激性。吸入能引起过敏。接触皮肤后应立即用大量指定液体冲洗。密封于干燥处保存。

3. 蒽：刺激呼吸系统，刺激皮肤，防止吸入，不与皮肤接触。

4. 二甲苯：有毒，挥发，易燃危险品，防止吸入或皮肤吸收。防止与眼睛、皮肤接触。

实验 18　2-硝基-1,3-苯二酚的制备

一、实验目的

1. 学习在苯环上进行亲电取代反应的定位规律以及磺化反应的应用。

2. 学习 2-硝基-1,3-苯二酚的合成方法。

3. 进一步熟悉搅拌、水蒸气蒸馏和重结晶等基本操作。

二、实验原理

在有机合成上常利用体积大的磺酸基占据环上某些位置，使此位置不被其他基团取代，在指定合成结束后再利用磺酸基的良好离合性将其水解除去，而 2-硝基-1,3-苯二酚的制备就是一个巧妙地利用磺酸基的占位和定位的双重作用的例子。间苯二酚中的酚羟基为强的邻对位定位基，苯环上的 4 和 6 位很容易硝化，反应过程中为了使 4 和 6 位不被硝化，必须先把这两个部位保护起来。间苯二酚磺化时，磺酸基先进入最容易起反应的 4 和 6 位。由于磺酸基为强的间位定位基，接着再硝化时，受定位规律支配，硝基只能进入原来位阻较大的而此时位阻较小的 2 位，硝化结束后，将产物水解，磺酸基离去，即可得到 2-硝基-1,3-苯二酚。

反应式：

$$\text{间苯二酚} + 2H_2SO_4 \longrightarrow \text{(4,6-二磺酸基间苯二酚)} + 2H_2O$$

$$\text{(二磺酸基间苯二酚)} + HNO_3 \xrightarrow{H_2SO_4} \text{(硝基二磺酸基间苯二酚)} + H_2O$$

$$\text{(硝基二磺酸基间苯二酚)} + 2H_2O \xrightarrow[\Delta]{H^+} \text{(2-硝基-1,3-苯二酚)} + 2H_2SO_4$$

三、实验用品

仪器与材料：三口烧瓶、二口烧瓶、直形冷凝管、锥形瓶、烧杯、量筒、滴管、漏斗、抽滤瓶、布氏漏斗、玻璃棒、滤纸、表面皿、T形管、止水夹、水浴锅、电炉或酒精灯等。

药品：间苯二酚、浓硫酸（98%，相对密度为 1.84）、硝酸（70%～72%，相对密度为 1.42）、尿素、95% 乙醇。

四、实验步骤

将 2.1mL（0.047mol）浓硝酸加入锥形瓶中，在不断摇荡下缓缓加入 2.9mL（0.054mol）浓硫酸，然后将所制成的混合酸塞紧瓶口[1]，置冰水浴中冷却备用。

在 250mL 锥形瓶中加入 2.7g（0.025mol）已研成粉状间苯二酚[2]，再加入 13mL（0.24mol）浓硫酸[3]，同时充分搅拌并及时观察反应液的温度。这时反应放热，自动升温并立即生成白色磺化物[4]。用表面皿盖住锥形瓶口，室温放置 15min 后，于冰水浴中冷至 0～10℃。当反应物冷却后，用滴管滴加预先用冰水浴冷却好的混合酸，同时进行搅拌，控制反应温度在 20～30℃[5]。这时反应物呈黄色黏稠状[6]（不应该为棕色或紫色）。滴加完毕后，在室温下放置 15min，然后用 7.5mL 冷水[7]（最好用 7.5g 碎冰）分批加入并充分搅拌，控制温度不要超过 50℃。

将反应物转移至 250mL 三口烧瓶中，加入约 0.1g 尿素[8]搅拌溶解。按图 3-9 装置仪器进行水蒸气蒸馏。在冷凝管壁上和馏出液中立即出现橘红色固体[9]，一段时间后，通过调节冷凝水速率的方法，使固体全部被蒸气冲下，当无油状物蒸出时，即可停止蒸馏。蒸馏液在冰水中冷却，过滤。粗产物用 50% 乙醇溶液重结晶[10]，干燥后称重，并计算产率。

纯粹的 2-硝基-1,3-苯二酚为橘红色片状晶体，熔点为 87.8℃。

本实验需 5～6h。

五、注释

[1] 本实验成功的重要因素之一是要确保混酸的浓度。为此，所用的仪器都必须干燥，硫酸需使用 98% 的浓硫酸（相对密度为 1.84），硝酸需使用 70%～72% 的（相对密度为 1.42），而且最好是当天新开瓶的。配好的混酸不可敞口久置，以免酸雾挥发或吸潮而降低浓度，在加入碎冰之前的所有操作中都应避免可能造成反应物稀释的一切因素。

[2] 间苯二酚须用研钵磨碎成粉状，否则磺化反应不完全。

［3］绝对不能误加入浓硝酸，否则有爆炸危险。

［4］磺化完全与否是本实验成败的关键。若所用硫酸浓度不够或气温过低，可能在较长时间内不出现白色浑浊，也无明显的自动升温。遇此情况则在搅拌下将反应物放在85℃水浴中加热，使瓶内温度升到80℃左右，待反应物成白色稠状后，拿出水面，然后在室温放置15min使反应完全。

［5］其间要密切注视温度变化，反应温度控制宜严。温度过高易发生副反应，易得到紫色物，降低产量，如果温度迅速上升并超过30℃时，应立即用冰水浴冷却，同时暂停滴加混酸。温度过低则会使反应过慢，造成混酸的积累，一旦反应加速，温度就难以控制。

［6］此步反应物应为亮黄色糊状。如为棕色则在后步操作中仍可得到产物，但产率较低；如为紫色甚至蓝色，则一般不能得到产物。如遇此情况可酌情补加1～2mL浓硝酸，并将反应温度放宽到35℃，一般可调至棕色，但不能调至黄色。如不能调至棕色，原则上应该重做。

［7］稀释水不可过量，否则，即使长时间的水蒸气蒸馏也得不到产品。如发现上述情况，可将水蒸气蒸馏改为蒸馏装置，先蒸去一部分水，当冷凝管中出现红色油状物时，再改为水蒸气蒸馏。

［8］加入尿素的目的是使过量的硝酸与其反应而生成 $CO(NH_2)_2 \cdot HNO_3$ 溶于水而除去。以免其生成二氧化氮污染空气。

［9］如果冷凝管中充满固化产品，可调节冷凝水的速度甚至停止通入冷凝水，直至产品熔化进入接受瓶，来避免产品堵塞冷凝管现象。若长时间无产物出现，加热蒸馏瓶，除去水，以增加蒸馏瓶中酸的浓度，使之足以催化脱磺酸基反应。

［10］乙醇容易燃烧，重结晶时不能用明火。如果实验时间较紧，可省略重结晶步骤。

六、预习内容

1. 复习苯环上进行亲电取代反应的定位规律，熟记两类定位基以及它们对苯环亲电取代反应活性的影响。

2. 复习磺化反应的可逆性及其在有机合成上的应用。

3. 本实验加入尿素的目的是什么？

4. 水蒸气蒸馏应注意哪些问题，本实验为何采用水蒸气蒸馏？熟悉水蒸气蒸馏的基本操作，参见第3.2节。

5. 设计并画出一张表示实验过程各步骤的流程图，注明相关内容与数据。

6. 查阅资料填写下列数据。

化合物	分子量	相对密度 (d_4^{20})	熔点 /℃	沸点 /℃	折射率 (n_D^{20})	水中溶解度	投料比 体积/mL	质量/g	物质的量/mol	理论产量 /g
2-硝基 1,3-苯二酚							—	—	—	
间苯二酚										—
硝酸										—
硫酸										—

七、思考题

1. 2-硝基-1,3-苯二酚能否用间苯二酚直接硝化来制备，为什么？

2. 本实验硝化反应温度为什么要控制在30℃以下？如温度偏高或偏低时有什么

不好？

3. 进行水蒸气蒸馏前为什么先要用冰水稀释？

4. 为什么磺化反应在 4 和 6 位进行，而不是在 2 位进行？

5. 磺化后间苯二酚与磺化前比较，哪一个亲电取代活性更高？

八、安全指南

1. 间苯二酚：有较强腐蚀性，慎勿触及皮肤。

2. 本实验使用浓硫酸、浓硝酸，注意不要弄到衣物、皮肤上，以免出现意外事故。

3. 注意水蒸气蒸馏装置的正确安装和安全管的水位，以免发生意外事故。

实验 19　2-叔丁基对苯二酚（TBHQ，食用抗氧剂）的制备

一、实验目的

1. 学习利用 Friedel-Crafts（傅-克）反应制备 TBHQ 的原理和方法。

2. 学习并掌握搅拌、萃取、水蒸气蒸馏、减压过滤、干燥等实验技术。

二、实验原理

TBHQ 的化学名为 2-叔丁基对苯二酚，是一种新的食品抗氧剂。抗氧剂有各种类型，酚类抗氧剂就是其中一大类。TBHQ 就属于酚类抗氧剂，它具有抗氧、阻聚等性能，并且低毒、价廉。因此 TBHQ 不仅可用作橡胶、塑料抗氧剂，增加其制品的使用寿命，而且大量用作食品添加剂，防止食物的变质。

2-叔丁基对苯二酚可以通过 Friedel-Crafts 烷基化反应而制得。烷基化反应中，烷基化试剂有卤代烃、烯烃和醇等，常用的催化剂有无水三氯化铝、无水氯化锌等路易斯酸或硫酸、磷酸等质子酸。烷基化反应有一些局限性，一是容易发生多元取代，二是容易发生重排反应。

本实验以叔丁醇为烷基化试剂，在 H_3PO_4 催化下与对苯二酚发生反应：

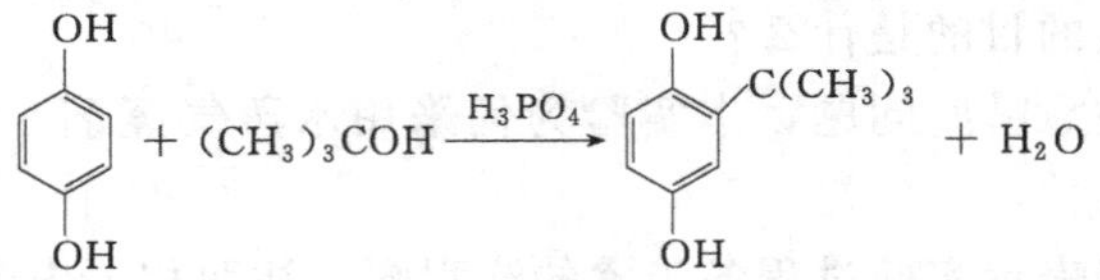

副反应：

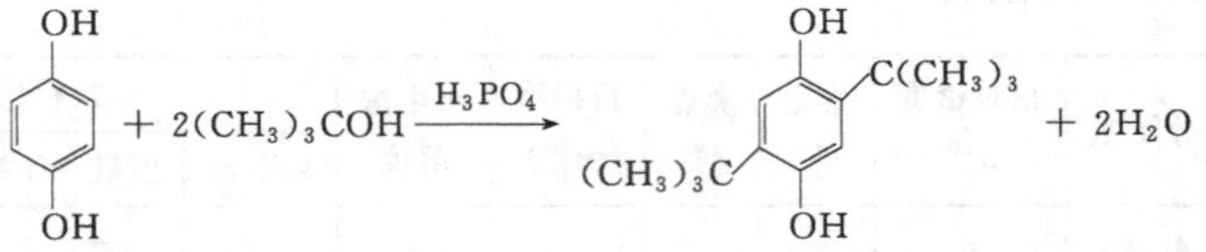

酚羟基是邻对位定位基，可使苯环活化，容易发生烷基化反应。使用叔丁基醇为烷基化试剂，应选用质子酸作为催化剂，考虑到二苯酚容易氧化，更易发生烷基化反应等特点，选用磷酸作为催化剂，同时应控制反应温度，防止高温氧化加剧。

该反应的副产物主要是二叔丁基取代物。副反应还有：叔丁醇的脱水反应，对苯二酚的氧化等。

三、实验用品

仪器与材料：三口烧瓶、恒压滴液漏斗、球形冷凝管、直形冷凝管、蒸馏头、温度计、

磁力搅拌器、分液漏斗、量筒、抽滤瓶、布氏漏斗、短颈漏斗、烧杯、玻璃棒、滤纸、滴管、锥形瓶、表面皿、电炉或酒精灯。

药品：对苯二酚、叔丁醇、浓磷酸、甲苯。

四、实验步骤

在 100mL 三口烧瓶上安装滴液漏斗、回流冷凝管及温度计。在三口烧瓶中装入 2.2g（0.02mol）对苯二酚、8mL 浓磷酸和 10mL 甲苯[1]以及搅拌子，在滴液漏斗中加入 2mL（0.02mol）叔丁醇。按图 2-15(a) 安装反应装置，开动磁力搅拌器进行搅拌，加热三口烧瓶，待瓶内混合物温度升至 90℃时，开始从滴液漏斗缓慢滴加叔丁醇[2]，并控制反应温度在 90～95℃之间[3]，约 15min 滴完，继续保温搅拌 30min，直至反应混合物中的固体完全溶解为止[4]。

停止搅拌，撤去热浴，趁热将反应物倒入分液漏斗中，并趁热静置分出磷酸层。将有机层倒回冲洗过的三口烧瓶中，加入 20mL 水，进行水蒸气蒸馏。至馏出液澄清[5]，蒸馏完毕后，将三口烧瓶内的残余水溶液趁热抽滤[6]，弃去固体物。滤液随即出现白色沉淀。将滤液及白色沉淀趁热转入烧杯中[7]，温热使白色沉淀溶解，然后静置让其自然冷却，最后用冷水浴充分冷却后抽滤，用少量冷水淋洗两次，并抽干后取出结晶[8]放入表面皿中，于烘箱中干燥，称重，并计算产率。

纯 2-叔丁基对苯二酚为无色针状或片状晶体，熔点为 129℃。

本实验约需 5h。

五、注释

[1] 甲苯作为反应的溶剂。因羟基和甲基相比较，羟基对苯的活化效应更强。所以在对苯二酚烷基化反应中，只要烷基化试剂不过量，在合成中甲苯可以作为惰性溶剂使用。对苯二酚主要溶于磷酸中，滴入叔丁醇后，在磷酸的催化下，叔丁醇与对苯二酚反应，生成 2-叔丁基对苯二酚，随即大部分溶入甲苯中，可减少其继续与叔丁醇反应而生成二取代或多取代产物的机会。

[2] 叔丁醇熔点为 25～26℃，常温下为固体，取用前先用温水温热熔融后再量取，并趁热滴加，以免堵塞滴液漏斗。

[3] 应严格控制温度，温度过低则反应速率太慢，温度过高，则反应会有二取代或多取代的副产物生成。

[4] 对苯二酚不溶于甲苯，而 2-叔丁基对苯二酚溶于甲苯。当反应物对苯二酚完全溶解时，可以认为反应即结束。

[5] 水蒸气蒸馏，是为了除去甲苯和没有完全反应的对苯二酚。

[6] 如果残余液体体积不足 20mL，应补加热水后抽滤，使产物尽可能被热水溶解。

[7] 因 2-叔丁基对苯二酚溶于热水，微溶于冷水，而二取代物 2,5-二叔丁基对苯二酚不溶于热水。故在水蒸气蒸馏完毕后，将被蒸物趁热抽滤，滤去少量不溶或难溶于热水的二取代或多取代副产物。

[8] 如产品质量较差，可用水重结晶，必要时可以用少量活性炭脱色。

六、预习内容

1. 预习搅拌、水蒸气蒸馏、抽滤、重结晶等的原理和操作。

2. 本实验中原料比有什么特点？为什么要这样做？反应介质和催化剂是什么？反应温度和反应时间是多少？

3. 分析本实验中可能的副反应。主要的副产物是在哪一步去除的？

4. 本实验为何要缓慢滴加叔丁醇？

5. 分去磷酸层后，为什么要进行水蒸气蒸馏？蒸馏后趁热减压过滤得到的是什么物质？除去的是什么物质？为什么要趁热抽滤？

6. 设计并画出一张表示实验过程各步骤的流程图，注明相关内容与数据。

7. 查阅资料填写下列数据。

| 化合物 | 分子量 | 相对密度 (d_4^{20}) | 熔点 /℃ | 沸点 /℃ | 折射率 (n_D^{20}) | 水中溶解度 | 投料比 | | | 理论产量/g |
							体积 /mL	质量 /g	物质的量/mol	
2-叔丁基对苯二酚							—	—	—	
对苯二酚										—
叔丁醇										—
甲苯										—
磷酸										—

七、思考题

1. 本合成反应为什么在甲苯、磷酸两相条件下进行？

2. 本实验中水蒸气蒸馏的目的何在？蒸馏完后为什么要趁热抽滤除去固体物？

3. 反应中可否加入过量的叔丁醇？为什么？

4. 本实验为什么用浓磷酸为催化剂？用浓硫酸可以吗？

5. 在实际应用中，合成多于 2 个碳原子以上的直链烷基苯时，烷基化反应常常受到限制，你认为这是什么原因？

八、安全指南

1. 浓磷酸：二级无机酸性腐蚀品，量取及转移磷酸时，注意不要溅入眼内，不使磷酸接触皮肤和衣物。

2. 甲苯：高度易燃，蒸气吸入有毒害，避免与眼睛接触，切勿排入下水道，远离火源，避免静电和电火花，使用时注意随时密闭试剂瓶。

3. 叔丁醇：高度易燃，具有刺激性，其粉尘和蒸气吸入有害，应远离火种，禁止吸烟。

4. 对苯二酚：有毒，吸入有害，使用时应避免眼睛和皮肤接触，大量使用时应戴眼镜或面罩，避光保存。

5. 水蒸气蒸馏：注意避免烧烫伤。

实验 20　苯乙酮的制备

一、实验目的

1. 通过实验学习并掌握 Friedel-Crafts 酰基化反应的原理及其合成的应用。

2. 学习搅拌、萃取、无水操作、蒸馏和折射率测定等技术。

3. 通过实验培养科学实验的能力和素质。

二、实验原理

Friedel-Crafts 酰基化是制备芳香酮的主要方法。可用 $FeCl_3$、$SnCl_4$、BF_3、$ZnCl_2$、$AlCl_3$ 等 Lewis 酸作催化剂，催化性能以无水 $AlCl_3$ 为最佳。酰基化反应常用过量的芳烃、二硫化碳、硝基苯或二氯甲烷等作为反应的溶剂。酰化反应由于羰基的致钝作用，阻碍了进一步的取代反应，故产物纯度高，不存在酰基化的多元产物。制备中常用酸酐代替酰氯作为酰化试剂。这是由于酸酐原料易得，纯度高，操作方便，无明显的副反应或有害气体放出，产生的芳酮容易提纯。但由于三氯化铝还能与芳酮作用生成配合物，与烷基化反应相比，酰基化反应的催化剂用量要大得多。对烷基化反应，$AlCl_3/RX$（摩尔比）＝0.1，酰基化反应 $AlCl_3/RCOCl$（摩尔比）＝1.1，由于芳烃与酸酐反应产生的有机酸也会与 $AlCl_3$ 反应，所以 $AlCl_3/(CH_3CO)_2O$（摩尔比）＝2.2。

以苯和乙酐为原料，制备苯乙酮的反应式为：

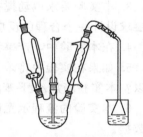

Friedel-Crafts 酰基化反应是一个放热反应，通常是将酰基化试剂配成溶液后慢慢滴加到盛有芳香族化合物溶液的反应瓶中，并需密切注意反应温度的变化。

三、实验用品

仪器与材料：三口烧瓶、圆底烧瓶、蒸馏头、恒压漏斗、分液漏斗、球形冷凝管、直形冷凝管、空气冷凝管、干燥管、锥形瓶、烧杯、量筒、滴管、漏斗、水浴锅、电炉或酒精灯等。

药品：苯、无水氯化铝、乙酸酐、浓 HCl、5%NaOH 溶液、无水 $MgSO_4$、无水氯化钙、乙醚。

四、实验步骤

在 100mL 三口烧瓶[1]上，分别装置搅拌器、恒压漏斗及回流冷凝管，在冷凝管的上口接一个装有无水氯化钙的干燥管并连接气体吸收装置[2]，装置如图 4-7 所示。

迅速称取 13g(0.097mol) 已研碎的无水 $AlCl_3$[3]放入三口烧瓶中，再加入 16mL(0.18mol) 无水苯[4]。启动搅拌器，由恒压滴液漏斗滴加 4mL(0.042mol) 乙酸酐和 5mL 苯的混合液。开始先加几滴，待反应发生后再继续滴加。此反应为放热反应，应注意控制滴加速率[5]，使其能平缓回流，切勿使反应过于激烈，加料时间为10~15min。原料加完，待反应缓和后，用水浴加热，搅拌下保持缓和回流 30~50min[6]，直到不再有氯化氢气体逸出为止。

图 4-7　苯乙酮制备装置

反应物冷却后，在不断搅拌下，将反应物慢慢地倒入 18mL 浓盐酸和 40mL 冰水的烧杯中，使固体物完全溶解后[7]，将混合物转入分液漏斗中，分出有机层，水层用乙醚萃取 2 次（每次 8mL）。合并有机层，依次用 15mL 10%氢氧化钠、15mL 水洗涤，有机层用无水硫酸镁干燥。

干燥后的粗产品水浴加热蒸馏回收乙醚及苯，然后在石棉网上加热蒸去残留的苯，稍冷后改用空气冷凝管，蒸馏收集 195~202℃馏分。称重或量取产品体积，并计算产率，测产物的沸点或折射率。

纯苯乙酮为无色透明油状液体，沸点为 202℃，折射率 n_D^{20} 1.5338。

本实验约需 6h。

五、注释

[1] 本实验所用仪器和试剂均需充分干燥。

[2] 在烧杯中加入 5％NaOH 溶液作为吸收剂，吸收反应中产生的氯化氢气体。为了防止气体吸收装置的倒吸，反应中应注意气体吸收装置中漏斗的正确位置，出气口与液面距离 1～2mm 为宜，千万不要全部插入液体中。也可以将漏斗斜放，一半浸在液体中，一半留在空气中。

[3] 无水 $AlCl_3$ 质量的好坏是实验成败的关键。$AlCl_3$ 极易吸潮变成黄色或分解而失效，影响实验的进行。因此，应取用白色小颗粒或粉末状的 $AlCl_3$，块状的无水 $AlCl_3$ 在称取前需在研钵中迅速地研细，方法是将盛无水 $AlCl_3$ 的研钵置于一个较大的透明塑料袋中扎紧后进行密封磨细。可用带塞的称量瓶称量 $AlCl_3$，投料时将纸卷成筒状插入瓶颈，以防止沾污三口烧瓶口。研细、称量、投料动作都要迅速。

[4] 本实验最好用无噻吩苯。要除去苯中所含的噻吩，可用浓硫酸多次洗涤，然后依次用水、10％NaOH 溶液和水洗涤，用无水 $CaCl_2$ 干燥后蒸馏。放置时间较长的乙酸酐应蒸馏后再用，收集 137～140℃之间的馏分。

[5] 滴加乙酐-苯溶液后，反应很快开始，并放出 HCl 气体，$AlCl_3$ 逐渐溶解。应控制滴加速率以三口烧瓶稍热为宜。

[6] 反应温度不宜过高，一般控制在 60℃左右。本实验也可用人工振荡代替电磁搅拌器或机械搅拌，若采用人工振荡，回流时间应适当增长以提高产率。

[7] 苯乙酮与 $AlCl_3$ 作用生成的配合物水解时，反应放出大量热，并伴随有大量的 HCl 气体产生，故应在通风橱中进行。滴加冷却的稀盐酸时，应严格控制滴加速率并不断地搅拌。若仍有固体不溶物，可补加适量浓盐酸使之完全溶解。

六、预习内容

1. 复习 Friedel-Crafts 反应的原理和方法。

2. 预习干燥管、有毒气体吸收、机械搅拌器、回流、蒸馏和分液的原理和操作。

3. 本实验要求电动搅拌，用滴液漏斗加料并有氯化钙干燥管并连接气体吸收。试根据此要求设计一个合理的反应装置。

4. 在本实验中，产率计算应以哪一种物质为基准物？为什么？

5. 如果在实验中将苯 21mL 一次加入三口烧瓶中，而在滴液漏斗中只滴加乙酐，是否可以？本实验滴加乙酐-苯溶液有何好处？

6. 本实验的流程示意图如下，请在括号的空白处填写相应化合物的分子式或相关内容与数据。

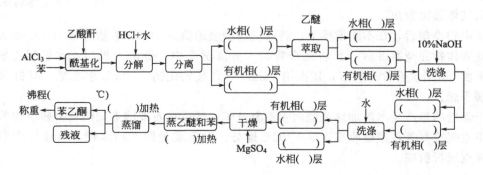

7. 查阅资料填写下列数据。

化 合 物	分子量	相对密度 (d_4^{20})	熔点 /℃	沸点 /℃	折射率 (n_D^{20})	水中溶解度	投料比			理论产量 /g
							体积 /mL	质量 /g	物质的量 /mol	
苯乙酮							—	—		
乙酸酐										—
苯										
氯化铝										—
乙醚										—

七、思考题

1. 本实验成功的主要关键是什么？实验中应注意哪些问题？仪器不干燥或者试剂药品含水时对实验有何影响？

2. 用浓 HCl 和冰水的混合物来处理反应产物的目的何在？

3. 下列试剂在无水 AlCl₃ 存在下相互作用，应得什么产物？

（1）苯和 1-氯丙烷　　（2）苯和丙酸酐　　（3）甲苯和邻苯二甲酸酐　　（4）过量苯和 1,2 二氯乙烷

4. 为什么硝基苯可作为 Friedel-Crafts 反应的溶剂？芳环上有 OH、OR、NO₂ 等原子团存在时对 Friedel-Crafts 反应不利甚至不发生反应，为什么？

5. Friedel-Crafts 酰基化反应和烷基化反应各有何特点？在两反应中，AlCl₃ 和芳烃的用量有何不同？在酰基化反应中，用酰氯和酸酐作为酰基化试剂时，AlCl₃ 的用量又有何不同，为什么？

6. 试设计一个以乙酸酐、甲苯、无水 AlCl₃ 为原料合成对甲苯乙酮的实验流程。

要求：以产量 3g，产率 50% 计算各原料的用量。

八、安全指南

1. 三氯化铝：易潮解，有强烈的刺激性，能引起烧伤，溶于水能产生大量的热，激烈时能燃烧或爆炸。如果不慎接触皮肤，先用布擦后，再用大量水冲洗。

2. 苯：中等毒性，易燃，吸入、摄入和皮肤吸收会引起中毒，防止吸入，避免接触。蒸馏苯时应注意蒸馏装置的各个接口的连接情况，防止着火。

3. 乙酸酐：有强烈的刺激性和腐蚀性，要防止吸入，避免直接接触。发生事故立即用大量水冲洗并立即就医。

4. 苯乙酮：属低毒类。吞服可发生麻醉的止痛作用。对人的危害主要是对眼和皮肤的刺激作用，可引起皮肤局部灼伤。除热蒸气外，一般吸入和在实验操作过程中不会引起中毒危害。遇高热、明火或与氧化剂接触，有引起燃烧的危险。

5. 本实验使用的浓盐酸，要注意避免发生意外事故。

实验 21　二苯甲酮（甜味香料）的制备（烷基化法）

一、实验目的

1. 学习 Friedel-Crafts 烷基化反应制备芳酮的理论和实验方法。

2. 掌握萃取、蒸馏、水蒸气蒸馏、减压蒸馏等操作技术。

二、实验原理

二苯甲酮是一种重要的有机合成中间体，可用于合成有机颜料、杀虫剂等。它具有甜味及玫瑰香味，可直接用作香料定香剂，还可作紫外线吸收剂。工业上有多种制备方法。实验室则通常以苯为原料采用 Friedel-Crafts 酰基化法和烷基化法来制备。

以苯作为原料经烷基化、水解等反应是制备醛酮的重要方法之一。

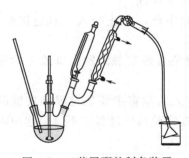

以四氯化碳和苯在三氯化铝催化下的反应，实际上是以多卤代烃作烷基化试剂对芳烃的亲电取代反应即傅-克烷基化反应。与一般烷基化反应不同的是，由于取代基三氯甲基（—CCl$_3$）对芳烃具有钝化作用，因而只产生一取代苯（C$_6$H$_5$CCl$_3$），也可以把它看作是卤代烃的衍生物。相对于体系中其他尚未发生烷基化反应的苯而言，新生成的一取代苯又是进行第二轮傅-克反应的烷基化试剂，其生成物二氯二苯基甲烷为同碳二卤化物，同碳二卤化物易发生水解生成相应的羰基化合物。

三、实验用品

仪器与材料：三口烧瓶、Y 形管（克氏蒸馏头）、恒压漏斗、分液漏斗、直形冷凝管、球形冷凝管、干燥管、蒸馏烧瓶、锥形瓶、烧杯、量筒、滴管、漏斗、水浴锅、表面皿、电炉或酒精灯等。

药品：无水氯化铝、苯、四氯化碳、无水硫酸镁、无水氯化钙。

四、实验步骤

在 100mL 三口烧瓶[1]上，分别装上搅拌器、温度计和 Y 形管（克氏蒸馏头）。Y 形管上分别装上恒压漏斗和冷凝管（见图 4-8），冷凝管上安装氯化钙干燥管，干燥管接上氯化氢气体吸收装置[2]，在烧杯中放入 5% 氢氧化钠溶液作为吸收剂。迅速称取 2.5g（0.019mol）已研碎的无水 AlCl$_3$[3]放入三口烧瓶中，再加入 5mL 干燥四氯化碳[4]，三口烧瓶用冰水浴冷却到 10～15℃，在搅拌下先慢慢滴加 1.5mL 由 3mL(0.033mol) 苯和 3mL 干燥四氯化碳配成的混合液。反应开始后，有氯化氢气体产生，反应混合物温度逐渐升高，此时可用冰水浴将反应温度控制在 12℃。当反应变得较温和后，将余下的混合液逐滴加入到反应烧瓶中，滴速以保持反应温度在 5～10℃ 之间为宜[5]。滴加完毕（需时约 15min），在 10℃ 左右继续搅拌 30～40min，仍然将三口烧瓶置于冰水浴中，在搅拌下慢慢滴加 25mL 水。加完后改成蒸馏装置，在水浴中尽量蒸去过量的四氯化碳。

图 4-8 二苯甲酮的制备装置

再在石棉网上加热 20min，除去残留的四氯化碳，并使二氯二苯甲烷水解完全[6]。分出上层粗产物，水层用 5mL 苯萃取一次，合并粗产物与苯萃取液，用无水硫酸镁干燥。用常压蒸馏除去苯，当温度升至 90℃ 左右时停止加热，稍冷后进行减压蒸馏。收集 187～190℃/2.0kPa(15mmHg) 的馏分。产物为无色透明液体，冷却后固化[7]，称重并计算产率。

纯的二苯甲酮为无色透明液体，沸点 305.4℃，冷却后结晶，有两种结晶构型。α 型晶体为正交棱晶，比较稳定（熔点为 48.5℃，d_4^{25} 为 1.083）；β 型晶体为单斜晶，不太稳定（熔点为 26.5℃，d_4^{25} 为 1.108）。

本实验约需 6h。

五、注释

［1］所用仪器和药品均需事先干燥，否则影响反应。

［2］为了防止气体吸收装置的倒吸，反应中应注意气体吸收装置中漏斗的正确位置，出气口与液面距离 1～2mm 为宜，千万不要全部插入液体中。也可以将漏斗斜放，一半浸在液体中，一半留在空气中。

［3］无水 $AlCl_3$ 质量的好坏是实验成败的关键。$AlCl_3$ 极易吸潮变成黄色或分解而失效，影响实验的进行。因此，应取用白色小颗粒或粉末状的 $AlCl_3$，块状的无水 $AlCl_3$ 在称取前需在研钵中迅速地研细，方法是将盛无水 $AlCl_3$ 的研钵置于一个较大的透明塑料袋中扎紧后进行密封磨细。可用带塞的称量瓶称量 $AlCl_3$，投料时将纸卷成筒状插入瓶颈，以防止沾污三口烧瓶口。研细、称量、投料动作要迅速。

［4］四氯化碳和苯通过简单蒸馏，弃去 10％ 的初馏分，就可获得满足傅-克反应要求的无水四氯化碳和无水苯。

［5］反应温度很重要，温度低于 5℃，反应很慢，高于 10℃，则会产生焦油状树脂产物。反应中出现的棕色固体是二氯二苯甲烷和三氯化铝形成的络盐 $(C_6H_5)_2CCl_2 \cdot AlCl_3$。

［6］加水后，络盐水解，深颜色褪去可得到较清的两层液体。
$$(C_6H_5)_2CCl_2 \cdot AlCl_3 + H_2O \longrightarrow (C_6H_5)_2CCl_2 + AlCl_3(H_2O)$$

［7］冷却后有时不易立即得到晶体，这是由于形成低熔点（26℃）β-二苯甲酮之故。可以用石油醚（60～90℃）进行重结晶，代替减压蒸馏。

六、预习内容

1. 复习 Friedel-Crafts 反应的原理和方法。

2. 预习干燥管、有毒气体吸收、机械搅拌器、回流、蒸馏和分液的原理和操作。

3. 练习减压蒸馏操作技术。

4. 在本实验中，产率计算应以哪一种物质为基准物？为什么？

5. 设计并画出一张表示实验过程各步骤的流程图，注明相关内容与数据。

6. 查阅资料填写下列数据。

化合物	分子量	相对密度 (d_4^{20})	熔点 /℃	沸点 /℃	折射率 (n_D^{20})	水中溶解度	投料比			理论产量 /g
							体积 /mL	质量 /g	物质的量/mol	
二苯甲酮							—			
四氯化碳										—
苯										—
三氯化铝										

七、思考题

1. 水对本实验有何影响？

2. 本实验可能有哪些副反应，为了减少副反应，实验中采取了什么措施？

3. 从理论上讲，本实验每制备 1mol 二苯甲酮，需要 2mol 苯和 1mol 四氯化碳，实际投料比又如何？试简要说明。

4. 傅-克反应中，烷基化反应和酰基化反应在催化剂无水三氯化铝的使用上各有何不同？为什么？

5. 如何用 Friedel-Crafts 反应制备下列化合物。

(1) 二苯甲烷　　(2) 对硝基二苯酮

八、安全指南

1. 三氯化铝：有强烈的刺激性，能引起烧伤，溶于水能产生大量的热，激烈时能燃烧或爆炸。如果不慎接触皮肤，先用布擦后，再用大量水冲洗。其极易潮解，操作要快捷。

2. 苯：中等毒性，易燃，吸入、摄入和皮肤吸收会引起中毒，防止吸入，避免接触。蒸馏苯时应注意蒸馏装置的各个接口的连接情况，防止着火。

3. 四氯化碳有毒，避免吸入其蒸气和直接接触。

实验 22　呋喃甲醇和呋喃甲酸的制备

一、实验目的

1. 掌握康尼查罗（Cannizzaro）反应制备呋喃甲醇和呋喃甲酸的反应原理及操作方法。

2. 学习蒸馏、萃取、重结晶等有机物的分离纯化技术及其在具体实验中的应用能力。

二、实验原理

芳醛和其他无 α-H 的醛在浓碱作用下，发生自身氧化还原反应（歧化反应），其中一分子醛氧化成酸（在碱性溶液中为羧酸盐），一分子醛还原为醇，此反应称为康尼查罗（Cannizzaro）反应。

在康尼查罗反应中，通常使用 50% 的浓碱，其中碱的物质的量要比醛的物质的量多 1 倍以上。否则，反应不完全，未反应的醛与生成的醇混在一起，通过一般蒸馏会很难分离。

呋喃甲醛俗名糠醛，是一种无色液体，在空气中易氧化。糠醛在浓碱作用下发生康尼查罗反应：

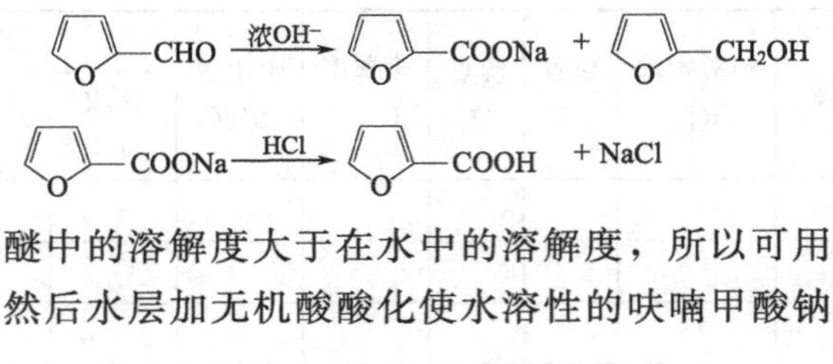

由于呋喃甲醇在乙醚中的溶解度大于在水中的溶解度，所以可用乙醚萃取呋喃甲醇，使其与呋喃甲酸钠分离，然后水层加无机酸酸化使水溶性的呋喃甲酸钠转化为呋喃甲酸，从水溶液中析出。

三、实验用品

仪器与材料：圆底烧瓶、蒸馏头、抽滤瓶、布氏漏斗、玻璃棒、滤纸、滴管、烧杯、量筒、直形冷凝管、空气冷凝管、锥形瓶、分液漏斗、温度计、电炉或酒精灯等。

药品：呋喃甲醛（新蒸馏过）、43% 氢氧化钠溶液、乙醚、25% 盐酸、无水硫酸镁、活性炭、pH 试纸。

四、实验步骤

1. 呋喃甲醇和呋喃甲酸的制备

在 100mL 烧杯中，加入 6mL 43％氢氧化钠溶液[1]，用冰水冷却至 5℃左右。在不断搅拌下慢慢滴加 6.6mL（0.080mol）呋喃甲醛[2]，10～20min 加完，滴加过程必须保持反应温度在 8～12℃[3] 之间，滴加完后，保持在此温度下继续搅拌 30min，在得到的米黄色浆状物中，加适量水[4]（8～10mL），使沉淀刚好完全溶解呈透明的暗红色溶液。

2. 呋喃甲醇的提取

把溶液移入分液漏斗中，每次 10mL 乙醚萃取 3 次，合并萃取醚层（水层保留待用），醚层用无水 MgSO₄ 干燥 30min，将干燥后的溶液进行蒸馏，先水浴蒸去乙醚（收集的乙醚倒入指定的回收瓶中），改用空气冷凝管，蒸馏呋喃甲醇，收集 169～172℃馏分。称重或量取产品体积，并计算产率。测产物的沸点或折射率。

纯呋喃甲醇为无色透明液体，沸点为 171℃，折射率为 n_D^{20} 1.4868。

3. 呋喃甲酸的提纯

乙醚萃取后的水层，在搅拌下加入 25％盐酸酸化[5]至 pH 为 2～3。冷却使呋喃甲酸析出完全，抽滤，少量水洗，得到呋喃甲酸粗产品。呋喃甲酸可以用热水进行重结晶[6]。重结晶时可加入少许活性炭脱色。过滤，滤液自然冷却至室温后，析出晶体，抽滤。经 80℃干燥[7]，称量，并计算产率。

纯呋喃甲酸为白色针状或叶片状晶体，文献值熔点为 133～134℃。

本实验约需 6h。

五、注释

[1] 适当提高碱的浓度可以加快歧化反应速率。但碱浓度增加会使黏度增大，搅拌困难，继而造成局部碱过多而使局部反应剧烈温度上升，引起树脂状物质的生成。本实验采用反加法，即将呋喃甲醛加到氢氧化钠溶液中，这样反应较容易控制，而产率不会减少。

[2] 呋喃甲醛久置易变成棕褐色甚至黑色，且同时往往含有水，一般使用前需要重新蒸馏提纯。收集 155～162℃之间的馏分。新蒸过的呋喃甲醛为无色或淡黄色液体。

[3] 本实验控制温度是关键。反应温度高于 12℃时，温度会迅速升高，难以控制。低于 8℃时，反应很慢，会使未反应的氢氧化钠积累，一旦反应起来，会过于激烈，易使温度迅速升高，增加副反应，影响产率及纯度。

[4] 加水过多会损失一部分产品，呋喃甲酸在水中的溶解度见下表。

温度/℃	0	5	15	100
溶解度/(g/100mL)	2.7	3.6	3.8	25.0

[5] 酸要足够，以保证 pH 值在 2～3（可以用刚果红试纸由红变蓝来检验）。这样可以使呋喃甲酸充分游离出来，这是影响呋喃甲酸产率的关键。

[6] 重结晶呋喃甲酸时，不要长时间加热，否则呋喃甲酸会被分解。

[7] 从水中得到的呋喃甲酸呈叶状体，100℃时有部分升华。所以呋喃甲酸应置于 80～85℃的烘箱内慢慢烘干，也可以自然晾干。

六、预习内容

1. 复习康尼查罗（Cannizzaro）反应的原理、特点、反应条件及应用。

2. 了解从反应物中提取、分离有机醇和酸的一般操作过程。

3. 预习萃取、乙醚蒸馏、重结晶等基本操作。

4. 本实验的流程示意图如下，请在括号的空白处填写相应化合物的分子式或相关内容与数据。

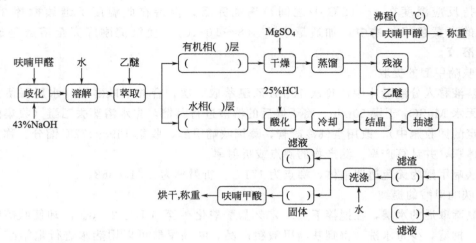

5. 查阅资料填写下列数据。

化合物	分子量	相对密度 (d_4^{20})	熔点 /℃	沸点 /℃	折射率 (n_D^{20})	水中溶解度	投料比			理论产量 /g
							体积 /mL	质量 /g	物质的量 /mol	
呋喃甲醇							—	—	—	
呋喃甲酸				—			—	—	—	
呋喃甲醛										—
氢氧化钠				—						—
乙醚										—

七、思考题

1. 在康尼查罗（Cannizzaro）反应中用的醛和在羟醛缩合反应中所用醛的结构有何不同？

2. 能否用无水氯化钙干燥呋喃甲醇的乙醚提取液？为什么？

3. 反应结束后加水溶解的沉淀是什么？

4. 你认为在蒸馏含乙醚的呋喃甲醇时，应注意哪些问题？

5. 为什么本实验用乙醚萃取后再酸化滤液，而不是将溶液酸化后再萃取？

八、安全指南

1. 呋喃甲醛、呋喃甲醇、呋喃甲酸：低毒性，有刺激性，口服有害，防止误服。

2. 氢氧化钠：腐蚀性强碱，能引起烧伤，不要与皮肤和眼睛接触。

3. 乙醚：易燃、易爆、易挥发。远离明火和电火花，随时密闭，绝对不能倒入下水道。

4. 盐酸：二级无机酸性腐蚀物品。不要触及皮肤与眼睛，不要吸入其气体。

5. 重结晶中使用活性炭时要注意安全。

实验 23　苯甲醇和苯甲酸的制备

一、实验目的

1. 学习由苯甲醛制备苯甲醇和苯甲酸的原理和方法，加深对康尼查罗反应的认识。
2. 进一步掌握萃取和重结晶等操作技能。
3. 培养学生综合运用理论化学和实验技术理论和方法的能力。

二、实验原理

康尼查罗（Cannizzaro）反应是指没有 α-活泼氢的醛，在强碱作用下进行自身的氧化与还原反应（歧化反应），一分子醛被氧化为酸，另一分子醛被还原为醇。芳香醛是发生康尼查罗反应最常见的类型，甲醛以及三取代的乙醛也能发生此类歧化反应。

康尼查罗反应的实质是羰基的亲核加成反应。其机理如下：

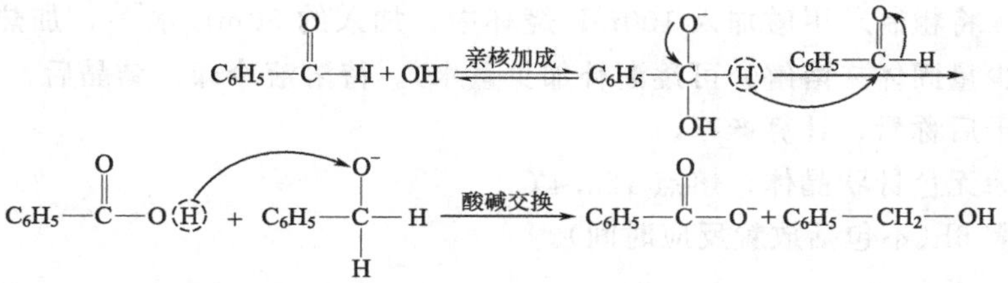

芳香醛和甲醛之间也发生类似的反应，更活泼的甲醛被氧化为甲酸，当甲醛过量时，芳香醛几乎被全部还原为芳香醇。此类反应称为交叉的康尼查罗反应。

本实验的反应方程式为：

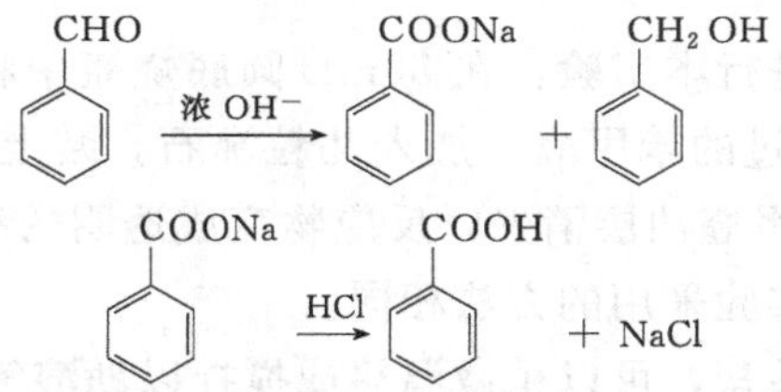

由于苯甲醇在乙醚中的溶解度大于在水中的溶解度，所以可用乙醚萃取苯甲醇，使其与苯甲酸钠分离，然后水层加无机酸酸化使水溶性的苯甲酸钠转化为苯甲酸，从水溶液中析出。

三、实验用品

仪器与材料：圆底烧瓶、抽滤瓶、布氏漏斗、玻璃棒、滤纸、滴管、烧杯、量筒、直形冷凝管、空气冷凝管、蒸馏头、锥形瓶、分液漏斗、温度计、电炉或酒精灯等。

药品：新蒸苯甲醛、氢氧化钠、乙醚、10%碳酸钠溶液、浓盐酸、饱和亚硫酸氢钠溶液、无水硫酸镁。

四、实验步骤

1. 歧化反应

在 100mL 锥形瓶中加入 6g 氢氧化钠（0.15mol）和 6mL 水，搅拌使之溶解，在冷水浴中冷却至室温。然后边摇动边慢慢加入 7mL(0.069mol) 新蒸馏过的苯甲醛[1]；加完后用橡胶塞塞紧瓶口，用力振摇使反应物充分混合（实验关键），呈白色糊状物，将混合物在室温放置 24h 或更长时间[2]。反应结束时，应不再有苯甲醛气味。

2. 苯甲醇的分离纯化

观察记录反应后锥形瓶内的混合物状态（如何判断反应是否完全？）。向反应混合物中加入 25～30mL 水，不断振摇使其中的白色沉淀物[3]全部溶解，然后将溶液倒入分液漏斗中，用 18mL 乙醚分三次萃取该溶液[4]，合并乙醚萃取液，依次用 3mL 饱和亚硫酸氢钠溶液[5]、5mL 10%碳酸钠溶液[6]及 5mL 水洗涤，洗涤后的乙醚萃取液用无水硫酸镁干燥。

将干燥后的乙醚溶液倒入蒸馏烧瓶中，用热水浴蒸出乙醚。然后改用空气冷凝管，在石棉网上加热蒸馏苯甲醇，收集 198～204℃的馏分，称重或量取产品体积，并计算产率，测定产物的沸点与折射率。

纯苯甲醇（又名苄醇）为无色液体，沸点为 205.35℃，折射率为 $n_D^{25}1.5396$。

3. 苯甲酸的分离和纯化

将乙醚萃取后的水溶液用浓盐酸酸化至强酸性[7]，充分冷却使苯甲酸沉淀析出完全，抽滤，沉淀用少量冷水洗涤，挤压去水分、晾干称重，计算产率。粗产物用水进行重结晶。

提纯操作：将粗制苯甲酸加入 100mL 烧杯中，加入约 50mL 水[8]，加热至沸腾，使固体溶解（若有少量固体未溶解，可逐渐补加少量水）。待溶液冷却、结晶后，进行减压过滤，滤出固体，烘干后称量，计算产率。

纯苯甲酸为无色针状晶体，熔点 122.4℃。

本实验约需 6h(不包括放置反应时间)。

五、注释

[1] 苯甲醛为无色或微黄色液体，久置后易被空气中的氧所氧化。所以使用前应重新蒸馏，收集 179℃的馏分。最好采用减压蒸馏，收集 60℃/1.33kPa（10mmHg）或 90.1℃/5.33kPa(40mmHg) 的馏分。

[2] 也可用下述方法来进行本实验：在 50mL 圆底烧瓶中将 6g 氢氧化钠溶于 20mL 水中，稍冷后加入 7mL 新蒸馏过的苯甲醛，加入几粒沸石，装上回流冷凝管，在石棉网上加热回流 1h，间歇振摇。当苯甲醛油层消失，反应物变成透明的溶液时，表明反应已达终点。冷却，以后的操作步骤与本实验采用的方法相同。

[3] 白色沉淀物为苯甲酸盐，可以稍微温热或搅拌以助溶解。

[4] 乙醚萃取苯甲醇形成上层液，下层液水相中含有苯甲酸钠等。要保存好分出的下层水溶液，供制取苯甲酸用。

[5] 用于洗去未反应而残存的苯甲醛。

[6] 中和残存在乙醚提取液中的盐酸。

[7] 使刚果红试纸变蓝色。酸化要彻底（pH≤3），使苯甲酸钠酸化为苯甲酸。

[8] 据粗产品质量计算苯甲酸重结晶实际用水量，视样品多少而有所不同。

六、预习内容

1. 本实验的反应原料的投料比为多少？反应介质和催化剂是什么？反应温度和反应时间是多少？

2. 写出本实验的反应原理，有哪些副反应？如何克服？

3. 反应后的产物如何进行分离纯化？苯甲醇分离纯化时使用饱和的亚硫酸氢钠和碳酸钠溶液洗涤除去的是什么物质？为何最后还要水洗？

4. 苯甲酸重结晶为何要选用水为溶剂？重结晶过程中溶剂的用量有何要求和需要注意哪些问题？

5. 液体有机物的干燥原理是什么？需要注意哪些问题？如何判断有机物的干燥程度？为何本实验采用无水硫酸镁或无水碳酸钾干燥苯甲醇？能用无水氯化钙吗？

6. 设计并画出一张表示实验过程各步骤的流程图，注明相关内容与数据。

7. 查阅资料填写下列数据。

化合物	分子量	相对密度 (d_4^{20})	熔点 /℃	沸点 /℃	折射率 (n_D^{20})	水中溶解度	投料比			理论产量 /g
							体积 /mL	质量 /g	物质的量/mol	
苯甲醇							—	—	—	
苯甲酸					—		—	—	—	
苯甲醛										—
氢氧化钠										—
乙醚										—

七、思考题

1. 乙醚萃取后的水溶液，用浓盐酸酸化到中性是否合适？为什么？

2. 为什么苯甲醛要使用新蒸馏过的？久置的苯甲醛有何杂质？对反应有何影响？

3. 本实验的氢氧化钾为何要过量？如何监测康尼查罗反应是否完全？

4. 如何利用康尼查罗反应将苯甲醛完全转化为苯甲醇？设计一实验方案。有条件可以进行实验。

八、安全指南

1. 苯甲醛：低毒性。对神经有麻醉作用，对皮肤有刺激性，不要触及皮肤。

2. 苯甲醇、苯甲酸：有刺激性，口服有害，防止误服，不要触及皮肤。

3. 乙醚：易燃、易爆、易挥发。远离明火和电火花，随时密闭，绝对不能倒入下水道。

4. 氢氧化钠：腐蚀性强碱，能引起烧伤，不要与皮肤和眼睛接触。

5. 盐酸：二级无机酸性腐蚀物品。不要触及皮肤与眼睛，不要吸入其气体。

实验 24 乙酸乙酯的制备

一、实验目的

1. 了解从有机酸合成酯的一般原理及方法。

2. 掌握蒸馏、萃取、干燥等实验技术及其在具体实验中的应用技能。

二、实验原理

羧酸与醇的直接酯化反应是制备羧酸酯的重要途径。酯化反应的特点是速度慢、可逆平衡和酸性催化。常用的催化剂有浓硫酸、盐酸、磺酸、强酸性阳离子交换树脂等。酸的作用是使羰基质子化从而提高羰基的反应活性。

酯化反应是一个典型的、酸催化的可逆反应。为了使反应向有利于生成酯的方向移动，通常采用过量的醇或酸，以提高另一种反应物的转化率，也可以把反应中生成的酯或水及时蒸出，或是两者同时采用。在具体的实践中，究竟是用过量的酸还是过量的醇，取决于原料来源的难易程度和价格因素以及操作是否方便等。过量的多少则取决于具体的反应和具体的物料的特点。如果所生成的酯沸点较高，可向反应体系中加入能与水形成共沸物的第三组分，把水带出反应体系。常用的带水剂有苯、甲苯、环己烷等，它们与水的共沸点低于100℃，又容易与水分层。如果合成的酯沸点比酸、醇及水的沸点低，则可采取不断蒸除酯（有时候是酯和水的共沸物）的方法使平衡正向移动。

本实验采用过量的乙醇，以浓硫酸为催化剂合成乙酸乙酯，酯与水形成二元共沸物（沸点 70.4℃）比乙醇（沸点 78.3℃）和乙酸（沸点 117.9℃）的沸点都低，因此乙酸乙酯很容易被蒸出。

本实验的主反应：

$$CH_3COOH + CH_3CH_2OH \xrightarrow[120\sim125℃]{H_2SO_4} CH_3COOC_2H_5 + H_2O$$

副反应：

$$CH_3CH_2OH \xrightarrow[170℃]{H_2SO_4} CH_2{=\!=}CH_2 + H_2O$$

$$2CH_3CH_2OH \xrightarrow[140℃]{H_2SO_4} CH_3CH_2OCH_2CH_3 + H_2O$$

三、实验用品

仪器与材料：圆底烧瓶、球形冷凝管、直形冷凝管、蒸馏头、分液漏斗、量筒、烧杯、滴管、锥形瓶、温度计、电炉或酒精灯等。

药品：冰醋酸、无水乙醇、浓 H_2SO_4、饱和食盐水、饱和 Na_2CO_3 溶液、饱和氯化钙溶液、无水 $MgSO_4$、石蕊试纸。

四、实验步骤

在 50mL 圆底烧瓶中，加入 5mL(0.086mol) 无水乙醇和 3mL(0.052mol) 冰醋酸，在振摇下分批加入 1.3mL 浓 H_2SO_4 使混合均匀，并加入几粒沸石。按图 2-9(a) 安装反应装置。

小火加热，缓慢回流约 30min。稍冷后，将回流装置改为蒸馏装置，接液瓶用冷水冷却。加热蒸馏，直至馏出液体积约为反应物总体积的 1/2 为止，得到乙酸乙酯粗产品。

在馏出液中慢慢分批加入饱和 Na_2CO_3 溶液[1]，并不断振荡，直到无 CO_2 气体逸出（可用石蕊试纸检验酯层至中性）。然后将混合液转入分液漏斗中，分出水层，有机层用 3mL 饱和食盐水溶液洗涤 1 次后[2]，再用 3mL 饱和氯化钙溶液洗涤，最后用水洗涤 1 次。有机层盛于干燥的锥形瓶中用无水 $MgSO_4$ 干燥[3]。将干燥后的粗乙酸乙酯在水浴上加热蒸馏，收集 73~78℃的馏分。称重或量取产品体积，并计算产率，测产物的沸点或折射率。

纯乙酸乙酯为无色而有香味的液体，沸点为 77.06℃，折射率为 $n_D^{20}1.3723$。

本实验需 3~4h。

五、注释

[1] 在馏出液中除了酯和水外，还含有少量未反应的乙醇和乙酸，也含有副产物乙醚。故必须用碱除去其中的酸，并用饱和氯化钙溶液除去未反应的醇，否则会影响到酯的产率（见注释 [3]）。

[2] 在进行下一步洗涤时，Na_2CO_3 必须洗去，否则用饱和氯化钙溶液洗去醇时，会产生絮状的 $CaCO_3$ 沉淀，造成分离比较困难。乙酸乙酯在水中有一定的溶解度，为减少酯的损失并除去 Na_2CO_3，这里用饱和食盐水洗涤。

[3] 由于水与乙醇、乙酸乙酯形成二元或三元共沸物。故在未干燥前已是清亮透明溶液。因此不能以产品透明作为已干燥好的标准，应以干燥剂加入后吸水情况而定，并放置一段时间，其间要不时摇动。若洗涤不净或干燥不够，会使沸点降低，前馏分增加影响产率。

恒沸点混合物		沸点/℃	质量分数/%		
			酯	乙醇	水
二元	酯-乙醇	71.8	69.0	31.0	—
	酯-水	70.4	91.9	—	8.1
三元	酯-乙醇-水	70.2	82.6	8.4	9.0

六、预习内容

1. 预习酯反应、酯的性质和制备方法。

2. 复习基本操作中回流、蒸馏、洗涤分液等的原理和操作。

3. 本实验的流程示意图如下，请在括号的空白处填写相应化合物的分子式或相关内容与数据。

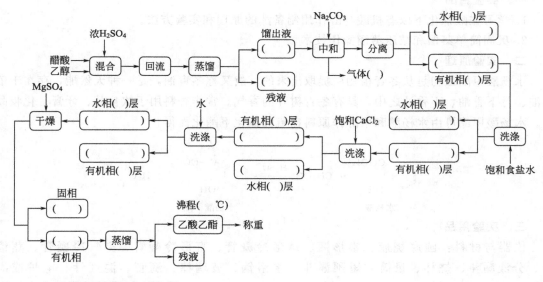

4. 查阅资料填写下列数据。

化合物	分子量	相对密度 (d_4^{20})	熔点 /℃	沸点 /℃	折射率 (n_D^{20})	水中溶解度	投料比			理论产量 /g
							体积 /mL	质量 /g	物质的量 /mol	
乙酸乙酯							—	—	—	
乙醇										—
冰醋酸										
浓硫酸										—

七、思考题

1. 能否用浓的 NaOH 溶液代替饱和 Na_2CO_3 来洗涤馏出液？

2. 蒸出的粗乙酸乙酯中主要有哪些杂质？这些杂质是如何除去的？

3. 工业上生产乙酸乙酯时，常采用过量乙酸，你认为这样做有什么好处？请你设计一个由乙醇和过量乙酸制备乙酸乙酯的实验方法。

4. 酯化反应有什么特点，本实验如何创造条件促使酯化反应尽量向生成物方向进行？

八、安全指南

1. 浓硫酸具强腐蚀性和氧化性，使用时要倍加小心！注意浓硫酸的加料顺序。勿接触皮肤、眼睛和衣物，一旦接触立即用大量水冲洗，再涂上 5% 的碳酸氢钠溶液。

2. 冰醋酸有腐蚀性，勿与皮肤、眼睛接触，一旦接触立即用大量水冲洗并就医诊治。

3. 乙醇为易燃品，远离明火预防火灾。

4. 乙酸乙酯：一级易燃品，使用时不要接触明火。避免误服，不要接触皮肤或吸入其蒸气。

实验 25   水杨酸甲酯（冬青油）的制备

一、实验目的

1. 学习在酸催化下以有机酸与醇作用制备酯的原理和实验方法。

2. 巩固简单蒸馏和减压蒸馏操作技术。

二、实验原理

水杨酸甲酯最初是从冬青植物中提取出来的，故又称冬青油，是一种天然酯，存在于依兰油、月下香油、丁香油之中，具有冬青树叶的香气。常作香料用于饮食品、牙膏、化妆品等。水杨酸甲酯可由水杨酸和甲醇作原料在硫酸催化下酯化而得。

水杨酸   水杨酸甲酯

三、实验用品

仪器与材料：圆底烧瓶、锥形瓶、球形冷凝管、直形冷凝管、空气冷凝管、蒸馏头、分液漏斗、烧杯、量筒、短颈漏斗、水浴锅、玻璃棒、滴管、温度计、电炉或酒精灯等。

药品：水杨酸、甲醇、浓硫酸、10% 碳酸氢钠、无水硫酸镁。

四、实验步骤

在 100mL 干燥的圆底烧瓶中[1]，加入 3.5g（0.025mol）水杨酸和 15mL（0.37mol）甲醇，然后边摇边缓缓加入 1mL 浓硫酸，振摇使反应物混合均匀[2]，再加入 2 粒沸石。在圆底烧瓶上装置回流冷凝管。水浴加热，加热回流 1.5h。反应完将回流装置改为蒸馏装置，水浴加热，蒸去多余的甲醇，瓶内剩余的反应液倒入分液漏斗中，加入 10mL 水振摇后静置分层，分去水层。有机层依次用水、10% 碳酸氢钠水溶液[3]洗涤，每次 10mL，然后用水洗涤数次，使呈中性。粗产物用无水硫酸镁干燥 0.5h。过滤至蒸馏瓶中，加热蒸馏收集 221～224℃的馏分。也可用减压蒸馏收集 115～117℃/2.7kPa（20mmHg）或 95～97℃/1.5kPa（11mmHg），称重或量取产品体积，并计算产率，测产物的沸点或折射率。

水杨酸甲酯为无色液体，沸点为 222℃，折射率为 $n_D^{20}1.5360$。

本实验需 4～5h。

五、注释

[1] 容器中若含有水会增加反应的时间，且使酯化产率下降。

[2] 由于浓硫酸的密度大，沉在瓶底，若不及时振摇均匀，会出现部分原料炭化现象。

[3] 用碳酸氢钠水溶液洗涤时，会有二氧化碳气体逸出，应不时地倾斜漏斗打开活塞放出气体。

六、预习内容

1. 预习酯反应、酯的性质和制备方法。

2. 复习基本操作中回流、蒸馏、萃取等的原理和操作。

3. 设计并画出一张表示实验过程各步骤的流程图，注明相关内容与数据。

4. 查阅资料填写下列数据。

化合物	分子量	相对密度 (d_4^{20})	熔点 /℃	沸点 /℃	折射率 (n_D^{20})	水中溶解度	投料比			理论产量 /g
							体积 /mL	质量 /g	物质的量 /mol	
水杨酸甲酯							—	—	—	
水杨酸										—
甲醇										—
硫酸										—

七、思考题

1. 水杨酸与甲醇的反应属可逆反应，为了使该反应正向移动，本实验采用了什么措施？你认为还可采取其他什么方法吗？

2. 酯化反应结束后，如果不先蒸除甲醇而直接用水洗涤，这样做会对实验结果产生什么影响？

八、安全指南

1. 水杨酸甲酯：低毒性。有消炎和镇痛作用，同时能透入皮肤而吸收。对皮肤有刺激性。

2. 水杨酸：该品有毒，口服有害，对眼睛和皮肤有刺激性，万一接触到眼睛应立即用大量水冲洗后就医诊治。

3. 浓硫酸：具强腐蚀性和氧化性，使用时要倍加小心！勿接触皮肤、眼睛和衣物。

4. 甲醇：有毒，误服可致目盲，甚至死亡。不得摄入或吸入。易燃，使用时避明火。

实验 26 乙酸异戊酯（香蕉水）的制备

一、实验目的

1. 加深了解酯化反应的原理。

2. 通过乙酸异戊酯的合成，熟练掌握加热回流、萃取、蒸馏等基本操作技术。

二、实验原理

乙酸异戊酯又称醋酸异戊酯，俗称香蕉水。乙酸异戊酯可以作为香精香料，在油漆、皮革和化妆品工业中也得到广泛应用。此外，它还能被昆虫当作传递信息的外激素。例如蜜蜂在叮刺时就会分泌出含有乙酸异戊酯的警戒信息素，其他蜜蜂嗅到这种气味后就会群起而攻之。

酯化反应是一类重要的有机反应，通常采用浓硫酸催化。但该方法存在反应时间长，副反应多，设备腐蚀和污染严重等一系列问题。近十多年来，国内外开发了一系列新型的酯化反应催化剂，获得了良好效果。本实验以乙酸和异戊醇为原料，在浓硫酸催化作用下，合成乙酸异戊酯。主反应式为：

$$CH_3COOH + HOCH_2CH_2CH(CH_3)_2 \underset{\triangle}{\overset{H_2SO_4}{\rightleftharpoons}} CH_3COOCH_2CH_2CH(CH_3)_2 + H_2O$$

副反应为：

$$(CH_3)_2CHCH_2CH_2OH \overset{H_2SO_4}{\underset{\triangle}{\longrightarrow}} (CH_3)_2CHCH=CH_2 + H_2O$$

$$2(CH_3)_2CHCH_2CH_2OH \overset{H_2SO_4}{\underset{\triangle}{\longrightarrow}} (CH_3)_2CHCH_2CH_2OCH_2CH_2CH(CH_3)_2 + H_2O$$

酯化反应是可逆的，在平衡时只有 2/3 的酸和醇转化成酯。为了提高产率，常用不断移去产物或使一种原料过量的方法，使平衡向生成酯的方向移动。因乙酸比异戊醇价廉易得，且易从产物中除去，故本实验采用乙酸过量的方法。

三、实验用品

仪器与材料：圆底烧瓶、锥形瓶、直形冷凝管、蒸馏头、分液漏斗、烧杯、量筒、短颈漏斗、玻璃棒、滴管、温度计、电炉或酒精灯等。

药品：异戊醇、冰醋酸、浓硫酸、10%碳酸钠水溶液、饱和食盐水、无水硫酸镁、红色石蕊试纸。

四、实验步骤

在 50mL 干燥的圆底烧瓶中加入 5mL(0.046mol) 异戊醇和 5mL(0.088mol) 冰醋酸，振摇下缓缓加入 1.2mL 浓硫酸并使其混合均匀[1]，再投入几粒沸石，装上回流冷凝管，加热回流 1~1.5h。

回流结束后，冷却反应物至室温。将烧瓶中的反应混合物倒入分液漏斗中，用少量冷水荡洗反应瓶，一起并入分液漏斗。振摇分液漏斗[2]，静置分层后分去水层[3]。有机层先用 10mL 10%碳酸钠水溶液洗涤[4]，此时水层用石蕊试纸检验应呈微碱性。然后再用 5mL 蒸馏水，同时加入 5mL 饱和食盐水[5]洗涤有机层两次。分尽水层后将酯层转入干燥的锥形瓶中，用无水硫酸镁干燥 0.5h。将干燥后的液体过滤至蒸馏瓶中，加热蒸馏收集 138~142℃馏分。称重或量取产品体积，并计算产率，测产物的沸点或折射率。

乙酸异戊酯为无色透明液体，具浓郁的香蕉气味。沸点为 142℃，折射率为 $n_D^{20} 1.4003$。本实验约需 4h。

五、注释

[1] 加入浓硫酸时反应液会放热，应小心振荡，使热量迅速扩散。如果混合不均匀，加热时往往会使有机物炭化，溶液发黑。

〔2〕此时应轻轻振摇，以免发生乳化。

〔3〕先用水洗涤可使下步用 Na_2CO_3 溶液洗涤时的用量减少。如果两相分层困难，可以向分液漏斗中加入 10mL 饱和食盐水，振摇后静置分层。

〔4〕用 Na_2CO_3 溶液洗涤时，会产生大量的 CO_2 气体。因此开始时可以打开分液漏斗顶塞，摇动分液漏斗至无明显气泡后再盖上顶塞振荡，同时应注意及时放气。用 Na_2CO_3 溶液洗涤以后的有机层，应呈中性或略碱性（可用 pH 试纸检验），否则酯在蒸馏时，会发生分解反应。

〔5〕饱和食盐水溶液可以降低酯在水中的溶解度。同时还可以防止乳化，有利于分层便于分离。

六、预习内容

1. 预习回流、洗涤、蒸馏等的原理和操作。

2. 在本实验的回流液中，除产品外，主要还有哪些杂质？这些杂质是如何除去的？

3. 在蒸馏乙酸异戊酯时，你认为应当用何种冷凝管？

4. 设计并画出一张表示实验过程各步骤的流程图，注明相关内容与数据。

5. 查阅资料填写下列数据。

化合物	分子量	相对密度 (d_4^{20})	熔点 /℃	沸点 /℃	折射率 (n_D^{20})	水中溶解度	投料比 体积 /mL	质量 /g	物质的量/mol	理论产量 /g
乙酸异戊酯							—	—	—	
异戊醇										—
冰醋酸										—
浓硫酸										—

七、思考题

1. 本实验为什么要用过量的乙酸？能否用过量的异戊醇？

2. 酯化反应是可逆的，本实验采用什么方法来提高转化率？此外还有什么方法？

3. 在酯化反应中，为了提高产率，通常有哪些方法？

4. 请你设计一个以苯甲酸和乙醇为原料，合成苯甲酸乙酯的实验方法。

5. 某同学进行实验时，最后用饱和 NaCl 溶液洗涤后，酯层已清亮透明，便免去了干燥步骤直接进行蒸馏，结果产率明显偏低。你认为这是什么原因造成的？

6. 为什么从反应混合物中除去过量的醋酸比除去过量的异戊醇容易？

八、安全指南

1. 乙酸异戊酯：一级易燃品，使用时不要接触明火，不要吸入其蒸气或触及皮肤。其为蜜蜂的报警信息素，在合成及分离纯化过程中会招来一些蜜蜂或野蜂。若产物沾溅在衣服上，应及时洗去，以免招引群蜂追逐。

2. 异戊醇：不要吸入其蒸气或触及皮肤。

3. 冰醋酸：具强腐蚀性，不要接触皮肤和眼睛。

4. 浓硫酸：具强腐蚀性和氧化性，使用时要倍加小心！勿接触皮肤、眼睛和衣物。

实验 27　乙酰水杨酸(阿司匹林，解热镇痛药)的制备

一、实验目的

1. 通过本实验总结和归纳酯的性质和制备方法。
2. 学习酰化反应在药物合成中的应用及其原理。
3. 培养学生综合运用所学知识解决实际问题的能力。

二、实验原理

水杨酸化学名称为邻羟基苯甲酸，本身就是一个可以止痛、治疗风湿病和关节炎的药物，不过对肠胃刺激作用较大。1897 年，德国拜耳公司费利克斯·霍夫曼成功地合成了可以替代水杨酸的有效药物——乙酰水杨酸（阿司匹林）。这是世界上第一种真正的人造药物，用于治疗发热、头痛、痛经、肌肉痛、活动性风湿病及类风湿关节炎等。后来经研究表明，阿司匹林不仅是一个广泛使用的具有解热止痛作用和治疗感冒的药物，而且也能抑制引发心脏病和中风的血液凝块的形成。

水杨酸是个双官能团化合物，既有酚羟基，又有羧基。羟基和羧基都可发生酯化反应，当其与乙酸酐作用时就可以得到乙酰水杨酸。

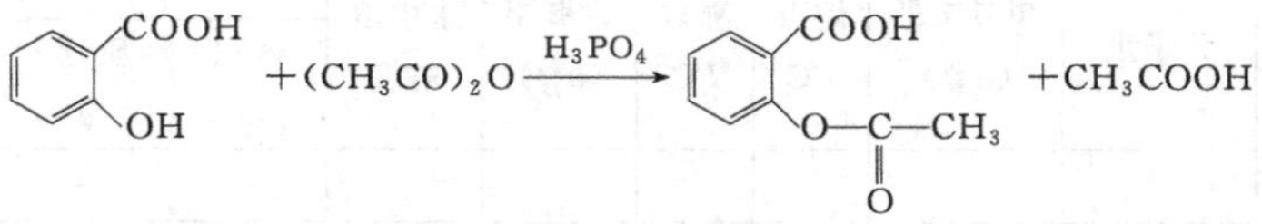

$$\text{(结构式)} +(CH_3CO)_2O \xrightarrow{H_3PO_4} \text{(结构式)} +CH_3COOH$$

为加快反应速率，通常加少量浓硫酸或磷酸作催化剂。浓硫酸等能破坏水杨酸分子内羟基和羧基间形成的氢键，从而使酰化反应易于进行。

该反应若温度过高，则有利于水杨酰水杨酸酯和乙酰水杨酰水杨酸酯副反应的发生，以及产生少量的高分子聚合物，造成产物不纯。

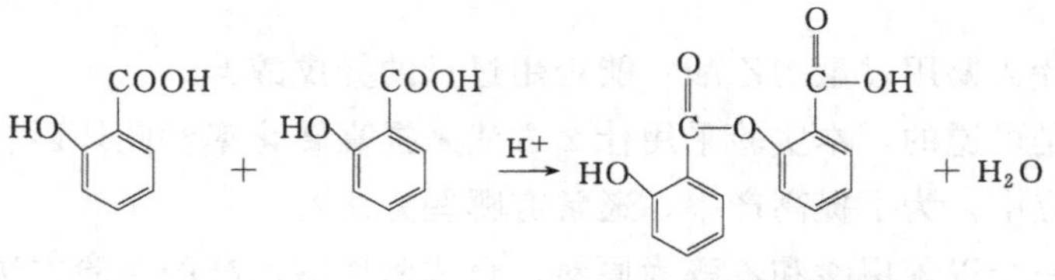

$$\text{(结构式)} + \text{(结构式)} \xrightarrow{H^+} \text{(结构式)} + H_2O$$

水杨酰水杨酸酯

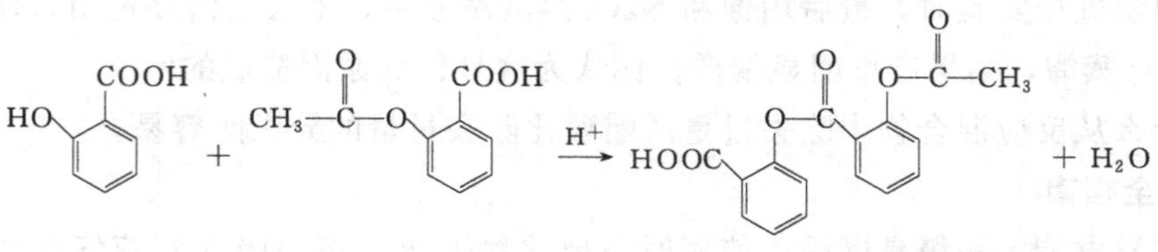

$$\text{(结构式)} + \text{(结构式)} \xrightarrow{H^+} \text{(结构式)} + H_2O$$

乙酰水杨酰水杨酸酯

为了除去这部分杂质，可使乙酰水杨酸变成钠盐，利用高聚物不溶于水的特点将它们分开，达到分离的目的。至于反应进行得完全与否，则可以用三氯化铁进行检测。由于酚羟基可与三氯化铁水溶液反应形成深紫色的配合物，所以未反应的水杨酸与稀的三氯化铁溶液反应呈正结果，而纯净的阿司匹林不会产生紫色。产物分离纯化采用重结晶技术。

三、实验用品

仪器与材料：圆底烧瓶、球形冷凝管、锥形瓶、烧杯、量筒、抽滤瓶、布氏漏斗、短颈漏斗、水浴锅、试管、玻璃棒、滤纸、滴管、表面皿、电炉或酒精灯。

药品：水杨酸、乙酸酐、85％磷酸、1％氯化铁溶液、饱和碳酸氢钠溶液、浓盐酸。

四、实验步骤

取 2g(0.015mol) 水杨酸放入 100mL 锥形瓶[1]中，加入 5mL(0.05mol) 乙酸酐和 1～2mL 85％磷酸，充分摇动锥形瓶使水杨酸全部溶解后，然后用水浴加热[2]，控制水浴温度在 85～90℃，维持 10min[3]。反应完全后，将反应物用冰水浴冷却，使晶体析出（若无晶体析出，可用玻璃棒在溶液内摩擦锥形瓶内壁促使其结晶析出），晶体析出后，再缓慢加入约 50mL 水[4]，继续用冰水冷却直至结晶全部析出为止。减压过滤收集粗产物（用滤液淋洗锥形瓶，将晶体富集完全），用少量冰水洗涤结晶，减压抽干。

将粗产品放入 100mL 烧杯中，边搅拌边加入 25mL 饱和碳酸氢钠溶液，加完后继续搅拌直至不再有二氧化碳放出为止。减压过滤除去少量高聚物固体[5]，并用 5～10mL 水冲洗漏斗，将滤液合并。将滤液倾入预先盛有 3～5mL 浓盐酸和 10mL 水的烧杯中，搅拌均匀，即有乙酰水杨酸沉淀析出。在冰浴中冷却，使结晶析出完全后，减压过滤收集晶体（挤压抽干），再用少量冷水洗涤 2～3 次，抽干水分，将晶体转移至表面皿，在空气中风干或 90℃ 烘箱内烘干，称量，计算产率。

为了检验产品纯度，可取几粒晶体加入盛有 3mL 水的试管中，加入 1～2 滴 1％三氯化铁溶液中，观察有无颜色反应。

为了得到更纯的产品，可将上述产品溶于少量乙酸乙酯中（5～6mL），装上冷凝管在水浴上加热回流，如有不溶物出现，可用预热过的玻璃漏斗趁热过滤（注意：避开火源，以免着火）。滤液冷至室温，此时应有结晶体析出[6]。将溶液置于冰水中冷却，使结晶完全。抽滤收集产物，干燥后称重，计算产率并测熔点[7]。

乙酰水杨酸为白色针状晶体，熔点 135～136℃。

本实验需 4～5h。

五、注释

[1] 仪器要全部干燥，药品也要干燥处理，乙酸酐要使用新蒸馏的，收集 139～140℃ 的馏分。

[2] 实验中要注意控制好温度。水温约 90℃，瓶内反应液温度 70℃，过高会增加副产物的生成。

[3] 可用三氯化铁溶液检测反应是否完全。

[4] 加水分解过量的乙酸酐时会产生大量的热量，甚至可使反应物沸腾，因此必须小心操作。

[5] 在反应过程中，少量的水杨酸自身会发生聚合反应，形成一种聚合物。乙酰水杨酸可以与碳酸氢钠作用形成水溶性盐，与聚合物分离。

[6] 若不析出晶体，可在水浴上蒸馏稍加浓缩，并将溶液置于冰水中冷却，或用玻棒摩擦瓶壁，可促使晶体生成。

[7] 乙酰水杨酸易受热分解。因此熔点不太明显，它的分解温度为 128～135℃，测定熔点时，应先将载体加热至 120℃ 左右，然后放入样品测定。

六、预习内容

1. 熟悉水杨酸的基本性质及制备乙酰水杨酸的化学原理。

2. 预习酯化反应、酯的化学性质和制备方法。

3. 本实验的流程示意图如下，请在括号的空白处填写相应化合物的分子式或相关内容与数据。

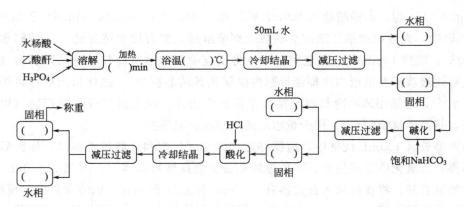

4. 本实验反应原料的投料比为多少？反应介质和催化剂是什么？反应温度和反应时间是多少？

5. 反应后的混合物中有哪些成分？如何分离提纯阿司匹林？

6. 查阅资料填写下列数据。

化合物	分子量	相对密度 (d_4^{20})	熔点 /℃	沸点 /℃	折射率 (n_D^{20})	水中溶解度	投　料　比			理论产量/g
							体积/mL	质量/g	物质的量/mol	
乙酰水杨酸					—		—	—	—	
水杨酸					—					—
乙酸酐										—
磷酸										—

七、思考题

1. 阿司匹林在沸水中受热时，分解得到一种溶液，后者在 $FeCl_3$ 实验中呈阳性实验，这是为什么？发生了什么反应？写出这个反应的方程式。

2. 根据阿司匹林的结构，讨论该化合物的稳定问题。并说明为什么反应温度和重结晶温度不同？

3. 本实验与实验 23 乙酸乙酯的制备同为酯化反应，在合成工艺和条件上有何不同？

4. 在进行水杨酸的乙酰化反应时，加入磷酸的目的是什么？

5. 反应中产生的副产物是什么？如何将产品与副产物分开？

八、安全指南

1. 乙酸酐：强烈地腐蚀皮肤和刺激眼睛，应避免与热乙酸酐蒸气接触。发生事故立即用大量水冲洗并立即就医。

2. 水杨酸：该品有毒，口服有害，对眼睛和皮肤有刺激性，万一接触到眼睛应立即用大量水冲洗后就医诊治。

3. 浓磷酸：二级无机酸性腐蚀品，注意不要溅入眼内，不要接触皮肤。

实验 28　肉桂酸的制备

一、实验目的

1. 通过肉桂酸的制备学习掌握珀金（Perkin）反应及其基本操作。

2. 学习并掌握回流、水蒸气蒸馏、重结晶、过滤、常压蒸馏等技术理论、操作及其综合运用。

二、实验原理

芳香醛和酸酐在碱性催化剂作用下，可以发生类似羟醛缩合作用，生成 α, β 不饱和芳香酸的反应称为 Perkin 反应。

催化剂通常是相应酸酐的羧酸钾或钠盐，有时也可以由碳酸钾或叔胺等碱性试剂代替。用碳酸钾代替通常使用的乙酸钠来合成肉桂酸，操作方便，反应时间缩短，产率也有所提高。其催化的机理尚不完全清楚，并不能肯定就是碳酸钾直接催化反应，因为反应开始时总有微量水存在，可能会有少量酸酐水解，进而与碳酸钾生成羧酸钾并催化该反应。

反应方程式如下：

$$\text{⟨C₆H₅⟩—CHO} + (CH_3CO)_2O \xrightarrow[150\sim170℃]{K_2CO_3} \text{⟨C₆H₅⟩—CH=CH—COOH} + CH_3COOH$$

该反应的机理是：反应时酸酐受乙酸钾（钠）的作用，生成一个酸酐的负离子，负离子和醛发生亲核加成，生成中间物 α-羟基酸酐，然后再发生失水和水解作用得到不饱和芳香酸。

$$(CH_3CO)_2O + CH_3COOK \Longleftrightarrow [^-CH_2COOCOCH_3 \longleftrightarrow CH_2{=}\overset{\overset{\displaystyle O^-}{|}}{C}{-}OCOCH_3]$$

$$\xrightarrow{\text{⟨C₆H₅⟩—CHO}} \text{⟨C₆H₅⟩—}\underset{\underset{\displaystyle OH}{|}}{CH}{-}CH_2CO{-}O{-}COCH_3 \xrightarrow{-H_2O} \xrightarrow{\text{水解}} \text{⟨C₆H₅⟩—CH=CH—COOH}$$

Perkin 反应主要得到反式肉桂酸（熔点 133℃），顺式异构体（熔点 68℃）不稳定，在加热条件下很容易转变为热力学更稳定的反式异构体。

三、实验用品

仪器与材料：圆底烧瓶、烧杯、直形冷凝管、空气冷凝管、蒸馏头、干燥管、锥形瓶、布氏漏斗、抽滤瓶、玻璃棒、量筒、滤纸、滴管、表面皿、电炉或酒精灯等。

药品：无水碳酸钾、苯甲醛（新蒸）、乙酸酐（新蒸）、浓盐酸、10% NaOH、无水氯化钙、pH 试纸。

四、实验步骤

在 100mL 圆底烧瓶[1] 中加入 1.5mL（0.015mol）新蒸馏的苯甲醛、4mL（0.042mol）新蒸馏的乙酸酐[2] 以及研细的 2.2g（0.016mol）无水碳酸钾，振荡使其混合均匀。装上带有氯化钙干燥管的空气冷凝管，在石棉网上进行加热[3]，回流 30min。由于有二氧化碳逸出，最初反应会出现泡沫。

待反应物冷却后，向其中加入 10mL 水，用玻棒轻轻捣碎瓶中的固体。然后进行简单的水蒸气蒸馏，水蒸气蒸馏蒸至无油状物质蒸出为止。冷却，向圆底烧瓶中加入约 10mL

10％NaOH(至 pH＝9～10)，以保证所有的肉桂酸形成钠盐而溶解[4]。再加入少许活性炭，稍加煮沸后，趁热过滤。滤液冷却至室温后，在搅拌下慢慢用浓盐酸进行酸化至明显的酸性（pH＜3）。冷却使晶体析出完全。抽滤，用少量冷水洗涤晶体[5]，抽干。粗产品在100℃下干燥，称重并计算产率。粗产品可用热水或乙醇与水（体积比为 1∶5）为溶剂进行重结晶。

肉桂酸有顺反异构体，通过人工合成的均为反式，反式异构体的熔点文献值为 133℃。

本实验约需 4h。

五、注释

[1] Perkin 反应所用仪器必须彻底干燥（包括量取苯甲醛和乙酸酐的量筒）。

[2] 所用苯甲醛及乙酸酐必须在实验前进行重新蒸馏。因为苯甲醛久置后可氧化生成苯甲酸，不仅影响产率，还会混入产物不易分离，故在实验前需要纯化。方法是先用 10％ Na_2CO_3 溶液洗涤至 pH＝8，再用水洗涤至中性，用无水 $MgSO_4$ 干燥，干燥时可加入少量锌粉防止氧化。将干燥好的苯甲醛蒸馏，收集 177～180℃馏分。新开瓶的苯甲醛可不必洗涤而直接进行蒸馏。

乙酸酐放久了，由于吸潮和水解而转变为乙酸，故本实验所需的乙酸酐必须在实验前进行蒸馏，收集 137～140℃馏分。

[3] 回流时加热强度不能太大，圆底烧瓶可稍微离开石棉网上，反应液始终保持在150～170℃，以防乙酸酐受热分解而挥发，白色烟雾不要超过空气冷凝管高度的 1/3。

[4] 如果还有固体存在，可以再加入 10mL 的水以保证钠盐全部溶解。

[5] 肉桂酸要结晶彻底，进行冷过滤。不能用太多水洗涤产品。

六、预习内容

1. Perkin 的反应机理，有哪些副反应？如何克服？

2. 预习回流、水蒸气蒸馏、重结晶等的原理和操作。

3. 在回流装置中，为什么要用空气冷凝管？可以用球形冷凝管吗？

4. 反应后的产物为什么要进行水蒸气蒸馏？

5. 水蒸气蒸馏后为何要进行碱化处理？碱化后进行脱色过滤，之后为何还要酸化处理？

6. 本实验的流程示意图如下，请在括号的空白处填写相应化合物的分子式或相关内容与数据。

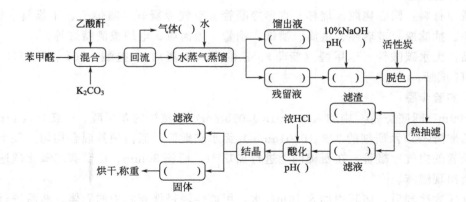

7. 查阅资料填写下列数据。

化合物	分子量	相对密度 (d_4^{20})	熔点 /℃	沸点 /℃	折射率 (n_D^{20})	水中溶解度	投 料 比			理论产量/g
							体积/mL	质量/g	物质的量/mol	
肉桂酸							—	—	—	
苯甲醛										—
乙酸酐										—
碳酸钾										—

七、思考题

1. 本实验用水蒸气蒸馏的目的是什么？如何判断蒸馏终点？

2. 苯甲醛和丙酸酐在无水丙酸钾的存在下反应，得到什么产物？写出反应式。

3. 本实验在水蒸气蒸馏前是否可加入碱对肉桂酸进行碱化处理？

八、安全指南

1. 肉桂酸：一般的注意。口服有害，不要摄入。

2. 乙酸酐：有强烈的刺激性和腐蚀性，要防止吸入，避免直接接触。发生事故立即用大量水冲洗并立即就医。

3. 苯甲醛：低毒性。对神经有麻醉作用，对皮肤有刺激性，不要触及皮肤。

4. 本实验使用的浓盐酸，要注意避免发生意外事故。

实验 29　乙酰乙酸乙酯的制备

一、实验目的

1. 了解克莱森酯缩合制备乙酰乙酸乙酯的原理和方法。

2. 学会和掌握无水操作技术、减压蒸馏技术、液态有机物的洗涤和干燥等技术。

二、实验原理

含有 α-H 的酯在碱性催化剂，如醇钠作用下，能与另一分子酯发生克莱森（Claisen）酯缩合反应，生成 β-酮酸酯。乙酰乙酸乙酯就是由乙酸乙酯在乙醇钠作用下缩合制得的。其合成反应式为：

$$2CH_3COOC_2H_5 \xrightarrow[\text{(2)}CH_3COOH]{\text{(1)}C_2H_5ONa} CH_3COCH_2COOC_2H_5 + C_2H_5OH$$

实验中直接使用金属钠，但真正的催化剂是钠与乙酸乙酯中残留的少量（1%～3%）乙醇作用产生的乙醇钠。一旦反应开始，乙醇就可以不断生成并和金属钠继续作用生成乙醇钠。如果使用高纯度的乙酸乙酯和金属钠反应反而不能发生缩合反应。为避免金属钠与水猛烈反应发生燃烧和爆炸（乙酸乙酯也易挥发、沸点低和易燃），同时也为了防止醇钠发生水解，所以本实验要求无水操作。

由于乙酰乙酸乙酯的 α-H 具有酸性，因此反应得到的是乙酰乙酸乙酯的钠盐，所以要加乙酸使之转变为乙酰乙酸乙酯。

三、实验用品

仪器与材料：圆底烧瓶、烧杯、量筒、球形冷凝管、直形冷凝管、蒸馏头、克氏蒸馏头、锥形瓶、分液漏斗、干燥管、温度计、电炉或酒精灯等。

药品：乙酸乙酯（精制过）、金属钠、二甲苯（用 Na 干燥过夜）、苯（用无水 $CaCl_2$ 干燥过夜）、50％乙酸、饱和食盐水溶液、无水氯化钙、无水 Na_2SO_4、pH 试纸。

四、实验步骤

在 50mL 干燥的圆底烧瓶中，放置 0.9g（0.039mol）金属钠[1]和 10mL 二甲苯，按图 2-9（b）装上带氯化钙干燥管的回流冷凝管，加热回流使钠熔融，停止回流，拆除冷凝管，用塞子塞住烧瓶，趁热用力振摇[2]，得到细粒状钠珠。待稍冷使钠珠沉于瓶底后，倾出二甲苯（回收二甲苯），快速加入 9mL（0.092mol）乙酸乙酯[3]和 4mL 苯，立即按原装置安装回流装置。开始反应后，有氢气逸出。如果反应慢，可以稍微加热。待激烈反应后，缓缓加热保持微沸，反应时不断振荡反应瓶。直到金属钠全部反应完毕[4]后，再继续加热回流约 30min。稍冷，边振摇边加入 50％乙酸使溶液酸化至 pH≈6～7，此时固体全部溶解[5]。

将反应液移入分液漏斗中，分出水层，在有机层中加入等体积的饱和氯化钠溶液，用力振摇，静置，分出有机层，用无水硫酸钠干燥。干燥 30min 后，将粗产品滤入烧瓶，先常压蒸馏[6]蒸出 90℃以前的馏分以除去苯、乙酸乙酯等低沸点物质。再改为按图 3-14 装置仪器，进行减压蒸馏[7]，收集乙酰乙酸乙酯。称重或量取产品体积，并计算产率[8]，测产物的沸点或折射率。

纯乙酰乙酸乙酯为无色液体，沸点为 180.8℃（同时分解），折射率为 $n_D^{20} 1.4194$。

本实验约需 6h。

五、注释

［1］金属钠遇水即燃烧、爆炸，使用时应严格防止与水接触。一般储存在煤油中。在称量或切片时应当迅速。本实验合成中所有仪器均应干燥。

［2］钠珠大小直接影响反应速率，应尽量将熔融钠振荡成细小的钠珠，如不合格则重新熔融。摇时注意安全，振荡时可用布手套或干布裹住烧瓶，并用掌心顶着烧瓶塞子部位。由于二甲苯温度逐渐下降，蒸气压随之降低，会使磨砂塞子不宜打开。因此，这时最好使用橡胶塞子，如果使用磨砂塞子，需不时开启瓶塞，否则塞子难以打开。

［3］乙酸乙酯必须绝对无水（可以含微量乙醇），如果含较多水或乙醇，可按照以下方法进行提纯：将普通的乙酸乙酯用饱和 $CaCl_2$ 溶液洗涤两次，再用焙烧过的无水 Na_2CO_3 干燥，然后蒸馏收集 76～78℃的馏分。

［4］一般要求金属钠全部反应完，但极少量未作用的金属钠并不妨碍下一步操作。有时候反应液会析出黄白色沉淀而非橘红色透明溶液，这是由于因饱和而析出的乙酰乙酸乙酯钠盐，并非是金属钠。

［5］用 50％乙酸溶液酸化时，开始有固体乙酰乙酸乙酯钠盐析出，继续酸化，不断振荡摇动后固体逐渐转化为游离的乙酰乙酸乙酯而变为澄清的液体。若尚有少量固体未溶解，可加少许水使之溶解。但不能加入过量乙酸，否则会因为乙酰乙酸乙酯的溶解度增加而使产量降低，而且酸过量太多易生成去水乙酸，也使产量降低。如果最后还有少量固体未完全溶解，可加少量水溶解。

［6］回收苯乙酸乙酯时，可先用水浴加热蒸馏，至无馏出液时，改为直接在石棉网小火加热蒸馏，至 85～90℃时停止蒸馏。

［7］乙酰乙酸乙酯在常压下蒸馏易分解生成"去水乙酸"，故只能采用减压蒸馏。

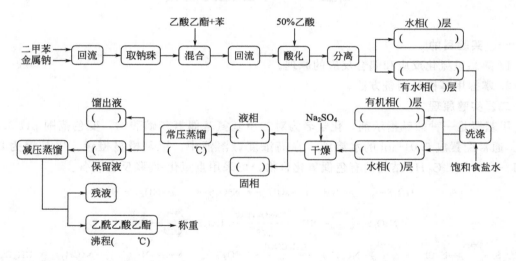

乙酰乙酸乙酯在不同压力下的沸点见下表。

沸点/℃	180.8	100	97	92	88	82	78	74	71	54
压力/mmHg	760	80	60	40	30	20	18	14	12	5
压力/kPa	101.3	10.67	8.0	5.33	4.00	2.67	2.40	1.90	1.60	0.666

[8] 产率按金属钠计算。

六、预习内容

1. 掌握酯缩合反应的原理和所使用的仪器装置。

2. 预习回流、萃取、减压蒸馏的原理和操作。

3. 本实验的流程示意图如下，请在括号的空白处填写相应化合物的分子式或相关内容与数据。

4. 查阅资料填写下列数据。

化合物	分子量	相对密度 (d_4^{20})	熔点 /℃	沸点 /℃	折射率 (n_D^{20})	水中溶解度	投 料 比			理论产量/g
							体积/mL	质量/g	物质的量/mol	
乙酰乙酸乙酯										
乙酸乙酯										—
金属钠										—
二甲苯										—
苯										—

七、思考题

1. 制备乙酰乙酸乙酯时，为什么试剂必须绝对无水，仪器为什么要清洁干燥？

2. 使用 50％乙酸和饱和氯化钠溶液的目的是什么？是否可以用水洗涤？为什么？

3. 已经证实，乙酰乙酸乙酯是酮式和烯醇式平衡的混合物。请你设计用简单的方法予以实验证明。

4. 计算本实验产率时为什么要以金属钠为基准？如何通过金属钠的投料量计算产率？

八、安全指南

1. 乙酰乙酸乙酯：中等毒性，有刺激性和麻醉性。可燃，遇明火、高热或接触氧化剂有发生燃烧的危险。

2. 金属钠：遇水易燃烧、爆炸，使用时注意防潮、防氧化，实验要求无水操作。用剩的钠要放回煤油中保存，不可随意乱放，避免发生事故。

3. 乙酸：中等毒性，有腐蚀性和刺激性，避免吸入其蒸气和触及皮肤。

4. 乙酸乙酯：一级易燃品，使用时不要接触明火。避免误服，不要接触皮肤或吸入其蒸气。

5. 甲苯或二甲苯：有毒，勿吸入蒸气，避免与皮肤和眼睛接触。易燃，远离火种。使用时注意密闭保存，勿倒入下水道造成环境污染。

实验 30　甲基橙的制备

一、实验目的

1. 熟悉重氮化反应和偶合反应的原理。

2. 掌握甲基橙的制备方法。

二、实验原理

甲基橙是一种酸碱指示剂，化学名为对二甲基氨基偶氮苯磺酸钠，变色范围 pH 3.2～4.4。通常配置成 0.01mol 的水溶液。在高浓度碱溶液中，甲基橙显橙色。甲基橙为具有 $C_6H_5—N＝N—C_6H_5$ 结构的有色偶氮化合物，可采用重氮化-偶联反应制备。

$$HO_3S—\langle\rangle—NH_2 + NaOH \longrightarrow NaO_3S—\langle\rangle—NH_2 + H_2O$$

$$NaO_3S—\langle\rangle—NH_2 \xrightarrow[0\sim5℃]{NaNO_2, HCl} HO_3S—\langle\rangle—\overset{+}{N_2}Cl^-$$

$$HO_3S—\langle\rangle—\overset{+}{N_2}Cl^- + \langle\rangle—N(CH_3)_2 \xrightarrow[0℃]{CH_3COOH} [HO_3S—\langle\rangle—N＝N—\langle\rangle—N(CH_3)_2]^+ CH_3COO^-$$

$$[HO_3S—\langle\rangle—N＝N—\langle\rangle—N(CH_3)_2]^+ CH_3COO^- \xrightarrow{NaOH} NaO_3S—\langle\rangle—N＝N—\langle\rangle—N(CH_3)_2$$

酸性黄(红色)　　　　　　　　　　　　　　　　　　甲基橙(橙黄色)

对氨基苯磺酸因形成内盐在水中溶解度很小，不能用一般的方法重氮化，通常先将它与氢氧化钠（或碳酸钠）作用形成钠盐和亚硝酸钠配成溶液，然后在冷却下，慢慢滴入盐酸中即形成重氮盐沉淀。重氮盐在乙酸存在下与 *N*,*N*-二甲苯胺偶联，与碱作用后得到甲基橙。甲基橙溶于热水，微溶于冷水，几乎不溶于乙醇。因此，可用水或乙醇-水混合溶剂重结晶。

三、实验用品

仪器与材料：抽滤瓶、布氏漏斗、烧杯、玻璃棒、滤纸、滴管、量筒、锥形瓶、试管、水浴锅、表面皿、电炉或酒精灯等。

药品：对氨基苯磺酸晶体、亚硝酸钠、浓盐酸、*N*,*N*-二甲基苯胺、冰醋酸、5％氢氧化钠溶液、10％氢氧化钠溶液、饱和食盐水、10％盐酸、淀粉-碘化钾试纸、乙醇、乙醚、冰块、食盐。

四、实验步骤

1. 对氨基苯磺酸重氮盐的制备

在一支大试管内加入 13mL 水和 2.5mL 浓盐酸，并放于冰盐浴中冷却，备用。

在 100mL 烧杯中，加入 2g(0.012mol) 对氨基苯磺酸晶体，再加入 10mL 5％氢氧化钠溶液，用热水浴温热搅拌直至溶解[1]。冷至室温后，在搅拌下加入 0.8g(0.012mol) 亚硝酸钠使其溶解。然后将烧杯置于冰-盐浴中冷却至 0～5℃。在搅拌下，用滴管慢慢分批将上述冷却的盐酸溶液滴入，维持温度在 5℃ 以下[2]。滴完后用淀粉-碘化钾试纸检验[3]，继续在冰-盐浴中放置 15min 以使反应完全[4]。

2. 偶联反应

在一支试管中加入 1.3mL(0.010mol)N, N-二甲基苯胺和 1mL 冰醋酸，振荡使之混合。在搅拌下将此混合液缓慢加到上述冷却的对氨基苯磺酸重氮盐溶液中，加完后，继续搅拌 10min，以使偶联反应完全，此时立即有红色的酸性黄生成。在冷却下边搅拌边慢慢滴入 15mL 10％氢氧化钠溶液，直至 pH 试纸呈碱性[5]。反应物变为橙色，粗的甲基橙细粒状沉淀析出[6]。

3. 分离纯化

将反应物置沸水浴中加热[7]使甲基橙基本溶解，稍冷，再放置冰浴中冷却，使甲基橙全部重新结晶析出。抽滤，将滤饼连同滤纸移到装有热水（每克粗产物约需水 30mL）的烧杯中进行重结晶[8]。微微加热并不断搅拌，滤饼全溶后，取出滤纸让溶液冷却至室温，然后在冰浴中冷却，待结晶析出完全后，抽滤，依次用 10mL 的饱和食盐水、乙醇和乙醚洗涤[9]，压紧抽干，可得到橙红色片状晶体，放置于 65～75℃烘箱中烘干，称量，并计算产率。

将少许甲基橙溶于水中，加几滴 10％盐酸，然后再用 10％氢氧化钠中和，观察溶液颜色的变化。

本实验需 3～4h。

五、注释

[1] 对氨基苯磺酸是两性化合物，酸性比碱性强，以酸性内盐存在，它能与碱作用成盐而难与酸作用生成盐，所以不溶于酸。但是重氮化反应又要在酸性溶液中完成，因此，进行重氮化反应时，首先将对氨基苯磺酸与碱作用，变成水溶性较大的对氨基苯磺酸钠。

[2] 本反应温度控制相当重要，制备重氮盐时，温度应保持在 5℃ 以下。如果重氮盐的水溶液温度升高，重氮盐会水解生成酚，降低产率。

[3] 为检测亚硝酸钠的量是否足够，在滴加后期需用淀粉-碘化钾试纸检验，若显蓝色，说明亚硝酸钠已经足够。若不显蓝色，尚需补加适量的亚硝酸钠。

$$2HNO_2 + 2KI + 2HCl \longrightarrow I_2 + 2NO + 2H_2O + 2KCl$$

[4] 此时往往析出对氨基苯磺酸重氮盐，这是因为重氮盐在水中可以电离，形成中性内盐，在低温时难溶于水，而形成细小的晶体析出。

[5] 在滴加碱时反应物变为橙色，反应液黏稠性减低。滴加到碱接触到混合物表面不再产生黄色为止。在滴加碱期间反应混合物的温度始终维持在 0～5℃。一定要保证反应液呈碱性，否则粗甲基橙的色泽不佳。

[6] 若含有未作用的 N,N-二甲基苯胺醋酸盐，在加入 NaOH 后，就会有难溶于水的 N,N-二甲基苯胺析出，影响纯度。湿的甲基橙在空气中受光的照射后，颜色很快变深，所以粗产物有时显紫红色。

[7] 加热温度不宜过高，一般约为 60℃，否则颜色变深影响质量。

[8] 重结晶时可根据粗产物的颜色加 10～20mL 10%氢氧化钠溶液。重结晶操作应快速，由于产物呈碱性，温度高易变质，颜色变深。

[9] 用乙醇、乙醚洗涤的目的是使其迅速干燥。

六、预习内容

1. 复习重氮盐在有机合成中的应用。

2. 了解重氮化反应中酸性和温度对反应的影响。

3. 复习偶联反应及偶氮化合物的特点，并注意不同反应物对酸碱性的要求。

4. 本实验的流程示意图如下，请在括号的空白处填写相应化合物的分子式或相关内容与数据。

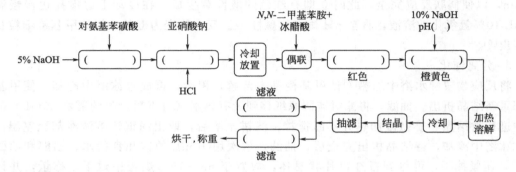

5. 查阅资料填写下列数据。

化合物	分子量	相对密度 (d_4^{20})	熔点 /℃	沸点 /℃	折射率 (n_D^{20})	水中溶解度	投 料 比			理论产量/g
							体积/mL	质量/g	物质的量/mol	
甲基橙									—	
对氨基苯磺酸										—
亚硝酸钠										—
N,N-二甲基苯胺										—
冰醋酸										

七、思考题

1. 为什么 N,N-二甲基苯胺与重氮盐的偶联发生在芳环的对位？

2. 在本实验中制备重氮盐时，为什么要把对氨基苯磺酸变成钠盐？如果直接与盐酸混合，是否可以？

3. 在本实验中，重氮盐的制备为什么要控制在 0～5℃中进行？偶合反应为什么在弱酸性介质中进行？

4. 如何判断重氮化反应的终点，如何除去过量的亚硝酸钠？

八、安全指南

1. 甲基橙：微毒类。无吸入中毒报道，大量口服可引起腹部不适。对眼睛有刺激作用。

有致敏作用，可引起皮肤湿疹。

2. N,N-二甲基苯胺：剧毒品，具有血液毒、神经毒和致癌性，使用时注意不要误服，勿与黏膜、皮肤接触。

3. 亚硝酸钠：有致癌作用，不要误服。

4. 对氨基苯磺酸：不燃，具有刺激性。摄入、吸入或经皮肤吸收后对身体有害。

5. 乙醇、乙醚：易燃易爆品，使用时注意远离火源，预防火灾，密闭低温处存放。

6. 冰醋酸：具强腐蚀性，不要接触皮肤和眼睛。

7. 冰-盐浴温度较低，防止冻伤。

实验 31　乙酰苯胺的制备

一、实验目的

1. 学习苯胺乙酰化的原理及操作方法。
2. 巩固重结晶提纯有机物的方法和原理。

二、实验原理

胺的乙酰化在有机合成和药物制备中有重要地位，一方面可以保护氨（胺）基。另一方面以酰胺键代替酯键可以改善药物的稳定性和药理活性。对于伯芳胺和仲芳胺在合成中通常被转化为它们的乙酰基衍生物，以避免芳胺氧化或避免与其他功能基或试剂作用，提高其稳定性。同时，氨基经乙酰化后，降低苯环的亲电取代活性，使其由很强的邻对位定位基变为中等强度的邻对位定位基，从而使反应由多元取代变为一元取代。再者由于乙酰基的空间效应，在亲电取代中可以选择性地生成对位取代产物。在合成的最后步骤，酰胺在酸碱催化下水解而很容易去乙酰基。

芳胺的乙酰化试剂有乙酰氯、乙酸酐和冰醋酸。其中乙酰氯反应最剧烈，乙酸酐次之，冰醋酸最慢。使用冰醋酸作为乙酰化试剂价格便宜，操作方便，但需要较长的反应时间。本实验以冰醋酸为乙酰化试剂，与苯胺作用制备乙酰苯胺。由于冰醋酸与苯胺的反应为可逆反应，故需设法使生成的水及时移去，本实验通过回流分水装置并控制分馏柱柱顶温度以除去产物中的水。

主要反应：

$$\underset{NH_2}{\bigcirc} + CH_3COOH \longrightarrow \underset{NHCOCH_3}{\bigcirc} + H_2O$$

三、实验用品

仪器与材料：圆底烧瓶、分馏柱、抽滤瓶、布氏漏斗、短颈漏斗、烧杯、玻璃棒、滤纸、滴管、锥形瓶、试管、量筒、温度计、电炉或酒精灯等。

药品：苯胺、冰醋酸、锌粉、活性炭。

四、实验步骤

在 50mL 圆底烧瓶中，放置 5mL（0.055mol）苯胺[1]、7.5mL（0.13mol）冰醋酸和 0.1g 锌粉[2]。装上分馏柱、温度计，接上冷凝管，安装成如图 4-9 的分馏回流装置，加两粒沸

图 4-9　乙酰苯胺的制备装置

石，小火加热，保持微沸状态（蒸气不进入分馏柱）约 15min。然后逐渐升温至分馏柱顶部温度在 100～105℃[3]之间，约 1h 后，当生成的水大部分被蒸出，顶部温度下降[4]，表示反应已经完成，停止加热。在搅拌下趁热将反应混合物立即倒入盛有 100mL 冷水的烧杯中[5]，继续搅拌冷却后[6]，进行减压抽滤。析出的固体用少量冷水洗涤后晾干。将干燥以后的粗产品称重，并以一定量的热水为溶剂进行重结晶。重结晶后的滤液自然冷却至室温后，析出晶体，抽滤。经 80℃ 干燥，称量，并计算产率。

纯乙酰苯胺为无色有光泽鳞片状结晶，熔点为 114～115℃。

本实验约需 4h。

五、注释

[1] 苯胺久置后由于氧化而带有颜色，从而影响乙酰苯胺的质量。所以需要采用新蒸馏的无色或淡黄色的苯胺。

[2] 加锌粉的目的是防止苯胺在反应过程中被氧化。但不能加得太多，否则在后处理中会出现不溶于水的氢氧化锌。

[3] 反应接近终点时，温度计读数往往出现波动。同时，反应过程中温度计读数也会由于加热强度不够，分馏柱保温不好等原因出现波动。因此，反应中必须注意分馏柱的保温（可用保温材料包裹），以便使反应温度控制在预定的范围内。

[4] 通常收集的醋酸及水的总体积为 4～5mL，同时温度下降至 80℃ 时，可以认为反应已经结束。但适当延长反应时间，产率将有所提高。

[5] 反应物冷却后，固体产物析出，沾在反应瓶壁上不易处理，所以应在不断搅拌下趁热倒入冷水中，以除去过量的醋酸及未作用完的苯胺，苯胺此时以醋酸盐的形式存在而溶于水。但锌粉不能倒入水中。

[6] 防止形成大晶体包容更多杂质。

六、预习内容

1. 熟悉本实验的原理和所使用仪器装置。

2. 复习基本操作中固体有机化合物重结晶部分。

3. 说明本实验粗产物中可能存在的杂质以及除去的方法。

4. 本实验的流程示意图如下，请在括号的空白处填写相应化合物的分子式或相关内容与数据。

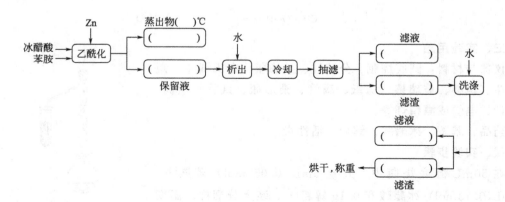

5. 查阅资料填写下列数据。

化合物	分子量	相对密度 (d_4^{20})	熔点 /℃	沸点 /℃	折射率 (n_D^{20})	水中溶解度	投料比			理论产量/g
							体积/mL	质量/g	物质的量/mol	
乙酰苯胺							—	—	—	
苯胺										—
冰醋酸										—

七、思考题

1. 为什么合成中，要将反应物先小火加热 15min 左右再升温？如果不这样做，对合成有何影响？

2. 为什么反应时要控制分馏柱顶部温度在 100～105℃之间？温度过高过低有什么不好？

3. 当胺用乙酸进行乙酰化时，为什么用过量酸，并将反应生成的水蒸出？

4. 制备对硝基苯胺，硝化前为什么将苯胺转化为乙酰苯胺？

5. 试根据你得到的乙酰苯胺的质量，计算重结晶时留在母液中的乙酰苯胺的量。

八、安全指南

1. 苯胺：有毒，操作时应避免与皮肤接触或吸入其蒸气。不慎触及皮肤时，应先用水冲洗，再用肥皂和温水洗涤。

2. 冰醋酸：有毒，有腐蚀性，能引起严重烧伤，使用时应避免吸入其蒸气，万一接触眼睛应用大量水冲洗后就医。

3. 乙酰苯胺：有毒，毒性比苯胺稍弱。具有刺激性，口服有害，避免吸入粉尘，避免与眼睛和皮肤接触。

实验 32 苯胺的制备

一、实验目的

1. 掌握硝基苯还原为苯胺的实验方法和原理。

2. 巩固简单蒸馏和回流、萃取等的基本操作。

3. 学习并掌握水蒸气蒸馏的原理和操作方法。

4. 通过实验培养科学实验的能力和素质。

二、实验原理

芳香族硝基化合物在酸性介质中还原是制备芳香族伯胺的主要方法。常用的还原剂有 Sn-HCl、Fe-HCl、Fe-HAc、Zn-HAc、SnCl$_2$-HCl 等。其中，Sn-HCl 的还原反应速率较快，产率较高，但锡价格较贵，同时盐酸、碱用量较多。Fe 作为还原剂的缺点是反应时间较长，产率略低，但成本低廉，酸的用量大约只相当于理论量的 1/40。如以乙酸代替盐酸，还原时间能够显著缩短。为了计算产率，此反应可以表示为：

$$4\ \text{C}_6\text{H}_5\text{NO}_2 + 9\text{Fe} + 4\text{H}_2\text{O} \xrightarrow{\text{H}^+} 4\ \text{C}_6\text{H}_5\text{NH}_2 + 3\text{Fe}_3\text{O}_4$$

由于在使用的介质中，可能有一些亚硝基苯和苯胲存在，故在还原期间，可生成极少量的氧化偶氮苯（黄色）和偶氮苯（红色）等副产物。实验操作时，可在冷凝管中和烧瓶的顶部观察到。

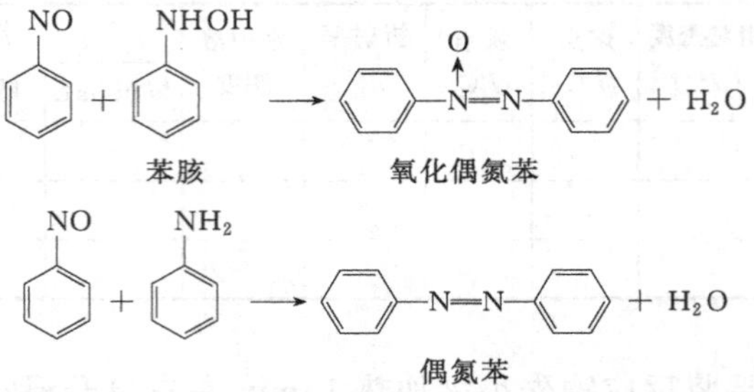

本实验以硝基苯为原料，Fe-HAc 为还原剂合成苯胺。但铁作为还原剂时，将产生残渣铁泥，难以处理污染环境。工业上已用 Ranny 镍为催化剂，通过芳香族硝基化合物的催化氢化来生产苯胺。

三、实验用品

仪器与材料：三口烧瓶、二口烧瓶、圆底烧瓶、球形冷凝管、直形冷凝管、空气冷凝管、烧杯、分液漏斗、锥形瓶、蒸馏头、量筒、滴管、漏斗、T 形管、止水夹、水浴锅、电炉或酒精灯等。

药品：硝基苯、还原铁粉、冰醋酸、乙醚、固体 NaCl、粒状 NaOH。

四、实验步骤

在 100mL 三口烧瓶中投放 14g(0.25mol) 铁粉[1]、14mL 水和 0.7mL(0.012mol) 冰醋酸，并加入几粒沸石，振荡使其混合均匀。在回流装置下用小火缓缓煮沸 5min[2]。移去热源待稍冷后，将 7mL(0.067mol) 硝基苯分成数批从冷凝管顶端加入三口烧瓶中，每加入一批后用力摇动，待激烈反应过后再加后一批[3]。加完后，再将反应物加热回流约 45min，其间不断摇动[4]，使还原反应完全[5]。移去热源，用 4mL 水将冷凝管内壁上残留的液膜小心地冲入三口烧瓶中。拆去冷凝管，改为如图 3-8 的水蒸气蒸馏装置，在 250mL 二口烧瓶中加约 200mL 热水，作为蒸气发生器进行水蒸气蒸馏，直至馏出液中不再含有油珠为止[6]。

将馏出液转入分液漏斗中，加入适量的食盐至饱和[7]，静置后分出有机层。水层用 16mL 乙醚分两次萃取，合并醚层和有机层，用粒状氢氧化钠干燥。将干燥后的溶液滤入蒸馏烧瓶中[8]，先在水浴或电热套上蒸去乙醚，待全部乙醚蒸出后加入少许锌粉[9]，改用石棉网加热，空气冷凝管冷却，蒸馏收集 180～185℃馏分。称重或量取产品体积，并计算产率。测产物的沸点或折射率。

纯苯胺为无色油状或淡黄色透明油状液体，沸点为 184.4℃，折射率 n_D^{20} 1.5863。

本实验约需 7h。

五、注释

[1] 也可采用极细的铁屑，先与稀酸煮沸可溶去铁屑表面的铁锈，使之活化。

[2] 加热煮沸的作用在于使铁粉活化，缩短反应时间。Fe-HAc 作为还原剂时，Fe 首先与乙酸作用，生成乙酸亚铁，它实际是主要的还原剂，在反应中进一步被氧化生成乙酸铁：

$$Fe + 2CH_3COOH \longrightarrow Fe(CH_3COO)_2 + H_2$$

$$2Fe(CH_3COO)_2 + H_2O + [O] \longrightarrow 2Fe(OH)(CH_3COO)_2$$

碱式乙酸铁与水作用后，生成乙酸亚铁和乙酸可以再起上述反应：

$$6Fe(OH)(CH_3COO)_2 + Fe + 2H_2O \longrightarrow 2Fe_3O_4 + Fe(CH_3COO)_2 + 10CH_3COOH$$

[3] 每批硝基苯加完以后要进行振荡，使反应物充分混合。该反应强烈放热，反应放出的热足以使溶液沸腾。故在加硝基苯时，不需要加热。

[4] 由于反应是固液两相反应，且硝基苯和乙酸也不能混溶，它们与 Fe 的接触面小，故需经常振荡反应混合物。如果使用电动搅拌或磁力搅拌效果将更好，这是促进还原反应的关键。

[5] 注意观察冷凝管内壁上由气雾凝成的液珠的颜色变化。硝基苯为黄色油状物，如果回流液中黄色油状物消失转变为乳白色油珠（由于游离胺引起），表示反应已经完成。还原反应必须完全，否则残留在反应物中的硝基苯，在后面的操作中很难分离，影响产品纯度。

[6] 在水蒸气蒸馏过程中，如果三口烧瓶内积水过多，可在瓶下用石棉网加热赶出一些，使瓶内积水量在 20～30mL 之间，以减少苯胺的溶解损失。采用水蒸气蒸馏可使苯胺从反应物中分离出，当馏出液中不再有油滴时，馏出液多半呈乳白色浑浊状，此时其中仍有苯胺，但为节省时间，可以停止蒸馏。

操作结束后，一些铁的氧化物（黑褐色）会黏附在瓶壁上，以及一些橙红色的物质附在冷凝管和烧瓶中，可用 1∶1 的盐酸（体积比）荡洗，必要时可稍稍加热。

[7] 在 20℃时，每 100mL 水可溶苯胺 3.4g，为了减少苯胺损失，根据盐析原理，加入食盐使溶液饱和（每 100mL 馏出液加 20～25g 食盐）。则溶于水中的苯胺就可呈油状析出，浮于饱和食盐水之上。

[8] 如果干燥好苯胺溶液的体积比较多，而用 10mL 蒸馏瓶进行时，可分 2～3 批滤入蒸馏瓶中，每滤入一批，即用水浴加热，蒸出乙醚，然后滤入下一批。

[9] 加锌粉以防止苯胺在蒸馏过程中被氧化。

六、预习内容

1. 预习回流、水蒸气蒸馏、萃取的原理和操作。

2. 有机物必须具备什么性质，才能采用水蒸气蒸馏提纯？本实验为什么选择水蒸气蒸馏把苯胺从反应混合物中分离出来？

3. 本实验在合成中，为什么要经常振摇反应混合物？

4. 在精制苯胺时，为什么用粒状氢氧化钠做干燥剂，而不用硫酸钠或氯化钙？

5. 本实验的流程示意图如下，请在括号的空白处填写相应化合物的分子式或相关内容与数据。

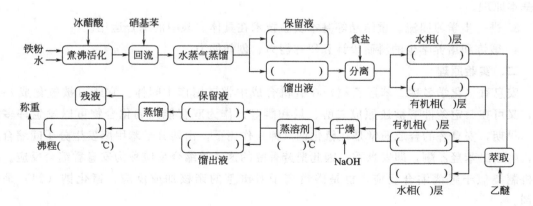

6. 查阅资料填写下列数据。

化合物	分子量	相对密度 (d_4^{20})	熔点 /℃	沸点 /℃	折射率 (n_D^{20})	水中溶解度	投 料 比			理论产量/g
							体积/mL	质量/g	物质的量/mol	
苯胺							—	—	—	
硝基苯										—
冰醋酸										—
乙醚										—

七、思考题

1. 根据什么原理选择水蒸气蒸馏法把苯胺从反应混合物中分离出来？

2. 在水蒸气蒸馏完毕时，先灭火焰，再打开 T 形管下端的止水夹，这样做法行吗？为什么？

3. 如果苯胺中含有硝基苯。请你设计一个有效的分离提纯方法。

八、安全指南

1. 苯胺：高毒，在操作中应避免触及皮肤或吸入其蒸气，实验室要有良好的通风。在实验的任一步中，使用的装置都不要漏气。若不慎触及皮肤，应立即用水冲洗，再用肥皂和温水洗涤。

2. 硝基苯：高毒，避免吸入其蒸气，不要使皮肤接触到液体。

3. 乙醚：易燃，有麻醉作用。防止吸入，防止明火。

4. 乙酸酐：具强腐蚀性，不要接触皮肤和眼睛。

5. 氢氧化钠：腐蚀性强碱，能引起烧伤，不要与皮肤和眼睛接触。

实验 33　安息香的辅酶合成

一、实验目的

1. 了解和学习仿生化学和生物有机合成的研究进展和应用现状。

2. 通过用维生素 B_1 为催化剂合成安息香的实验，学习并了解生物有机化学的合成方法和基本原理。

3. 进一步学习回流、重结晶等基本实验技术在具体实验中的综合运用。

4. 锻炼和培养学生的科研设计和研究能力、创新能力。

二、实验原理

安息香（化学名称二苯羟乙酮）在有机合成中常被用作中间体。它既可被氧化成 α-二酮，又可在一定条件下被还原成二醇、烯和酮等。作为双官能团的化合物可以发生许多反应。早期，安息香的合成通常是在氰化钠（钾）作用下，由两分子苯甲醛发生分子间缩合反应，生成二苯羟乙酮，即安息香，因此把芳香醛的这一类缩合反应称为安息香缩合反应。反应机制类似于羟醛缩合反应，也是碳负离子对羰基的亲核加成反应，氰化钠（钾）是催化剂。

由于氰化物是剧毒品，使用不当会有危险性。本实验用维生素 B_1 盐酸盐代替氰化物催化安息香缩合反应，反应条件温和、无毒、产率较高。有生物活性的维生素 B_1 是一种辅酶，酶与辅酶均是生化反应催化剂，在生命过程中起重要作用，其化学名称为盐酸硫胺素或噻胺（thiamine），其结构为：

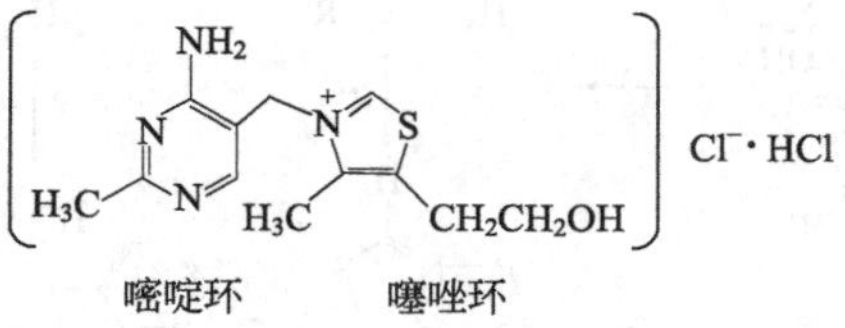

本实验借助维生素 B_1 辅酶的作用，利用仿生合成技术创新了合成安息香的合成方法和技术。其反应式为：

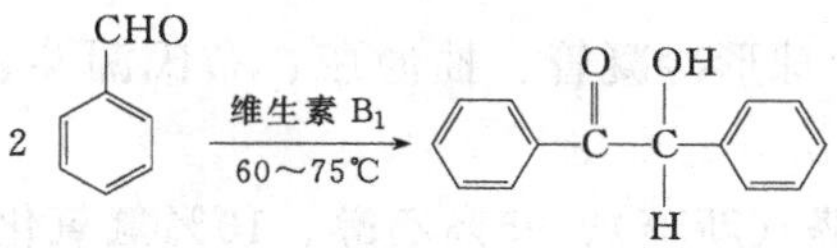

在生化过程中，维生素 B_1 主要是使 α-酮酸脱羧和形成偶姻（α-羟基酮）。维生素 B_1 分子中最重要的部分是噻唑环。噻唑环上的氮原子和硫原子之间的氢有较大酸性，在碱作用下，易被除去形成碳负离子，成为反应中心（为简便，以下反应中只写噻唑环的变化，其余部分相应用 R 和 R′ 表示）。其机理如下。

① 在碱的作用下，碳负离子和邻位带正电荷的氮原子形成稳定的两性离子，称叶立德（ylid）。

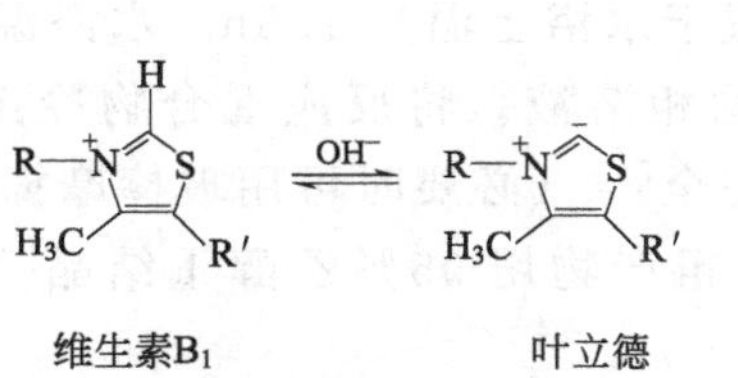

② 噻唑环上碳负离子与苯甲醛的羰基发生亲核加成反应形成烯醇加合物，环上带正电荷的氮原子起调节电荷的作用。

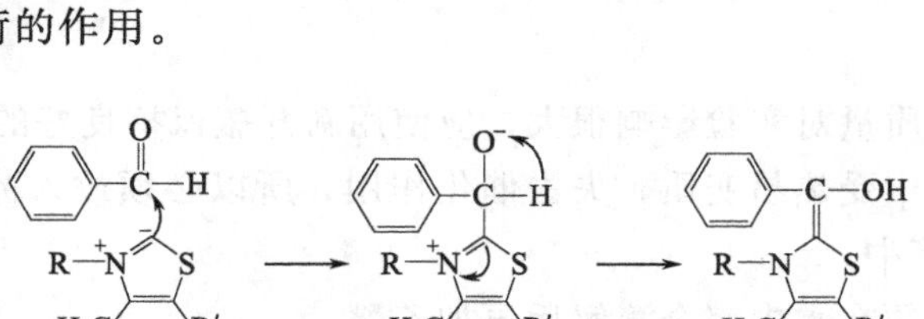

③ 烯醇加合物再与苯甲醛作用形成一个新的辅酶加合物。

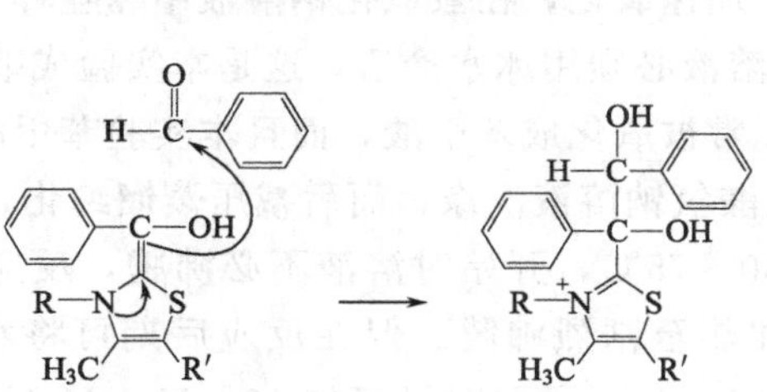

④ 辅酶加合物离解成安息香，辅酶复原。

维生素 B₁

三、实验用品

仪器与材料：圆底烧瓶、球形冷凝管、抽滤瓶、布氏漏斗、烧杯、量筒、滴管、试管、水浴锅、电炉或酒精灯等。

药品：维生素 B_1、苯甲醛（新蒸）、95％乙醇、10％氢氧化钠溶液、蒸馏水。

四、实验步骤

在 50mL 圆底烧瓶中，加入 1.8g（0.005mol）维生素 B_1[1]，5mL 蒸馏水使其溶解，再加入 15mL 乙醇[2]，塞上瓶塞，将烧瓶置于冰浴中冷却。同时取 5mL10％氢氧化钠溶液于一支试管中，也置于冰浴中冷却[3]。然后在冰浴冷却下，将上述氢氧化钠溶液在 10min 内滴加至维生素 B_1 溶液中，并不断摇荡，调节溶液 pH 为 9～10，此时溶液呈黄色。去掉冰水浴后，加入 10mL（0.1mol）新蒸的苯甲醛[4]，加几粒沸石，装上回流冷凝管，将混合物置于水浴上温热 1.5h。水浴温度保持在 60～75℃[5]，此时反应混合物呈橘黄或橘红色均相溶液。将反应混合物冷至室温，析出浅黄色结晶。将烧瓶置于冰浴中冷却使结晶完全[6]（必要时可用玻棒摩擦瓶壁或投入晶种）。抽滤，用 50mL 冰水分两次洗涤结晶。粗产物用 95％乙醇重结晶[7]。若产物呈黄色，可加入少量活性炭脱色。

纯安息香为白色或淡黄色针状结晶，熔点 134～136℃。

本实验约需 5h。

五、注释

[1] 维生素 B_1 的质量对实验影响很大，应使用新开瓶保持良好的维生素 B_1，用不完的应尽快密封。维生素 B_1 受热易变质，失去催化作用，所以必须放入冰箱内保存，使用时取出，用毕立即放回冰箱中。

[2] 维生素 B_1 必须在水中完全溶解后再加乙醇。

[3] 维生素 B_1 在酸性条件下是稳定的，但易吸水，在水溶液中易被氧化失效，光及铜、铁、锰等金属离子均可加速氧化，在氢氧化钠溶液中噻唑环易开环失效。因此，反应前维生素 B_1 溶液及氢氧化钠溶液必须用冰水冷透，这是本实验成败的关键。

[4] 苯甲醛放置过久，常被氧化成苯甲酸，而且本实验苯甲醛中不能含有苯甲酸，故需新蒸。使用前最好经 5％碳酸氢钠溶液洗涤，而后减压蒸馏纯化，并避光保存。

[5] 控制水浴温度在 60～75℃，开始时溶液不必沸腾，反应后期可以适当升高温度至缓慢沸腾，切勿将混合物加热至剧烈沸腾。但在反应后期可将水浴温度升高到 80～90℃，其间应保持反应液 pH 值为 9～10，必要时可滴加 10％NaOH 溶液。反应过程中，溶液 pH

值的控制非常重要，如碱性不够，不容易出现固体。

[6] 若冷却太快，产物呈油状物析出，应重新加热使成均相，再慢慢冷却重新结晶。反应完毕时，反应液应呈橘黄或橘红色均相溶液。反应终点也可采用薄层色谱跟踪，以二氯甲烷为展开剂。

[7] 安息香在沸腾的 95％乙醇中的溶解度为 12～14g/100mL。每 1g 粗产物需 7～8mL 95％乙醇。

六、预习内容

1. 了解维生素 B_1 催化安息香缩合的基本原理。

2. 写出本实验的反应原理，有哪些副反应？

3. 复习回流、重结晶及熔点的测定等基本操作的要点。

4. 在安息香合成中，反应中控制的温度有什么变化？为什么要这样做？

5. 使用混合溶剂进行重结晶时，应如何正确操作？

6. 查阅并整理有关仿生有机合成的研究进展或在本专业领域的最新动态，写出综述。

7. 了解本实验的关键：实验温度的控制和选择、pH 值的控制。

8. 阅读和理解本实验内容，画出本实验流程图。

9. 查阅资料填写下列数据。

化合物	分子量	相对密度 (d_4^{20})	熔点 /℃	沸点 /℃	折射率 (n_D^{20})	水中溶解度	投　料　比			理论产量/g
							体积/mL	质量/g	物质的量/mol	
安息香							—	—	—	
苯甲醛										—
维生素 B_1										—

七、思考题

1. 安息香缩合、羟醛缩合、歧化反应有何不同？

2. 为什么加入苯甲醛后，反应混合物的 pH 值要保持 9～10？溶液 pH 值过低有什么不好？

3. 为什么反应时，水浴温度保持在 60～70℃，不能将混合物加热至沸？

4. 为什么要向维生素 B_1 的溶液中加入氢氧化钠？试用化学反应式说明。

5. 安息香还有哪些合成方法？查阅文献并结合本实验进行仿生合成方法的研讨。

八、安全指南

1. 苯甲醛：口服有害，防止误服。

2. 乙醇：易燃品，注意预防火灾。

3. 氢氧化钠：腐蚀性强碱，能引起烧伤，不要与皮肤和眼睛接触。

实验 34　脲醛树脂的合成

一、实验目的

1. 学习脲醛树脂合成的原理和方法，从而加深对缩聚反应的理解。

2. 巩固回流、搅拌等的基本操作。

3. 通过实验培养科学实验的能力和素质。

二、实验原理

脲醛树脂是氨基树脂中的一种，是合成胶黏剂、涂料等的重要主体材料，它具有固化快、成本低、毒性小、耐光性好、性能好等优点。脲醛树脂由甲醛和尿素在一定条件下聚合而成，合成通常分两个阶段：加成反应和缩聚反应。反应的第一步是尿素的氨基与甲醛的羰基在中性或弱碱性介质中进行亲核加成，生成一羟甲基脲与二羟甲基脲的混合物。在特殊条件下，甲醛过量时也可生成三羟甲基脲，但四羟甲基脲从未分离出来过。

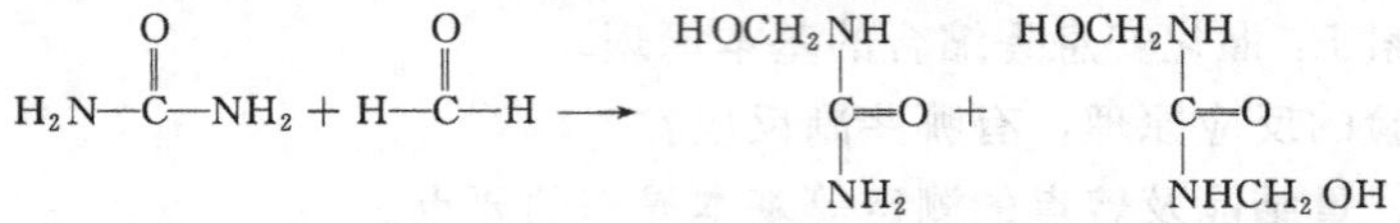

$$H_2N-\underset{\underset{NH_2}{\|}}{\overset{\overset{O}{\|}}{C}}-NH_2 + H-\overset{\overset{O}{\|}}{C}-H \longrightarrow \underset{\text{一羟甲基脲}}{HOCH_2NH-\underset{\underset{NH_2}{|}}{C}=O} + \underset{\text{二羟甲基脲}}{HOCH_2NH-\underset{\underset{NHCH_2OH}{|}}{C}=O}$$

反应的第二步是在弱酸性介质中，羟甲基与氨基或羟甲基与羟甲基之间进行缩聚反应，即一羟甲基脲、二羟甲基脲发生分子内或分子间的脱水、脱甲醛等反应，形成含有亚甲基键或亚甲基醚键的线型或有支链结构的高分子聚合物。

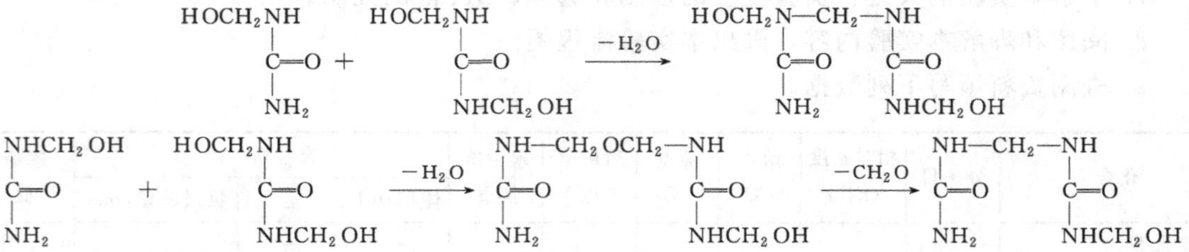

此外甲醛与亚氨基之间亦可缩合成键：

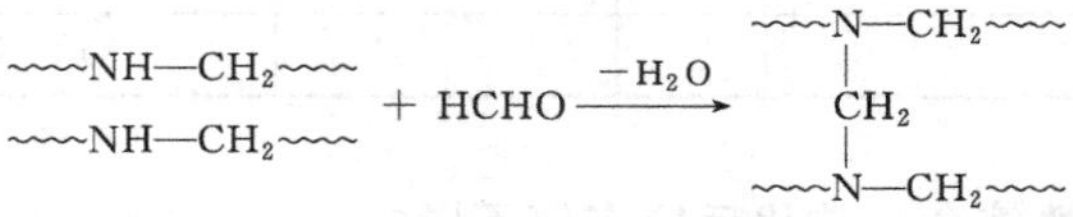

$$\sim\sim NH-CH_2\sim\sim \quad + \quad HCHO \quad \overset{-H_2O}{\longrightarrow} \quad \sim\sim N-CH_2-CH_2-N\sim\sim$$

这样聚合所得是线型的或低交联度的分子，其结构尚未完全确定。一般认为其分子主链上具有如下结构：

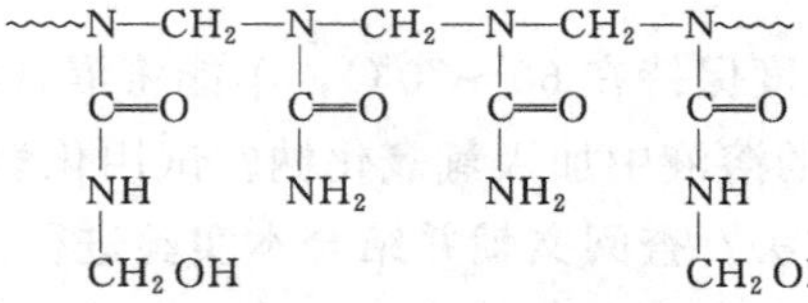

由于分子中尚有大量未反应的羟甲基，所以有较大吸水性，可制成水溶液或醇溶液。当进一步加热或加入固化剂时则会进一步聚合成复杂的网状结构：

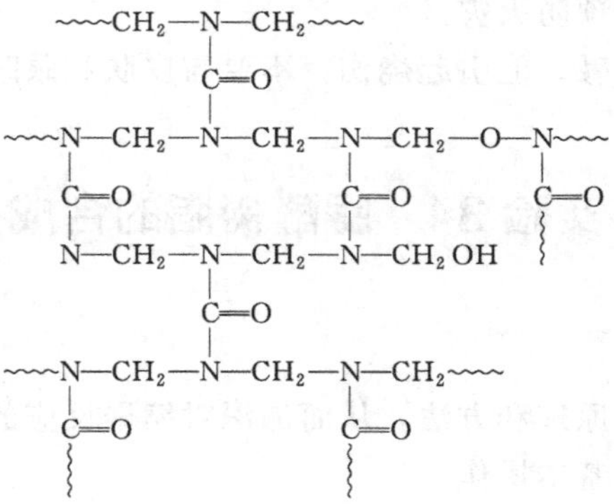

甲醛与尿素的投料摩尔比为 1∶(1.4～2.1) 之间。确定好反应物配比、缩聚工艺之后，合成的关键在于反应温度、反应时间与 pH 值的控制。根据反应物的特点，反应初期保持相对较长时间的"低温"加热，增加了线性树脂缩聚物的含量，后期高温回流有利于提高缩聚速率，并产生部分低体形结构树脂，提高了树脂的初黏度。在反应终产物中仍保留部分羟甲基，因而有较好的黏结能力，可作为胶黏剂使用。在使用时加入少量固化剂[1]即可粘接制件。工业上则往往加入某些填料以改变其机械性能及耐热、耐潮等性能，制成模压塑料，用于制造机器零件、电器材料、仪器外壳、装饰板及其他日用品。

三、实验用品

仪器与材料：三口烧瓶、烧杯、锥形瓶、玻璃棒、滴管、量筒、电炉或酒精灯等。

药品：甲醛（36%～38%）、尿素、10% NaOH、10%甲酸溶液、氯化铵。

四、实验步骤

在 50mL 三口烧瓶上安装搅拌器[2]、温度计和回流冷凝管。向瓶中加入 17mL 甲醛溶液，开动搅拌器，用 10% NaOH 溶液调至 pH=7～8[3]，慢慢加入 5g 尿素[4]，控制温度为 25～30℃[5]，待全部尿素溶解后缓缓升温至 70℃（约需要 15min），保温 15min。然后加入 10%甲酸溶液[6]调节 pH=4～5，再升温至 80～85℃，并保温 20min。再加入由 1mL 的水溶解了 0.5g 尿素的溶液，继续搅拌，在 80～85℃下保温 5min[7]。成品终点检查[8]，确认脲醛树脂已经形成后，用 10% NaOH 溶液调至 pH=7～8，降温至 35℃出料。

取出 5mL 脲醛树脂（产品）加入 0.03～0.06g 氯化铵固化剂[1]，充分搅匀后均匀涂在两块表面干净的小木板条上，使其吻合并加压过夜，木板条即牢固地黏结在一起。

脲醛树脂为清澈透明、无浑浊和乳液出现。

本实验约需 3h。

五、注释

[1] 常用固化剂是无机强酸的铵盐，以氯化铵和硫酸铵为好。固化速率取决于固化剂的性质、用量及固化温度。用量过多，胶质变脆，过少则固化太慢。在室温下，一般固化剂的用量为树脂质量的 0.5%～1.2%，加入固化剂后应充分摇匀。

[2] 也可以使用磁力搅拌装置。为了便于控制温度，该实验最好使用水浴加热。如果是使用电热套带磁力搅拌的装置进行实验，要特别注意加热温度的控制。

[3] 混合物的 pH 值应不超过 8～9，以防止甲醛发生 Cannizzaro 反应。

[4] 本实验尿素可一次加入，但以二次加入为好，第一次 5g，约为全部所用尿素的 91%，第二次 0.5g，约为全部所用尿素的 0.9%，这样可使甲醛有充分机会与尿素反应，以减少树脂中的游离甲醛。

[5] 为控制反应温度，尿素加入速率宜慢。若加入过快，由于溶解吸热会使温度下降至 5～10℃，需要迅速加热使之回升到 25～30℃，这样制得的树脂浆状物会浑浊且黏度增高。

[6] 本实验采用甲酸来调节 pH 值，可使体系黏度增加缓慢，易于控制。若控制不好，轻者使胶液黏度过大，树脂的水溶性变差，储存期变短，重者出现凝胶现象。所以，这时的 pH 值的控制对脲醛树脂的合成至关重要。

[7] 在此期间如发现黏度骤增，出现冻胶，应立即采取措施补救。出现这种现象的原因可能有：①酸度太高，pH 值达到 4.0 以下；②升温太快，温度超过 100℃。

补救的方法是：

① 使反应液降温；

② 加入适量的甲醛水溶液稀释树脂，从内部反应降温；

③ 加入适量的 10% NaOH 溶液，把 pH 值调到 7.0，酌情确定出料或继续加热反应。

[8] 树脂是否制成，可用以下方法检查。

① 用玻棒蘸取一些树脂，让其自由滴下，最后两滴迟迟不落，末尾略带丝状并缩回棒上，则表示已经成胶。

② 1 份样品加两份水，出现浑浊。

③ 取少量树脂放在两手指上，两手指不断张合，在室温下约 1min 内感到有明显的黏度，则表示已成胶。

④ 将产品取样滴到滤纸上，产品在滤纸上 30s 后不扩散即为反应终点。

⑤ 量取 6.0mL 5%NaOH，滴入 10 滴 10%CuSO$_4$，搅拌成细粒 Cu(OH)$_2$，取出 20 滴于小试管中，再加入 1 滴待检测的脲醛树脂，摇动。如在 10s 内有明显紫蓝色产生，证明脲醛树脂的缩聚已在线型缩聚阶段，应停止加热以防缩合交联。

六、预习内容

1. 预习回流、搅拌的原理和操作。

2. 本实验在合成中，为什么要严格控制各阶段的反应温度及反应的 pH 值？

3. 脲醛树脂在使用时为什么要加固化剂？固化剂的用量加多或少会对产品的使用和质量产生什么影响？

4. 设计并画出一张表示实验过程各步骤的流程图，注明相关内容与数据。

5. 查阅资料填写下列数据。

化合物	分子量	相对密度 (d_4^{20})	熔点 /℃	沸点 /℃	折射率 (n_D^{20})	水中溶解度	投 料 比			理论产量/g
							体积/mL	质量/g	物质的量/mol	
甲醛										—
尿素										
甲酸										—

七、思考题

1. 本实验在合成中 pH 值、反应时间及反应温度的影响至关重要，在操作中你是如何控制的，以保证产品的质量？

2. 如果在反应的第一步用 10% NaOH 溶液调节 pH 值＞9，可以吗？会有什么影响？

八、安全指南

1. 脲醛树脂：由于合成工艺的限制，脲醛树脂胶黏剂中游离甲醛含量高达 3%～7%，毒性极大，直接影响生产工人和消费者的身心健康。

2. 甲醛：吸入或摄入会中毒。对皮肤、眼睛和呼吸器官有强烈刺激性，易燃。使用时防止吸入、摄入或与皮肤接触，不要接近明火。

3. 甲酸：有中等毒性，避免吸入其蒸气或与皮肤和眼睛接触。

4. 氢氧化钠：腐蚀性强碱，能引起烧伤，不要与皮肤和眼睛接触。

5. 氯化铵：摄入有中等毒性。不要与皮肤接触，不要吸入或摄入。

5

综合性合成实验

实验 35　硫酸四氨合铜（Ⅱ）的制备及组成分析

一、实验目的

1. 掌握用硫酸铜通过配位取代反应制备硫酸四氨合铜（Ⅱ）的实验方法。

2. 掌握 Cu^{2+} 和 NH_3 的测定方法，确定合成产物的组成。

二、实验原理

硫酸四氨合铜（Ⅱ）（$[Cu(NH_3)_4]SO_4 \cdot H_2O$）为深蓝色晶体，主要用于印染、纤维、杀虫剂及制备某些含铜的化合物。本实验以硫酸铜为原料与过量的 $NH_3 \cdot H_2O$ 反应来制备：

$$[Cu(H_2O)_6]^{2+} + 4NH_3 + SO_4^{2-} \Longrightarrow [Cu(NH_3)_4]SO_4 \cdot H_2O + 5H_2O$$

硫酸四氨合铜（Ⅱ）溶于水，不溶于乙醇，因此在 $[Cu(NH_3)_4]SO_4$ 溶液中加入乙醇，即可析出 $[Cu(NH_3)_4]SO_4 \cdot H_2O$ 晶体。

配合物中 Cu^{2+} 的含量可用 EDTA 配合滴定法或碘量法测定。氨的测定可用间接酸碱滴定法，即在配合物溶液中加入强碱，并加热使配合物破坏，氨挥发出来。

$$[Cu(NH_3)_4]SO_4 + 2NaOH \xrightarrow{\triangle} CuO + 4NH_3\uparrow + Na_2SO_4 + H_2O$$

用标准酸吸收，再用标准碱滴定剩余的酸，可得出配合物中氨的含量。

若再用重量法测定配合物中硫酸根的含量，就能确定合成产物的化学组成。

三、实验用品

仪器与材料：布氏漏斗、吸滤瓶、电子台秤、电子天平、称量瓶、容量瓶、移液管、洗耳球、烧杯、锥形瓶、滴定管、滴定管夹、铁架台、三脚架、酒精灯、石棉网、火柴。

药品：$CuSO_4 \cdot 5H_2O$(A.R.)、硫酸（3mol/L）、10%NaOH、氨水（6mol/L）、95%乙醇、EDTA 标准溶液（0.1000mol/L，准确浓度见标签）、六亚甲基四胺缓冲溶液、0.2%二甲酚橙溶液、0.1%甲基橙、盐酸标准溶液（0.5000mol/L，准确浓度见标签）、NaOH 标准溶液（0.5000mol/L，准确浓度见标签）。

四、实验步骤

1. 硫酸四氨合铜（Ⅱ）的制备

称取 $5.0g\ CuSO_4 \cdot 5H_2O$ 于烧杯中，加 10mL 水溶解，再逐滴加入 6mol/L 氨水，至生成的沉淀完全溶解成深蓝色溶液。待溶液冷却后，缓慢加入 10mL 95%乙醇，即有深蓝色晶体析出。盖上表面皿，静置约 15min，抽滤，并用 6mol/L 氨水-乙醇混合液（6mol/L 氨水与乙醇等体积混合）淋洗晶体两次，每次用量 2～3mL，然后将其在 60℃ 左右烘干，称量，计算产率。保存待用。

2. 配合物的组分分析

（1）Cu^{2+} 的测定

方法 1　准确称取试样 2.000～2.300g，于 100mL 烧杯中，加入 6mL 3mol/L 硫酸，再加入 15～20mL 蒸馏水使其溶解，定量转移至 100mL 容量瓶中，用水稀释至刻度，摇匀。

移取上述试液 25.00mL，置于 250mL 锥形瓶中，在 pH 为 5.5（以六亚甲基四胺溶液为缓冲液）条件下，以二甲酚橙为指示剂，用 EDTA 标准溶液直接滴定，当溶液由紫红色变为黄绿色即为终点。平行滴定 3 份，记下每次消耗的 EDTA 标准溶液体积，由下式计算 Cu^{2+} 的百分含量。

$$Cu^{2+} 的百分含量 = \frac{cV \times 63.54}{\dfrac{25.00}{100.00} \times m \times 1000} \times 100\%$$

式中，c 和 V 为 EDTA 标准溶液的浓度和体积；m 为样品质量；63.54 为铜的摩尔质量。

方法 2　准确称取试样 2.000～2.300g，于 100mL 烧杯中，加入 6mL 3mol/L 硫酸，再加入 15～20mL 蒸馏水使其溶解，定量转移至 100mL 容量瓶中，用水稀释至刻度，摇匀。

移取上述试液 25.00mL，置于 250mL 锥形瓶中，加入 70mL 蒸馏水，10mL 10% KI 溶液，用 $Na_2S_2O_3$ 标准溶液（0.1000mol/L）滴定至淡黄色，然后加入 0.5% 淀粉溶液 2mL，继续滴定至溶液呈蓝紫色，再加入 10% KSCN 溶液 10mL（加入 KSCN 溶液后要剧烈摇动，有利于沉淀的转化和释放吸附的 I_3^-），用 $Na_2S_2O_3$ 标准溶液滴定至蓝色刚好消失即为终点。平行滴定 3 份，记下每次消耗的 $Na_2S_2O_3$ 标准溶液的体积，计算合成产物中的铜含量。

（2）NH_3 的测定　准确称取试样 0.2500～0.3000g，放入 250mL 锥形瓶中，加 80mL 蒸馏水溶解。再加入 10mL 10% NaOH 溶液。在另一锥形瓶中，准确加入 30.00～35.00mL 标准盐酸溶液，放入冰浴中冷却。

按图 5-1 装配好吸收氨的装置，从漏斗中加入 3～5mL 10% NaOH 溶液于小试管中，使漏斗下端插入 NaOH 溶液 2～3cm。加热试样，先用大火加热，当溶液接近沸腾时，改用小火，保持微沸状态，蒸馏 1h 左右，可将氨全部蒸出。蒸馏完毕后，取出插入盐酸溶液中的导管，用蒸馏水冲洗导管内外，洗涤液收集到氨吸收瓶中。从冰浴中取出吸收瓶，加入 2 滴甲基橙溶液，用标准 NaOH 溶液滴定剩余的盐酸，记录所消耗的标准 NaOH 溶液的体积，由下式计算配合物中氨的百分

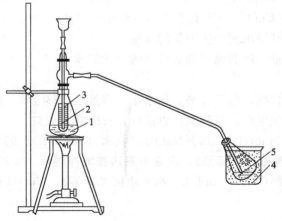

图 5-1　吸收氨的装置图
1—样品溶液；2—10% NaOH 溶液；3—切口橡胶塞；
4—冰浴；5—标准盐酸溶液

含量。

$$氨的百分含量 = \frac{(c_1V_1 - c_2V_2) \times 17.04}{m \times 1000} \times 100\%$$

式中，c_1 和 V_1 为标准盐酸溶液的浓度和体积；c_2 和 V_2 为标准 NaOH 溶液的浓度和体积；m 为样品质量；17.04 为氨的摩尔质量。

（3）SO_4^{2-} 的测定　合成产物中 SO_4^{2-} 的含量可用重量法来测定。

3. 确定合成产物的化学式

根据上述分析结果，确定配离子中 Cu^{2+} 与 NH_3 的比值，从而得到合成产物的化学式。

五、预习内容

1. Cu^{2+} 及其硫酸四氨合铜（Ⅱ）的性质。

2. Cu^{2+} 的各种分析方法。

六、思考题

1. 硫酸四氨合铜（Ⅱ）在水中的溶解度较大，能否用加热浓缩的方法来制得晶体？为什么？

2. 如果合成产物的分析结果 Cu^{2+} 与 NH_3 的物质的量之比不是 1:4，分析误差原因。

实验 36　三草酸合铁(Ⅲ)酸钾的合成及其组成的测定

一、实验目的

1. 学习利用沉淀、氧化还原、配位等反应制取三草酸合铁（Ⅲ）酸钾的方法。

2. 掌握确定化合物组成的基本原理和方法。

3. 进一步练习溶解、加热、沉淀、过滤、蒸发结晶等基本操作。

二、实验原理

三草酸合铁（Ⅲ）酸钾 $K_3[Fe(C_2O_4)_3] \cdot 3H_2O$ 是翠绿色晶体，溶于水而难溶于酒精，是制备负载型活性铁催化剂的主要原料。

本实验是以 Fe(Ⅱ) 盐为原料，通过沉淀、氧化还原、配位反应多步转化，最后制得 $K_3[Fe(C_2O_4)_3] \cdot 3H_2O$。主要反应为：

$$FeSO_4 + H_2C_2O_4 + 2H_2O \Longrightarrow FeC_2O_4 \cdot 2H_2O \downarrow + H_2SO_4$$

$$6FeC_2O_4 \cdot 2H_2O + 3H_2O_2 + 6K_2C_2O_4 \Longrightarrow 4K_3[Fe(C_2O_4)_3] + 2Fe(OH)_3 + 12H_2O$$

$$2Fe(OH)_3 + 3H_2C_2O_4 + 3K_2C_2O_4 \Longrightarrow 2K_3[Fe(C_2O_4)_3] \cdot 3H_2O$$

$K_3[Fe(C_2O_4)_3] \cdot 3H_2O$ 对光敏感，见光易分解，容易进行下列光化学反应：

$$2[Fe(C_2O_4)_3]^{3-} \xrightarrow{h\nu} 2FeC_2O_4 + 3C_2O_4^{2-} + 2CO_2 \uparrow$$

要确定所得配合物的组成，必须综合应用各种方法。化学分析可以确定各种组分的百分含量，从而确定化学式。

配合物中的金属离子一般可通过容量滴定、比色分析或原子吸收光谱确定其含量。本实验三草酸合铁（Ⅲ）酸钾配合物中的铁含量可采用 Zn 先将 Fe^{3+} 还原为 Fe^{2+}，然后用 $KMnO_4$ 标准溶液滴定而测得。

$$5Fe^{2+} + MnO_4^- + 8H^+ \Longrightarrow Mn^{2+} + 5Fe^{3+} + 4H_2O$$

配合物中草酸根的含量也可用 $KMnO_4$ 滴定法测定。

$$5C_2O_4^{2-} + 2MnO_4^- + 16H^+ \xlongequal{\quad\quad} 2Mn^{2+} + 10CO_2\uparrow + 8H_2O$$

钾含量可以用原子吸收光谱测定，或用离子选择电极测定；配合物中所含结晶水可用热重分析法测定。

三草酸合铁（Ⅲ）酸钾配合物中心离子 Fe^{3+} 的 d 电子组态及配合物是高自旋还是低自旋，可以由磁化率测定来确定。

配离子电荷的测定可进一步确定配合物组成及在溶液中的状态。

三、实验用品

仪器与材料：布氏漏斗、吸滤瓶、电子台秤、电子天平、瓷坩埚、称量瓶、移液管、洗耳球、烧杯、锥形瓶、滴定管、滴定管夹、铁架台、三脚架、酒精灯、石棉网、火柴、表面皿、蒸发皿、pH 试纸、滤纸、磁天平、电导率仪。

药品：$(NH_4)_2Fe(SO_4)_2\cdot 6H_2O$、$H_2SO_4$（3mol/L）、$H_2C_2O_4$（饱和）、$K_2C_2O_4$（饱和）、3％$H_2O_2$、95％乙醇、Zn 粉、$KMnO_4$ 标准溶液（0.050000mol/L，准确浓度见标签）。

四、实验步骤

1. $FeC_2O_4\cdot 2H_2O$ 的制备

称取 5.0g$(NH_4)_2Fe(SO_4)_2\cdot 6H_2O$ 晶体于 150mL 烧杯中，加入 15mL 蒸馏水和 6 滴 3mol/L H_2SO_4，微热使其溶解，然后加入 25mL 饱和 $H_2C_2O_4$ 溶液，加热至沸腾，且不断进行搅拌，停止加热，静置，待黄色 $FeC_2O_4\cdot 2H_2O$ 晶体沉降后，倾析弃去上层清液，加入 20～30mL 蒸馏水，搅拌并温热，静置，弃去上层清液。如此重复 1～2 次，除去可溶性杂质。

2. $K_3[Fe(C_2O_4)_3]\cdot 3H_2O$ 的制备

在盛有黄色晶体 $FeC_2O_4\cdot 2H_2O$ 的烧杯中，加入 10mL 饱和 $K_2C_2O_4$ 溶液，水浴加热至 40℃，用滴管缓慢滴加 20mL 3％ H_2O_2 溶液，不断搅拌并维持温度在 40℃左右，滴加完毕后，此时沉淀转为深褐色，将溶液加热至沸腾以除去过量的 H_2O_2。保持近沸状态，先加入饱和 $H_2C_2O_4$ 溶液 6～7mL，然后趁热再滴加饱和 $H_2C_2O_4$ 溶液 1～2mL，使沉淀溶解。此时溶液呈翠绿色，pH 应保持在 4～5。趁热过滤，并使滤液控制在 30mL 左右（若体积太大，可水浴加热浓缩），向滤液中加入少量 95％乙醇至有微晶析出，温热溶液使析出的晶体再溶解后，用表面皿盖好烧杯，静置，自然冷却（避光静置过夜），即有翠绿色 $K_3[Fe(C_2O_4)_3]\cdot 3H_2O$ 晶体析出。抽滤，用 95％乙醇洗涤 2 次，称量，计算产率，将产品避光保存作测定用。

3. 合成产物的组分分析

（1）结晶水含量的测定　在瓷坩埚中准确称取约 1.000g 磨细的产品，在 110℃下烘 1h，冷却称量，由失重计算产物中的结晶水含量。

（2）草酸根含量的测定　准确称取试样 0.4900g，放入 250mL 锥形瓶中，加入 10mL 蒸馏水和 5mL 3mol/L H_2SO_4，用水浴将锥形瓶中的溶液加热至 70～80℃，趁热用 $KMnO_4$ 标准溶液滴定至试液呈微红色在 30s 内不褪即为终点，重复滴定 3 份，记下所消耗的 $KMnO_4$ 标准溶液的体积，计算产物中草酸根的含量。

（3）铁含量的测定　将上述用 $KMnO_4$ 标准溶液滴定过的溶液加入 1g 锌粉（溶液黄色应消失），加热 2～3min，将 Fe^{3+} 还原为 Fe^{2+}。过滤除去多余的锌粉，用稀硫酸水洗涤锌粉 2 次，合并滤液于 250mL 锥形瓶中，补充 2mL 3mol/L H_2SO_4，用 $KMnO_4$ 标准溶液滴定至试液呈微红色在 30s 内不褪即为终点，重复滴定 3 份，记下所消耗的 $KMnO_4$ 标准溶液的体积，计算产物中铁离子的含量。

（4）钾含量的测定　钾含量可以用原子吸收光谱测定，或用离子选择电极测定。若合成产物为纯物质，配合物减去结晶水、草酸根、铁离子的含量后即为钾离子的含量。

由上述测定结果，确定配合物的化学式。

4. 配离子的电荷测定

用电导法测定所制备的三草酸合铁（Ⅲ）酸钾配合物中阴、阳离子的电荷。

5. 配合物的磁化率测定

用磁天平测定三草酸合铁（Ⅲ）酸钾的磁化率。根据测定的磁化率计算配合物中心离子 Fe^{3+} 的未成对电子数，从而得到中心离子 Fe^{3+} 的 d 电子组态以及配合物的自旋状态。

五、预习内容

1. 三草酸合铁（Ⅲ）酸钾的制备原理。

2. 草酸根、铁离子的化学分析方法。

六、思考题

1. 在三草酸合铁（Ⅲ）酸钾制备的实验中：

① 加入过氧化氢溶液的速率过慢或过快各有何缺点？

② 最后一步能否用蒸干溶液的办法来提高产率？

③ 制得草酸亚铁后，要洗去哪些杂质？

④ 能否直接由 Fe^{3+} 制备 $K_3[Fe(C_2O_4)_3]$？有无更佳制备方法？查阅资料后回答。

⑤ 哪些试剂不可以过量？为什么最后加入草酸溶液要逐滴滴加？

⑥ 应根据哪种试剂的用量计算产率？

2. 影响配合物稳定性的因素有哪些？

实验 37　纳米材料的合成与表征

一、实验目的

1. 学习几种合成纳米材料的方法。

2. 初步掌握几种表征纳米材料的现代测试技术。

二、实验原理

纳米材料是指由细晶粒组成，尺寸在纳米数量级（$0.1\sim100nm$）的纳米微粒或纳米固体，由于这类材料的尺寸处于原子团簇和宏观物体的交接区域，故而具有小尺寸效应、表面效应、宏观量子隧道效应和介电限域效应，并产生特有的电学、磁学、光学和化学等特性，在国防、电子、化工、冶金、航空、轻工、医药、生物、核技术等诸领域中均有重要的应用价值。日本的"创造科学技术推进事业"、美国的"星球大战"计划、西欧的"尤里卡"计划，以及我国的"纳米科学攀登计划""863 计划"和"973 计划"，都将它列入重点研究课题。

合成纳米材料的方法总体可分为气相法、液相法和固相法。气相法又可分为化学气相沉积法、气相凝聚法、溅射法等。液相法也可进一步分为沉淀法、水热法和溶胶-凝胶法等。固体法主要有机械研磨法。这些方法各有优缺点。

在合成反应过程中，固体产物的形貌取决于反应过程中产物成核与生长的速率。当成核的速率大于生长的速率时，得到的产物颗粒细，为纳米微粒；反之，则得到颗粒大的块状材料。上述气相法和液相法均可依据此原理制得纳米微粒。同样依据此原理，可利用室温固相研磨法来制备纳米化合物。

纳米材料的表征手段很多：利用电子显微技术可方便地在纳米尺度上观察材料的大小、形貌和结构特征；利用激光粒度分析法或者电超声粒度分析法可以测定纳米颗粒的粒径大小及分布情况；也可利用 X 射线衍射技术，得到产物的衍射图谱，测量产物的衍射峰的半高宽，根据 Scherrer 方程算出它的平均粒径。利用红外光谱或拉曼光谱可以揭示纳米材料的功能特性。

三、实验用品

仪器与材料：X 射线衍射仪、透射电镜、激光粒度仪、超声波清洗器、高速离心机、电磁搅拌器、马弗炉、研钵、干燥器、布氏漏斗、吸滤瓶、循环水泵、烘箱、烧杯（250mL、400mL）、量筒（50mL）、电子台秤、玻璃棒、洗瓶、滤纸。

药品：$MnCl_2 \cdot 4H_2O$(A.R.)、$CdCl_2$(A.R.)、$Na_2S \cdot 9H_2O$(A.R.)、H_2O_2(2.5 mol/L)、十二烷基苯磺酸钠（0.025mol/L）、NaOH(2.5mol/L)、95%乙醇。

四、实验步骤

1. 纳米材料的合成

（1）室温固相研磨法合成纳米 CdS　先用 $CdCl_2$ 制备新生的 $Cd(OH)_2$，减压过滤，用蒸馏水充分洗涤除去 Cl^-，得纯 $Cd(OH)_2$ 沉淀。按 1:1 的摩尔质量比称取 $Cd(OH)_2$ 与 $Na_2S \cdot 9H_2O$（用滤纸吸干水分）置于研钵中，充分研磨 10min，反应体系的颜色由白色变成橙红色。将混合物用蒸馏水和 95%乙醇交替洗涤 3 次，高速离心分离，自然干燥，保留样品以备物相分析和粒径的测定等。

（2）液相均相沉淀合成纳米 Mn_2O_3　将 $MnCl_2 \cdot 4H_2O$ 溶于水，配制成 0.125mol/L 溶液 200mL，加入 8mL 2.5mol/L 的氧化剂 H_2O_2，再加入 12mL 0.025mol/L 的十二烷基苯磺酸钠（表面活性剂），此时溶液将出现轻微的浑浊现象。在电磁搅拌下混合均匀后，再缓慢加入 12mL 2.5mol/L 的 NaOH 溶液，继续搅拌直到沉淀完全。离心分离沉淀，放入瓷坩埚中，在 100℃下烘干，将粉末研磨后放入马弗炉中在 250℃下热处理 2h，冷却，保留样品以备物相分析和粒径的测定等。

2. 纳米材料的表征

（1）XRD 表征　将制得 CdS 和 Mn_2O_3 纳米粉末用压片法制成均匀的薄片，再在 X 射线衍射仪上将 2θ 值从 60°扫描到 20°，测定其 XRD 图谱，并进行物相分析。测量样品的全部衍射峰的半高宽，根据 Scherrer 方程算出它的平均粒径。Scherrer 方程为：

$$D = \frac{0.89\lambda}{\beta_{1/2}\cos\theta}$$

式中，D 为纳米晶粒大小；λ 为 X 射线的波长；$\beta_{1/2}$ 为衍射峰的半高宽，单位为弧度；θ 为布拉格衍射角。

（2）纳米晶形貌分析　取少量样品，在透射电镜上拍摄照片，分析 Mn_2O_3 和 CdS 纳米晶形，并与 XRD 法所得的结果进行比较。

（3）纳米材料的粒径分布　取少量的样品分散在乙醇＋甘油（体积比为 90:10）中，在电超声粒度分析仪或激光粒度仪上测定其粒径及粒径分布，并与 XRD 的结果比较。

五、预习内容

1. 总结目前制备纳米微粒的主要方法并比较它们的优缺点。

2. 比较 X 射线衍射法、透射电镜法和电超声法测定纳米材料粒径时的优缺点及测定下限。

1.用液相均相沉淀法合成纳米 Mn_2O_3 时，为什么要加入十二烷基苯磺酸钠？

2.固相化学反应为什么能生成纳米材料？它的理论依据是什么？根据固相反应理论，提出两个常见的化学反应改用固相反应的可行性。

实验 38　镍-大环配合物合成和表征

一、实验目的

1.通过 $[Ni(14)4,11$-二烯-$N_4]I_2$ 的制备和某些理化性质的测定，了解大环配合物的合成和特性。

2.自行设计实验方案测定 $[Ni(14)4,11$-二烯-$N_4]I_2$ 的某些性质，了解大环配合物的表征方法。

二、实验原理

大环化学（包括大环配体和大环配合物）是目前最活泼的研究领域之一。大环配合物存在于生物体内，如大环配体卟啉和咕啉的配合物广泛存在于金属蛋白质和金属酶中，人体血液中具有载氧能力的血红素、在绿色植物中起光合作用的叶绿素等也是大环配合物。

由于生物体内大环金属配合体的分子结构复杂、分子量特别大，为研究这些大环配合物在生物体内的作用机制，需要合成模型化合物。从 20 世纪 70 年代初，已合成和研究了大量能与阳离子、阴离子键合的大环配体，这类合成大环金属配合物类似于生物体内所发现的大环金属配合物。合成的大环模型主要有：含氧给予原子大环化合物（聚醚或冠醚），含氮给予原子大环化合物（聚胺），含硫给予原子大环化合物（聚硫代醚）以及含混合原子大环化合物（氮-氧、硫-氧、硫-氮、氮-硫-氧等），见下图。

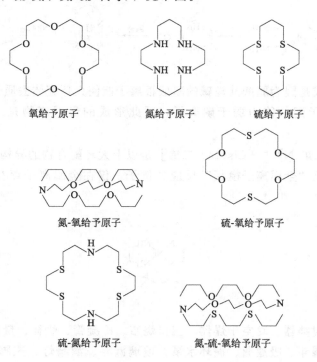

氧给予原子　　　　　氮给予原子　　　　　硫给予原子

氮-氧给予原子　　　　　　硫-氧给予原子

硫-氮给予原子　　　　　氮-硫-氧给予原子

实验表明它们具有与多种阳离子或阴离子显著的成键能力。特别有趣的是冠醚对碱金属和碱土金属显示出强烈的亲合性和与其中某些离子键合的选择性，可以作为生物体系中活性离子输送现象研究的载体分子的模型化合物；而聚胺则可以作为模拟更复杂生物大环体系的模型。

大环金属离子配合物基本上可用两种方法来制备：第一种方法为先合成大环配体，再与金属离子反应形成最终产物，如金属冠醚化合物、金属离子载体化合物以及金属卟啉化合物等。第二种方法为采用模板化学反应来制备所需的化合物，如金属酞菁、金属链结及互锁环化合物等。采用第一种方法合成的大环配合物为纯物质，不需要进行过多的分离操作。因此本实验采用第一种方法来制备大环配合物。

本实验合成镍的大环配合物——5,7,7,12,14,14-六甲基-1,4,8,11-四氮环 14-4,11-二烯合镍碘化物，简写为 $[Ni(14)4,11-二烯-N]I_2$，其结构为：

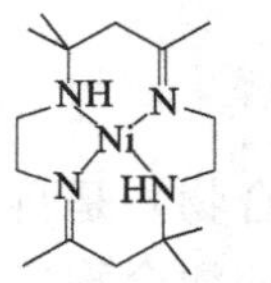

该配合物的合成十分复杂，基本上涉及三步：首先，在酸性条件下丙酮自缩合成异亚丙基丙酮；其次，乙二胺与 α,β-不饱和酮起 Michael 加成产生取代 β-氨基酮，然后通过酸（H^+）中止与乙二胺上第二个氨基反应；第三步是胺基与另一分子酮基起希夫碱缩合形成大环配体，然后此大环配体与镍离子反应形成大环金属配合物。其反应过程如下：

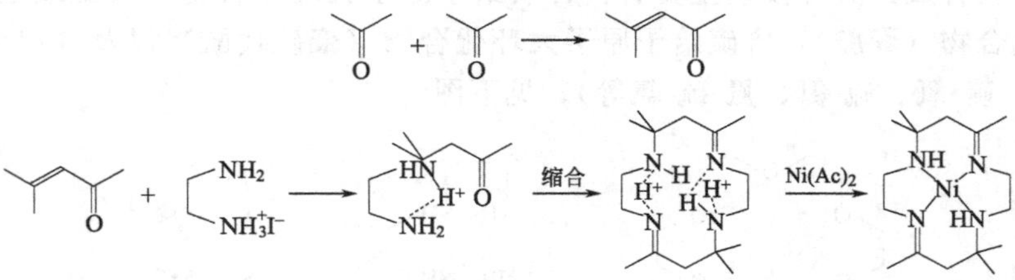

镍配合物的形成是因为弱酸共轭碱的醋酸根离子能使大环配体去质子化，形成金属配合物。由于醋酸根离子配位能力弱于碘离子，因此形成的最后产物是 $[Ni(14)4,11-二烯-N]I_2$。

$[Ni(14)4,11-二烯-N]^{2+}$ $[Cis(14)-二烯]$ 是以上大环配合物的异构体，形成 $[Cis(14)-二烯]$ 大环配合物是"金属离子模板"反应的例子，仅在金属离子存在时才形成该大环化合物。

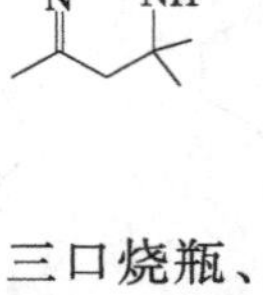

三、实验用品

仪器与材料：搅拌器、真空干燥器、三口烧瓶、冷凝管、烧杯、量筒、水槽、热过滤装置、蒸发皿、布氏漏斗、吸滤瓶、循环水泵、玻璃漏斗、酒精灯、三脚架、石棉网、火柴、剪刀、电子台秤、称量瓶、锥形瓶、滴定管、滴定管夹、移液管、容量瓶、洗耳球、玻璃棒、洗瓶、滤纸、冰。

药品：醋酸镍（$NiAc_2 \cdot 4H_2O$）（A.R.）、乙二胺（A.R.）、丙酮（A.R.）、氢碘酸（A.R.）、甲醇（A.R.）、乙醇（A.R.）。

四、实验步骤

1. 大环配体 ［$Ni(14)4,11$-二烯-N］·$2HI$ 的合成

在250mL烧杯中，注入10mL无水乙醇，再加入13.2mL（约为0.2mol）的无水乙二胺，把烧杯放在水浴中冷却，慢慢滴加36mL（为0.2mol）的47%氢碘酸（加入氢碘酸时有大量的热放出，必须缓慢操作），然后再加入30mL丙酮（需过量0.4mol）。烧杯在冰浴中进一步冷却至有白色晶体析出。由于晶体析出较慢，在冰浴中需放置2～3h或更长时间才能使晶体析出较完全，减压过滤得白色针状晶体，此晶体在真空干燥器中干燥0.5h后，称重，并计算产率。

2. 大环配合物 ［$Ni(14)4,11$-二烯-N］I_2 的合成

在装有回流冷凝管、搅拌器的100mL三口烧瓶中，注入40mL甲醇及与配体等摩尔数的醋酸镍，慢慢加热并搅拌使醋酸镍溶解，再加入上面合成的大环配体。在搅拌下，加热回流1h，然后趁热过滤，将滤液在水浴上浓缩到晶体析出为止。再将浓缩液放在冰浴中冷却1h或更长时间，过滤溶液得亮黄色的晶体，即Ni-大环配合物。在乙醇中重结晶提纯产品，将亮黄色晶体放在干燥器中干燥，称重，计算产率。

3. 大环配合物 ［$Ni(14)4,11$-二烯-N］I_2 的理化特性的测定

① 采用化学分析方法，确定大环配合物中镍和碘的百分含量。

② 通过电导率的测定，确定大环配合物离子数目和大致结构。

③ 测定大环配体和大环配合物的红外光谱，并与文献中的谱图对照来确证该大环配合物分子结构。并通过比较上述两张IR谱图，提取并获得大环配体与镍的配位信息。

④ 测定大环配合物的电子光谱，确定该配合物最合适的构型。

⑤ 测定大环配合物的核磁共振谱，标出其各个质子的谱峰。

⑥ 测定大环配合物磁化率，确定该配合物是否具有磁性。

以上的理化特性的测定，根据具体情况可以选做部分内容，也可选择其他方法来测定大环配合物的有关特性。

五、预习内容

1. 大环配合物的种类及其应用。

2. 选择合适的化学分析方法，设计出测定大环配合物中镍和碘含量的实验方案和步骤。

六、思考题

1. 从大环配体和配合物的红外光谱图，如何说明大环配体与镍离子形成了配合物？

2. 为何从配合物的电子光谱能判断它的构型？

实验 39　对氨基苯磺酰胺（磺胺药物）的制备

一、实验目的

1. 了解并熟悉磺胺药物的合成原理和方法。

2. 掌握酰氯的氨解和乙酰氨基衍生物的水解原理。巩固回流、脱色、重结晶等基本操作。

3. 掌握有机化合物多步合成的技巧和能力。

二、实验原理

磺胺药物是含磺胺基团合成抗菌药的总称，能抑制多种细菌和少数病菌的生长和繁殖，用于防治多种病菌感染。磺胺药曾在保障人类生命健康方面发挥过重要的作用，虽然在抗生素如青霉素等问世和大量生产后，磺胺药物开始失去其作为普遍使用的抗菌剂的重要性，但磺胺在治疗诸如肺结核、麻风病、脑膜炎、猩红热、鼠疫、疟疾、呼吸道感染和尿路感染等疾病方面仍然有其广泛的用途。

乙酰苯胺是一个价廉易得的起始原料。它可与氯磺酸经氯磺化反应生成对乙酰氨基苯磺酰氯。反应中理论上需要 2mol 的氯磺酸，反应先经过中间体芳基磺酸，再进一步与氯磺酸作用得到对乙酰氨基苯磺酰氯，对乙酰氨基苯磺酰氯是制备对氨基苯磺酰胺的中间体。

$$\text{(}C_6H_4\text{)}\ NHCOCH_3 + 2HOSO_2Cl \longrightarrow \text{(}C_6H_3\text{)}\begin{matrix}NHCOCH_3\\ SO_2Cl\end{matrix} + H_2SO_4 + HCl$$

对乙酰氨基苯磺酰氯

制备对氨基苯磺酰胺时不必对对乙酰氨基苯磺酰氯干燥或进一步提纯，就可直接用于下一步的合成。因为下步为水溶液反应，但必须在合成完后就要赶快应用，不能长期放置。对乙酰氨基苯磺酰氯的氨解生成对乙酰氨基苯磺酰胺，然后将其在酸性条件下水解除去乙酰基得到对氨基苯磺酰胺。

$$\begin{matrix}NHCOCH_3\\ SO_2Cl\end{matrix} + NH_3 \longrightarrow \begin{matrix}NHCOCH_3\\ SO_2NH_2\end{matrix} + HCl$$

对乙酰氨基苯磺酰胺

$$\begin{matrix}NHCOCH_3\\ SO_2NH_2\end{matrix} + H_2O \xrightarrow{H^+} \begin{matrix}NH_2\\ SO_2NH_2\end{matrix} + CH_3COOH$$

对氨基苯磺酰胺

对乙酰氨基苯磺酰胺分子中既有酰胺也有磺酰胺，这两种酰胺基团都易于发生水解作用。在合成的最后一步是基于酰胺的酸性水解作用大大快于磺酰胺的酸性水解而成功的。

三、实验用品

仪器与材料：圆底烧瓶、球形冷凝管、锥形瓶、烧杯、量筒、抽滤瓶、布氏漏斗、短颈漏斗、玻璃棒、滤纸、滴管、表面皿、水浴锅、电炉或酒精灯。

药品：乙酰苯胺、氯磺酸、浓氨水（28%，相对密度 0.9）、浓盐酸、碳酸钠（固体）、活性炭、10%NaOH、冰。

四、实验步骤

1. 对乙酰氨基苯磺酰氯的制备

在 100mL 干燥的锥形瓶中，加入 5g(0.037mol) 干燥的乙酰苯胺，在石棉网上用小火加热至熔融。锥形瓶壁上若有少量水气凝结，应用干净的滤纸吸去。塞住瓶口冷至接近室温，再用冰水冷却，使熔化物凝结成块[1]。将锥形瓶置于冰水浴中冷却后，迅速倒入 12.5mL（0.19mol）氯磺酸[2]，立即塞上带有氯化氢导气管的塞子[3]，连接装有 10%NaOH 吸收液的抽滤瓶。如图 5-2 装置仪器。反应很快发生，并产生大量白色气雾（HCl），若反应过于剧烈，可用冰水浴冷却。待反应缓和后，微微摇动锥形瓶使固体全溶，然后再在 60～70℃水浴中加热 10min[4]，直至不再有氯化氢气体放出为止。撤去热水浴，室温放置片刻后再将反应瓶在冰水浴中完全冷却后，于通风橱中充分搅拌下，将反应液慢慢倒入盛有 75g 碎冰的烧杯中[5]，边倒边用玻棒搅拌。用约 10mL 冰水荡洗锥瓶，荡洗液一并倒入烧杯中。继续搅拌数分钟，并尽量将大块固体粉碎，使成颗粒小而均匀的白色固体。抽滤收集固体，用少量冷水洗涤，压干，得对乙酰氨基苯磺酰氯粗品，立即进行下一步反应[6]。

图 5-2 对乙酰氨基苯磺酰氯制备装置

2. 对乙酰氨基苯磺酰胺的制备

将上述粗产物移入烧杯中，在不断搅拌下慢慢加入 17.5mL 浓氨水[7]（在通风橱内进行），立即发生放热反应并产生白色糊状物。加完后继续搅拌 15min，使反应完全[8]。然后加入 10mL 水，在石棉网上缓缓加热 10min，并不断搅拌，以除去多余的氨[9]。得到的混合物可直接用于下一步反应[10]。

3. 对氨基苯磺酰胺（磺胺）的制备

将上述反应物加入到圆底烧瓶中，加入 3.5mL 浓盐酸，小火加热回流 0.5h。检验反应液的 pH 值，若不为强酸性可补加少量盐酸，再回流一段时间，重新检验，直至呈强酸性[11]。待全部产品溶解后，若溶液呈黄色，冷却，加入少量活性炭，煮沸 10min，趁热过滤。将滤液转入 400mL 烧杯中，在搅拌下小心加入粉状碳酸钠至 pH 值为 7～8[12]。在冰水浴中冷却，抽滤收集固体，用少量冰水洗涤，压干。粗产物可用水重结晶（每克产物约需 12mL 水），称重，并计算产率。

纯对氨基苯磺酰胺为无色片状或针状结晶，熔点 165～166℃。

本实验需 7～8h。

五、注释

[1] 乙酰苯胺与氯磺酸的反应相当激烈，将乙酰苯胺加热熔融目的在于使其冷却结块以减缓与氯磺酸的反应速率。同时在熔融温度下残留在乙酰苯胺中的水被蒸发掉，以免氯磺酸被水解。若蒸发出的水汽在瓶口处凝结，应揩净后再进行下步操作。当反应过于剧烈时，应适当冷却。

[2] 氯磺酸有很强腐蚀性，遇水会发生猛烈的水解反应甚至引起爆炸，在空气中会吸收水汽而产生大量氯化氢气体，所以取用时应十分小心。应戴上防护手套，在通风橱内操作。反应器皿应充分干燥，含有氯磺酸的废液应集中处理，切忌倒入水槽。

[3] 在氯磺化过程中将有大量氯化氢气体放出，为避免污染室内空气，装置应严密，导气管的末端要与接收器内的 10%NaOH 液面接近，但不能插入液中，否则可能倒吸而引发严重事故。

[4] 温度不宜过高，否则易产生较多二取代产物。

［5］加入速率必须缓慢，并充分搅拌，以免局部过热而使对乙酰氨基苯磺酰氯水解。这是实验成功的关键。

［6］纯净的对乙酰氨基苯磺酰氯尚较稳定，但此粗晶体中含有未洗净的残酸，故易于水解。实验中应尽量洗去固体所夹杂和吸附的盐酸，否则产物在酸性介质中放置过久，会很快水解。因此在洗涤后，应尽量压干，且在1～2h内将它转变为磺胺类化合物。

［7］对乙酰氨基苯磺酰胺粗产品中含有游离酸根，所以氨水的用量要超过理论量，使反应呈碱性。

［8］此步是由一种固体化合物转变成另一种固体化合物，若搅拌不充分，会有一些未反应物包夹在产物中。若有结块，应予破碎。

［9］对乙酰氨基苯磺酰胺可溶于过量的浓氨水中，若冷却后结晶析出不多，可加入稀硫酸至刚果红试纸变色，则对乙酰氨基苯磺酰胺就几乎全部沉淀析出。

［10］为了节省时间，这一步的粗产品可不必分出。若要得到产品，可在冰水浴中冷却，抽滤，用冰水洗涤，干燥即得。粗品用水重结晶，纯晶熔点为219～220℃。

［11］加入盐酸的作用首先是使对乙酰氨基苯磺酰胺水解为磺胺，然后又与磺胺形成盐酸盐而溶于水，所以应维持反应液的强酸性以确保水解完全。如果水解已经完全，则在强酸性条件下冷却应无晶体析出。若有固体析出，应继续加热回流，使反应完全。

［12］用碱中和滤液中的盐酸，使对氨基苯磺酰胺析出。磺胺为两性化合物，既溶于酸又溶于碱，在中性条件下溶解度最小，故中和时必须注意控制 pH 值，当接近中性时应更加注意，以免过量。中和过程会产生大量二氧化碳气体，所以应使用较大烧杯。加入碳酸钠粉末时应控制加入速率，少量多次并充分搅拌。

六、预习内容

1. 熟悉磺胺药物的合成原理和方法。
2. 复习冰水浴控温的操作方法及活性炭脱色的操作过程。
3. 复习有毒气体的吸收抽气过滤、重结晶及测熔点的基本操作。
4. 设计并画出一张表示实验过程各步骤的流程图，注明相关内容与数据。
5. 查阅资料填写下列数据。

化合物	分子量	相对密度 (d_4^{20})	熔点/℃	沸点/℃	折射率 (n_D^{20})	水中溶解度	投料比			理论产量 /g
							体积/mL	质量/g	物质的量/mol	
对氨基苯磺酰胺							—	—	—	
乙酰苯胺										—
氯磺酸									—	—
浓氨水										—

七、思考题

1. 为什么苯胺要乙酰化后再氯磺化？直接氯磺化行吗？
2. 如何理解对氨基苯磺酰胺是有机两性物质？试用反应式表示磺胺与稀酸和稀碱的作用。

3. 为什么在氯磺化反应完成以后处理反应混合物时，必须移到通风橱中，且在充分搅拌下缓缓倒入碎冰中？若在未倒完前冰就融化完了，是否应补加冰块？为什么？

4. 对乙酰氨基苯磺酰胺分子中既含有羧酰胺又含有磺酰胺，但是水解时，前者远比后者容易，如何解释？

八、安全指南

1. 氯磺酸：具有非常强烈的腐蚀性的化学药品。使用要非常小心。由于它猛烈地与水作用，因此会引起严重的皮肤灼伤。所有的反应容器，甚至量取化学药品的量筒都必须认真干燥。如果有溢出的氯磺酸在皮肤或衣服上，应迅速用大量的水冲洗。

2. 乙酰苯胺：有毒，具有刺激性，口服有害，避免吸入粉尘，避免与眼睛和皮肤接触。

3. 浓氨水：有腐蚀性和刺激性，使用时必须有良好的通风，避免吸入其蒸气和触及皮肤。

4. 盐酸：防止其腐蚀性伤害，在使用时要倍加小心。

5. 本实验及反应中生成酸性的气体氯化氢，除使用吸收装置外，还应在通风条件下进行操作。

实验 40   7,7-二氯双环[4.1.0]庚烷

一、实验目的

1. 学习相转移催化条件下二氯卡宾的生成和7,7-二氯双环 [4.1.0] 庚烷的制备原理和方法。

2. 了解相转移催化剂和相转移催化作用的原理。

3. 掌握有机化合物多步合成的技巧和能力。

二、实验原理

7,7-二氯双环 [4.1.0] 庚烷是有机合成的中间体。可由环己烯与二氯碳烯（:CCl₂）发生亲电加成反应制备得到。其反应式为：

$$\text{环己烯} + :CCl_2 \longrightarrow \text{7,7-二氯双环[4.1.0]庚烷}$$

:CCl₂ 是一种卤代碳烯。碳烯又称卡宾（carbene），是通式为 :CR₂ 的中性活性中间体的总称。这是一类具有 6 个价电子的两价碳原子活性中间体，所以具有很强的亲电性，可以和烯烃发生亲电加成反应。在有机合成中常由卡宾与烯烃反应制备环丙烯衍生物：

$$>C=C< \ + :CR_2 \longrightarrow \ >\!\!\begin{array}{c}C-C\\ R\ \ R\end{array}\!\!<$$

实验室合成卡宾通常用两种方法。

(1) 重氮化合物的光或热分解

$$[R_2C=\overset{+}{N}=\overset{-}{C}] \xrightarrow{\text{光或热}} R_2C: + \ N_2 \uparrow$$

（2）通过 α-H 消去　通常由氯仿与强碱作用：

$$CHCl_3 \xrightarrow[-H^+]{OH^-} :\overset{-}{C}Cl_3 \xrightarrow{-Cl^-} :CCl_2$$

第（1）种方法有一定的危险性。第（2）种方法安全方便，但反应时间比较长且须在绝对无水条件下进行。有时还需使用毒性很高的溶剂。在有水的情况下，$:CCl_2$ 一生成即被迅速水解，生成如下副产物：

$$:CCl_2 \begin{cases} \xrightarrow{H_2O} CO + 2Cl^- + 2H^+ \\ \xrightarrow{2H_2O} HCOO^- + 2Cl^- + 3H^+ \end{cases}$$

因此在这种水溶液中产生出来的 $:CCl_2$ 不能有效地被捕获，最后得到的加成物产率很低，仅为 5％。

若在少量相转移催化剂作用下，由于氯仿在 50％氢氧化钠作用下，在水相中生成的 $^-CCl_3$ 阴离子很快地转入有机相，并分解成 $:CCl_2$，$:CCl_2$ 在有机溶剂中立即与环己烯发生加成，产率较高，操作也简便。

相转移催化反应通常要在搅拌下进行，无需很高温度，催化剂用量很少且产率大大提高。季铵盐是一种常用的相转移催化剂，主要有苄基三乙基氯化铵（TEBA）、四丁基溴化铵（TBAB）和三辛基甲基氯化铵（TOMA）等。它可以由卤代烃与叔胺进行亲核取代而制得。

苄基三乙基氯化铵（TEBA）制备的反应式：

$$C_6H_5CH_2Cl + N(C_2H_5)_3 \longrightarrow C_6H_5CH_2\overset{+}{N}(C_2H_5)_3\overset{-}{Cl}$$

氯仿、50％NaOH 溶液和环己烯在季铵盐作用下的反应过程可图示如下：

水相　$C_6H_5CH_2\overset{+}{N}(C_2H_5)_3\overset{-}{Cl} + NaOH \rightleftharpoons C_6H_5CH_2\overset{+}{N}(C_2H_5)_3\overset{-}{OH} + NaCl$

界面 --

有机相

$C_6H_5CH_2\overset{+}{N}(C_2H_5)_3\overset{-}{Cl} + :CCl_2 \rightleftharpoons C_6H_5CH_2\overset{+}{N}(C_2H_5)_3CCl^- + H_2O$

三、实验用品

仪器与材料：三口烧瓶、圆底烧瓶、电动搅拌器、球形冷凝管、直形冷凝管、空气冷凝管、蒸馏头、克氏蒸馏头、锥形瓶、分液漏斗、抽滤瓶、布氏漏斗、玻璃棒、滤纸、滴管、烧杯、量筒、温度计、电炉或酒精灯等。

药品：氯仿、氯化苄、环己烯、三乙胺、苄基三乙基氯化铵（TEBA）、50％ NaOH 溶液、乙醚、1,2-二氯乙烷、2mol/L HCl 溶液、无水硫酸镁。

四、实验步骤

1. 相转移催化剂苄基三乙基氯化铵（TEBA）的制备

在装有搅拌器、回流冷凝管的三口烧瓶中，加入 1.3mL(0.012mol) 氯化苄[1]、1.7mL（0.09mol）三乙胺和 10mL 1,2-二氯乙烷，回流搅拌 1.5h。将反应液趁热倒入烧杯中，待冷却后析出白色晶体。抽滤[2]，用少量 1,2-二氯乙烷洗涤 2 次，充分干燥后称重，并计算产率。必要时可进行重结晶，季铵盐易吸潮，干燥后的产品应置于干燥器中保存[3]。

2. 环己烯的合成

参见实验 12。

3. 7,7-二氯双环［4.1.0］庚烷的合成

在装有搅拌器[4]、回流冷凝管和温度计的 50mL 三口烧瓶中加入 4mL(0.04mol) 环己烯、0.2g TEBA 和 6.5mL(0.08mol) 氯仿[5]。开动搅拌，用滴管在冷凝管上口以较慢的速度滴加配制好的 8mL 50% NaOH 溶液，10～15min 滴完。放热反应使瓶内温度逐渐上升至 50～60℃[6]，反应物的颜色逐渐变为橙黄色并有固体析出。当温度开始下降后，于水浴中加热回流，继续搅拌 45～60min[7]。反应完后冷却至室温，加入约 20mL 水至固体全部溶解，将混合物转入分液漏斗，分出有机层[8]，水层用 20mL 乙醚[9]提取一次，将提取液与有机相合并，分别用 5mL 2mol/L HCl 溶液洗涤一次，再用 5mL 水洗 2 次，用无水硫酸镁干燥。

在水浴上蒸去溶剂，然后进行减压蒸馏，收集 75～80℃/2.0kPa(15mmHg) 或 95～97℃/4.66kPa(35mmHg) 馏分。产品也可在常压下蒸馏，收集 190～198℃馏分，沸点时产物有轻微的分解。称重或量取产品体积，并计算产率，测产物的沸点或折射率。

纯 7,7-二氯双环［4.1.0］庚烷无色液体，沸点为 197～198℃，折射率为 $n_D^{20}1.5014$。

本实验需 8～10h。

五、注释

[1] 久置的氯化苄经常伴有苄醇和水。使用前最好进行蒸馏提纯。

[2] TEBA 是季铵盐类化合物，极易在空气中受潮分解，过滤操作迅速，避免长时间暴露在空气中。

[3] 产品也可在 100℃下真空干燥，隔绝空气保存。

[4] 也可用电磁搅拌代替电动搅拌，效果更好。相转移反应是非均相反应，搅拌必须是有效而安全的，这是实验成功的关键。

[5] 应当使用无乙醇的氯仿。普通氯仿为防止分解而产生有毒的光气，一般加入少量乙醇作稳定剂，使用前应除去。除去乙醇的方法是：用等体积水洗涤氯仿 2～3 次，用无水 CaCl₂ 干燥数小时后进行蒸馏。

[6] NaOH 溶液缓慢滴加不久反应便可以发生。反应放出的热使反应烧瓶内温度上升至 50～60℃，并开始有回流液滴下。反应液逐渐乳化，颜色变为橙黄色。此时应保持在该温度下继续缓慢滴加 NaOH 溶液；如果温度上升太快，可放慢滴加速率或适当冷却降温。相反，如果温度不能自行上升到 50～60℃，可适当加热。滴加完毕后，反应瓶内温度会慢慢下降。

反应温度必须控制在 50～60℃，低于 50℃则反应不完全，高于 60℃反应颜色加深，黏稠，产量低，原料或中间体卡宾均可能挥发损失。

[7] 适当延长反应时间，可以提高产率。

[8] 如两层界面上出现较多泡沫乳化层，该乳化层不溶于水，也不溶于乙醚，可过滤除去。

[9] 水相用乙醚提取时，轻轻摇动即可，以免发生乳化而难以分层。

六、预习内容

1. 预习回流、萃取与洗涤、搅拌、蒸馏和减压蒸馏等的原理和操作。

2. 在苄基三乙基氯化铵（TEBA）的制备实验中，未反应的原料是如何除去的？

3. 在 7,7-二氯双环［4.1.0］庚烷的制备实验中，滴加 NaOH 溶液时，应注意哪些问题？

4. 在 7,7-二氯双环［4.1.0］庚烷的制备实验中，反应混合物除产品外，还有哪些杂质？这些杂质是如何除去的？

5. 在蒸馏 7,7-二氯双环［4.1.0］庚烷时，应如何操作？为什么？

6. 设计并画出一张表示实验过程各步骤的流程图，注明相关内容与数据。

7. 查阅资料填写下列数据。

化合物	分子量	相对密度 (d_4^{20})	熔点 /℃	沸点 /℃	折射率 (n_D^{20})	水中溶解度	投料比			理论产量/g
							体积/mL	质量/g	物质的量/mol	
7,7-二氯双环[4.1.0]庚烷							—	—	—	
TEBA										
氯仿										—
氯化苄										—
环己烯										—
三乙胺										—
乙醚										—
1,2-二氯乙烷										—

七、思考题

1. 根据相转移反应的原理，写出本反应中离子的转移和二氯卡宾的产生及反应过程。

2. 本实验反应过程中为什么要激烈搅拌反应混合物？

3. 本实验中为什么要使用大大过量的氯仿？

4. 常用的相转移催化剂除季铵盐外还有哪些类型？试举例说明。

八、安全指南

1. 苄氯和三乙胺：均为催泪剂，且苄氯对皮肤有强烈的刺激性，因此尽可能避免接触皮肤、眼睛及吸入其蒸气。

2. 氯仿：刺激黏膜，损害肝、心脏，是已知的致癌物。防止吸入、摄入。防止与皮肤接触。

3. 1,2-二氯乙烷：属高毒类，蒸气有剧毒。对眼睛及呼吸道有刺激作用。吸入可引起肺水肿；抑制中枢神经系统、刺激胃肠道和引起肝、肾和肾上腺损害。皮肤与液体反复接触能引起皮肤干燥、脱屑和裂隙性皮炎。

4. 环己烯：中等毒性，勿吸入其蒸气或触及皮肤；易燃，应远离火源，避免火灾。

5. 苄基三乙基氯化铵（TEBA）：对眼睛、呼吸系统和皮肤有刺激。

6. 浓碱溶液呈黏稠状，腐蚀性极强，应小心操作。盛碱的分液漏斗用后要立即洗干净，以防旋塞受腐蚀而黏结。

7. 注意乙醚的安全操作。

实验 41　2,4-二氯苯氧乙酸（植物生长素）的制备

一、实验目的
1. 学习制备生长素 2,4-二氯苯氧乙酸的原理和方法。
2. 学习芳烃氯化反应理论，掌握次氯酸氯化方法。
3. 熟悉多步操作反应以及了解中间产物质量控制的意义。
4. 掌握有机化合物多步合成的技巧和能力。

二、实验原理
植物生长调节剂是一类能促进或抑制植物生长的农药。在高等植物体内有一种起促进或抑制作用的代谢产物，是植物生命活动中不可缺少的物质，即植物生长素。2,4-二氯苯氧乙酸，又称 2,4-D，是一种应用十分广泛的除草剂和植物生长素。低浓度 2,4-二氯苯氧乙酸对植物生长具有刺激作用，能促进作物早熟增产，防止果实早期落花落果，并可以导致无籽果实的形成。高浓度的 2,4-二氯苯氧乙酸对植物具有灭杀作用，可作除草剂，还可用作防霉剂。

2,4-二氯苯氧乙酸的合成方法主要有两类：先氯化法和后氯化法。

(1) 先氯化法　以苯酚为原料，先氯化，再与氯乙酸缩合。

(2) 后氯化法　以苯酚和氯乙酸为原料，先缩合，再氯化。

由于酚羟基对苯环具有很强的致活作用，在采用先氯化法时容易产生三氯苯氧乙酸副产物。相比较而言，用后氯化法生产的 2,4-二氯苯氧乙酸质量好，产率也较高，因而应用更为广泛一些。工业上的氯化反应通常采用经压缩储于钢瓶中的氯气作氯化剂，这在实验教学中是有困难和危险的。本实验采取先缩合后氯化的路线合成 2,4-二氯苯氧乙酸[1]，其中氯化反应是通过浓盐酸加过氧化氢和次氯酸钠在酸介质中进行氯化，避免了直接使用氯气带来的危险和不便。

三、实验用品
仪器与材料：三口烧瓶、球形冷凝管、滴液漏斗、分液漏斗、锥形瓶、电动搅拌器、抽滤瓶、布氏漏斗、玻璃棒、滤纸、滴管、烧杯、量筒、温度计、pH 试纸、冰浴、电炉或酒精灯等。

药品：氯乙酸、苯酚、饱和 Na_2CO_3 溶液、10％ Na_2CO_3 溶液、35％ NaOH 溶液、冰醋酸、HCl、20％ HCl、33％过氧化氢、三氯化铁、5％次氯酸钠、乙醇、乙醚、四氯化碳液。

四、实验步骤

1. 苯氧乙酸的合成

在 100mL 三口烧瓶上安装搅拌器、回流冷凝管和滴液漏斗，放置 3.8g 氯乙酸（0.04mol）和 5mL 水。开动搅拌器，自滴液漏斗慢慢滴加饱和 Na_2CO_3 溶液[2]（约需 7mL），至溶液 pH 为 7～8。然后加入 2.5g 苯酚（2.4mL，0.027mol），再慢慢滴加 35％ NaOH 溶液至反应混合物 pH 为 12，将反应物在沸水浴上搅拌反应 30min，反应过程中 pH 值会下降，应补加 NaOH 溶液，保持 pH 为 12。再继续搅拌加热 15min。反应完毕后，趁热将反应混合物倒入烧杯中，边搅拌边滴加浓 HCl 酸化至 pH 为 3～4。在冰浴中冷却，析出固体，待结晶完全后，抽滤，粗产物用冷水洗涤 2～3 次，在 60～65℃下干燥。干燥后称重并计算产率，测定熔点。粗产物可直接用于 4-氯苯氧乙酸的制备。

纯苯氧乙酸为白色片状或针状晶体，熔点为 98～100℃。

2. 对-氯苯氧乙酸的合成

在 100mL 三口烧瓶上安装搅拌器、回流冷凝管和滴液漏斗，放置 3g（0.02mol）上述制备的苯氧乙酸和 10mL 冰醋酸。水浴加热，同时开动搅拌。待水浴温度上升至 55℃时，加入少量（约 0.02g）三氯化铁和 10mL 浓 HCl[3]。当水浴温度升至 60～70℃时，自滴液漏斗慢慢滴加 3mL 33％过氧化氢（约 10min 加完），滴加完毕后保持此温度再反应 20min。升高温度使瓶内固体全部溶解。停止搅拌，慢慢冷却，析出结晶。抽滤，粗产物用水洗涤 3 次。粗品用 1：3 乙醇-水重结晶，干燥后称重并计算产率，测定熔点。

纯对-氯苯氧乙酸为无色晶体，熔点为 158～159℃。

3. 2,4-氯苯氧乙酸的合成

将 100mL 锥形瓶放在磁力搅拌器上，瓶中加入 1g(0.0053mol) 干燥的对氯苯氧乙酸和 12mL 冰醋酸，搅拌使固体溶解。将锥形瓶置于冰浴中冷却，在搅拌下慢慢滴加 19mL (0.014mol)5％的次氯酸钠溶液[4]。滴加完后，将锥形瓶从冰浴中取出，待反应物温度升至室温后再保持 5min，此时反应液颜色变深。向锥形瓶中加入 50mL 水，并用 20％ HCl 酸化至刚果红试纸变蓝（pH≤3）。将溶液转入分液漏斗，用乙醚萃取 3 次，每次 25mL。合并醚层。用 15mL 水洗涤 1 次，醚层用 10％ Na_2CO_3 溶液反萃取两次[5]（注意放气），每次 15mL。然后将碱性萃取液合并倒入烧杯中，再用 20％HCl 酸化至刚果红试纸变蓝。静置、冷却结晶，抽滤。晶体用少量冷水洗涤 2～3 次。干燥后称重并计算产率，测定熔点。粗产品可用四氯化碳重结晶。

纯 2,4-氯苯氧乙酸[6]为无色晶体，熔点为 138～140℃。

本实验需 7～8h。

五、注释

[1] 本实验第一步产物苯氧乙酸是一种防腐剂。第二步产物对-氯苯氧乙酸是一种防落素，有防止农作物落叶落果的功效。终产物 2,4-二氯苯氧乙酸，是一种有效的除草剂。其中后二者均属植物生长调节剂。

[2] 为防止 $ClCH_2COOH$ 水解，先用饱和 Na_2CO_3 溶液使之成盐，注意加碱的速度要慢。

〔3〕开始滴加时，可能有沉淀产生，不断搅拌后又会溶解，HCl不能过量太多，否则会生成盐而溶于水。若未见沉淀生成，可再补加 2～3mL 浓 HCl。

〔4〕若次氯酸钠过量，会使产量降低。也可直接用市售洗涤漂白剂，不过由于次氯酸钠不稳定，所以常会影响反应。

〔5〕此步操作要小心，有二氧化碳气体逸出，故最好先在烧杯中进行，然后再转移至分液漏斗中充分振摇。

〔6〕制备得到的 2,4-氯苯氧乙酸可以配制成 0.5% 的水溶液（向其中加入碳酸钠以中和游离酸）。加一些洗涤剂作为湿润剂，加入一些尿素作为肥料。该药剂用于苗圃试验药效时，可发现花苗不受伤害，但杂草在 4～5 天后开始枯萎，几周后将被消灭。

六、预习内容

1. 复习 Williamson 醚合成反应的原理和方法。

2. 复习芳烃氯化反应的原理和方法。

3. 预习搅拌、萃取与洗涤、抽滤、重结晶等的原理和操作。

4. 列出主要反应物的投料摩尔比。反应介质及催化剂是什么？反应温度及反应时间为多少？

5. 了解 2,4-氯苯氧乙酸的其他制备方法。

6. 设计并画出一张表示实验过程各步骤的流程图，注明相关内容与数据。

7. 查阅资料填写下列数据。

化合物	分子量	相对密度 (d_4^{20})	熔点/℃	沸点/℃	折射率 (n_D^{20})	水中溶解度	投料比			理论产量/g
							体积/mL	质量/g	物质的量/mol	
2,4-氯苯氧乙酸							—	—	—	
对-氯苯氧乙酸										
苯氧乙酸										
苯酚										—
氯乙酸										
冰醋酸										
乙醚										—

七、思考题

1. 以酚钠和氯乙酸作原料制醚时，为什么要先使氯乙酸成盐？可否用苯酚和氯乙酸直接反应制备醚？

2. 说明本实验中各步反应的 pH 值的目的和意义。

3. 试从苯出发，提出一条合成 2,4-氯苯氧乙酸的反应路线。

4. 以苯氧乙酸为原料，如何制备对溴苯氧乙酸？能用本法制备对碘苯氧乙酸吗？为什么？

5. 写出在酸催化下次卤酸与芳烃发生卤代的反应机理。

八、安全指南

1. 氯乙酸：有强刺激性和腐蚀性，能灼伤皮肤。防止摄入，防止触及皮肤，若不慎触及皮肤，先用大量水冲洗，再用 3% 的碳酸氢钠溶液擦洗。

2. 2,4-二氯苯氧乙酸：吸入、摄入和皮肤吸收均有毒。空气中容许浓度 10mg/m³，防止吸入、摄入，防止皮肤接触。

3. 冰醋酸：有腐蚀性，量取时要当心。

4. 乙醚：使用时防止明火。

5. 苯酚：能够灼伤皮肤，引起坏死或皮炎，皮肤被沾染应立即用温水及酒精清洗。

6. 盐酸：防止其腐蚀性伤害，在使用时要倍加小心。

7. 过氧化氢：爆炸性强氧化剂。过氧化氢本身不燃，但能与可燃物反应放出大量热量和氧气而引起着火爆炸。具强刺激性。吸入蒸气会造成眼睛、鼻子及喉咙之刺激感。皮肤接触会造成刺痛及暂时性变白。

8. 次氯酸钠：具有腐蚀性，可致人体灼伤，具致敏性。受高热分解产生有毒的腐蚀性烟气。如果接触皮肤，应用大量流动清水冲洗。

实验 42 硝苯吡啶(药物心痛定)的制备

一、实验目的

1. 学习制备药物心痛定的原理和方法。

2. 熟悉多步操作反应以及了解中间产物质量控制的意义。

3. 掌握有机化合物多步合成的技巧和能力。

二、实验原理

钙离子拮抗剂是一类重要的心血管药物，它的发现和临床应用被认为是 20 世纪后期在心血管疾病治疗方面最重要的成就之一。以硝苯吡啶（nifedipine，NV）为代表的 1,4-二氢吡啶类化合物是 20 世纪 70 年代以来相继开发的一类新型的高效钙离子拮抗剂，由于其疗效显著、副作用较低，多年来一直是临床上治疗高血压的一线药物，国内外对该类化合物的研究及开发十分活跃，它也是近年来新品种上市较多，销售额增长较快的一类药物。心痛定化学名为 1,4-二氢-2,6-二甲基-4-(2-硝基苯基)-3,5-吡啶二羧酸二乙酯，也叫硝苯地平（xiao-bendiping nifedipine）。它是治疗心血管疾病的一种主要药物，具有增加冠状动脉血流量、减慢心率和降低心机耗氧量的作用。1,4-二氢吡啶类药物的制备一般采用 Hantzsch 反应。

反应式：

$$2CH_3COOC_2H_5 \xrightarrow[\text{(2)}CH_3COOH]{\text{(1)}C_2H_5ONa} CH_3COCH_2COOC_2H_5 + C_2H_5OH$$

三、实验用品

仪器与材料：三口烧瓶、球形冷凝管、滴液漏斗、烧杯、抽滤瓶、布氏漏斗、玻璃棒、滤纸、滴管、量筒、电炉或酒精灯等。

药品：邻硝基苯甲醛、乙酰乙酸乙酯（自制）、乙醇、浓氨水、四氯化碳。

四、实验步骤

1. 乙酰乙酸乙酯的合成

参见实验 28。

2. 心痛定的合成

在 100mL 三口烧瓶上安装搅拌器、回流冷凝管和滴液漏斗。瓶内加入 1.5g(0.01mol) 邻硝基苯甲醛、3mL(0.024mol) 乙酰乙酸乙酯和 8mL 乙醇，加热回流。自滴液漏斗慢慢滴入 3.3mL(0.084mol) 浓氨水。滴完后加热回流 6h，停止加热。稍冷后将反应瓶内混合物倒入盛有 20mL 冰水的烧杯中，静置冷却，产物呈棕色黏状物。将烧杯置于超声波清洗器中振荡 15～20min，棕色黏状固化成棕黄色固体。抽滤，用水洗涤固体。粗产物用乙醇重结晶，得到黄色粉末结晶，干燥后称重并计算产率，测定熔点。粗产品可用四氯化碳重结晶。

纯 1,4-二氢-2,6-二甲基-4-(2-硝基苯基)-3,5-吡啶二羧酸二乙酯为黄色粉末结晶，熔点为 171～175℃。

本实验约需 10h。

五、预习内容

1. 复习 Hantzsch 反应的原理和方法。

2. 预习搅拌、固体洗涤、抽滤、重结晶等的原理和操作。

3. 查阅并整理有关硝苯吡啶药物合成的研究进展或在本专业领域的最新动态，写出综述。

4. 设计并画出一张表示实验过程各步骤的流程图，注明相关内容与数据。

5. 查阅资料填写下列数据。

化合物	分子量	相对密度 (d_4^{20})	熔点/℃	沸点/℃	折射率 (n_D^{20})	水中溶解度	投料比			理论产量 /g
							体积/mL	质量/g	物质的量/mol	
心痛定							—	—		—
邻硝基苯甲醛										—
乙酰乙酸乙酯										—
氨水										—

六、思考题

1. 写出 Hantzsch 反应合成吡啶环的反应机理。

2. 将呈棕色黏状物的初产物，置于超声波清洗器中振荡 15～20min，作用是什么？

七、安全指南

1. 邻硝基苯甲醛：中等毒性，有刺激性。防止吸入、摄入，防止皮肤接触。

2. 乙酰乙酸乙酯：中等毒性，有刺激性和麻醉性。可燃，遇明火、高热或接触氧化剂有发生燃烧的危险。

3. 氨水：有腐蚀性和刺激性，使用时必须有良好的通风，避免吸入其蒸气和触及皮肤。

实验 43　苯佐卡因(局部麻醉剂)的制备

一、实验目的

1. 了解局部麻醉剂的有关知识。

2. 掌握苯佐卡因的合成方法。

3. 熟悉多步操作反应以及了解中间产物质量控制的意义。

4. 通过实验培养科学实验的能力和素质。

二、实验原理

局部麻醉剂是外科手术所必需的止痛剂。最早的麻醉药是从南美生长的古柯植物中提取的古柯生物碱或称可卡因，虽然其有较好的麻醉作用，但它具有容易成瘾和毒性大等缺点。在确定了可卡因的结构和药理作用以后，人们一直在寻找一种理想的局部麻醉剂，现已发现有活性的这类药物均具有共同的结构特征。

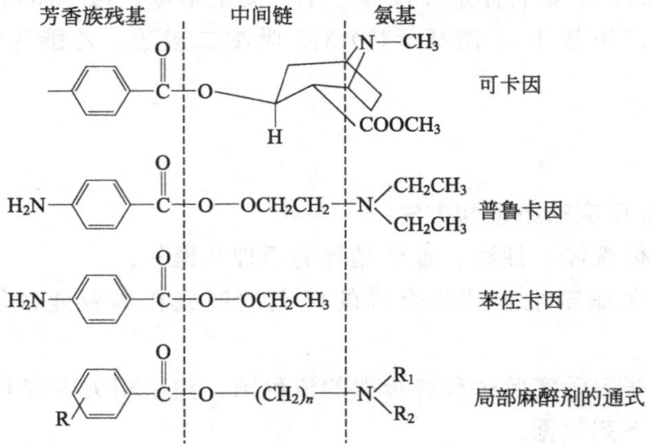

苯佐卡因和普鲁卡因是其中的两种。这类药物均有以下共同的结构特征：分子的一端是芳环，另一端则是仲胺或叔胺，两个结构单元之间相隔 1~4 个原子连结的中间链。芳环部分通常为芳香酸酯。

苯佐卡因（benzocaine），其学名为对氨基苯甲酸乙酯。白色结晶粉末，无臭、无味，遇光渐渐变黄。熔点 90℃，难溶于水（1g/2500mL），溶于乙醇（1g/5mL）和乙醚（1g/2mL），亦能溶于稀酸。苯佐卡因是局部麻醉药物中结构最简单的一种，能麻痹感觉神经的末梢，麻醉力虽不强，但作用持久，吸收缓慢且毒性小。主要供皮肤擦剂之用，如外用于皮肤病止痒、创口、火伤、黏膜溃疡和痔疮等症的止痛，常配制成软膏或栓剂应用。有时也供内服，作胃部镇静及止痛之用。

苯佐卡因有多种合成路线，本实验以对硝基甲苯为原料，经氧化、还原、酯化制得苯佐卡因。

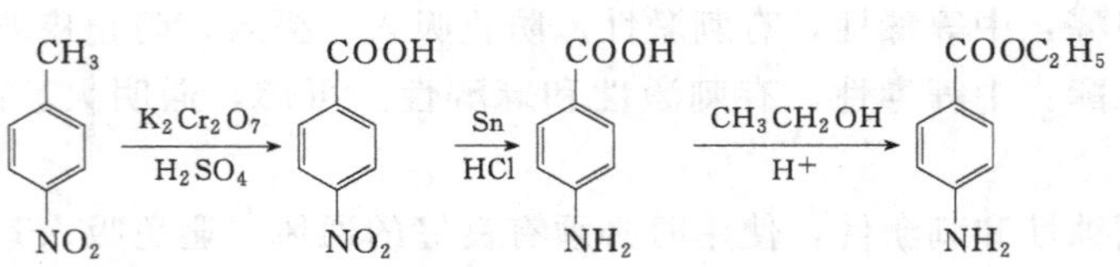

三、实验用品

仪器与材料：三口圆底烧瓶、圆底烧瓶、球形冷凝管、锥形瓶、烧杯、抽滤瓶、布氏漏斗、滴液漏斗、玻璃棒、滤纸、量筒、滴管、温度计、表面皿、蒸发皿、水浴锅、电动搅拌器、电炉或酒精灯等。

药品：对硝基甲苯、重铬酸钠、浓硫酸、5％硫酸溶液、15％硫酸溶液、5％氢氧化钠溶液、对硝基苯甲酸（自制）、锡粉、浓盐酸、氨水、冰醋酸、对氨基苯甲酸（自制）、无水乙醇、碳酸钠固体、10％碳酸钠溶液、活性炭。

四、实验步骤

1. 对硝基苯甲酸的合成

在装有搅拌器、回流冷凝管和滴液漏斗的 100mL 三口圆底烧瓶中，加入 9g(0.03mol) 重铬酸钠、18mL 水与 3g(0.022mol) 对硝基甲苯[1]。混合均匀，在搅拌下，控制在 0.5h 内，慢慢滴加 13mL 浓硫酸[2]。加料完毕，稍冷却后，加入沸石，缓和沸腾回流 0.5h[3]。待反应物冷却后，在搅拌下加入 30mL 冰水，立即有沉淀析出，过滤得固体，再用少量水洗涤[4]。将沉淀移入烧杯中，抽滤至干。为了彻底除去铬盐，应将粗制物与 15mL 5% 的硫酸混合，于沸水浴上加热并搅拌 10min。冷却后收集沉淀，将此沉淀溶于 25mL 5% 氢氧化钠水溶液中，滤去不溶的氢氧化铬 [Cr(OH)₃]。在搅拌下向滤液中加入适量的活性炭煮沸后趁热过滤。冷却后在充分搅拌下将滤液慢慢地倒入 30mL 15% 的硫酸溶液中[5]。对硝基苯甲酸随即析出。抽滤，滤饼依次用少量稀硫酸、水洗涤，抽干。得到晶体于 100～110℃ 干燥。称重、计算产率并测定熔点。

纯对硝基苯甲酸为浅黄色针状结晶，熔点为 242℃。

2. 对氨基苯甲酸的合成

在 50mL 圆底烧瓶中，加入上述制得的 2g(0.012mol) 对硝基苯甲酸[6]和 7g(0.059mol) 锡粉[7]，装上球形冷凝管，从其管口分批加入 20mL 浓盐酸[8]，边加边振荡反应瓶，反应立即开始[9]。不断振荡，必要时再微热片刻以保持反应正常进行。反应液中锡粉逐渐减少，20～30min 后，大部分锡均已参与反应，反应液呈澄清后，放置冷却，稍冷，将反应液倾入烧杯中，剩余的锡粉用 5mL 水洗涤一次[10]，洗涤液也倾入烧杯中，再加入浓氨水，直至溶液对石蕊试纸呈碱性反应，放置片刻过滤除去析出的二氧化锡沉淀，用少许水洗涤沉淀。合并滤液和洗涤液，放在蒸发皿中，滴加冰醋酸于滤液中使呈微酸性[11]，于通风橱内在水浴上浓缩[12]到开始有结晶析出。放置冷却过滤。滤液再浓缩可得第二生成的对氨基苯甲酸。干燥后，称重、计算产率并测定熔点。

纯对氨基苯甲酸为无色或淡黄色晶体，熔点 188～189℃。

3. 对氨基苯甲酸乙酯的合成

在干燥的 50mL 圆底烧瓶[13]中，加入上述制得的对氨基苯甲酸[14]1g(0.0073mol)，加入 13mL 无水乙醇旋摇烧瓶使大部分固体溶解。将烧瓶置于冰浴中冷却，加入 1.5mL 浓硫酸[15]。将混合物充分摇匀、投入沸石，在热水浴上加热回流 1h，反应液呈无色透明状。趁热将反应液倒入盛有 40mL 水的 250mL 烧杯中[16]。溶液稍冷后，慢慢加入碳酸钠固体粉末，边加边搅拌，使碳酸钠粉末充分溶解，当液面有少许白色沉淀出现时，慢慢加入 10% 碳酸钠溶液[17]，将溶液 pH 调至中性，过滤得固体产品。用少量水洗涤固体，抽干。烘干后，称重、计算产率并测定熔点。

纯对氨基苯甲酸乙酯[18]为无色斜方形结晶，熔点为 91～92℃。

本实验需 12～14h。

五、注释

[1] 对硝基甲苯为菱形晶体。熔点为 53～54℃，沸点为 238.3℃，相对密度为 1.286，折射率为 1.5554。溶于甲醇、乙醇、乙醚、氯仿、丙酮、苯等。几乎不溶于水。闪点 106℃（闭杯）。空气中容许浓度 5mg/m³。

[2] 硫酸加入后与水接触并发生很大的稀释热，氧化作用也就随之发生，反应物的颜色由橙红色转变为暗绿色。如果硫酸加入后未能立刻发生变化，也可在回流条件下微热片刻以促使氧化作用的发生，但当反应开始后，就应移去热源。此时所产生的反应热将使反应液呈微沸状态。每次加入的硫酸量不宜过多、过快。必要时可用冷水冷却，以免反应过剧而发生冲料或使对硝基甲苯挥发凝结在冷凝管壁上。

[3] 此时应使反应液保持微沸状态，反应液呈黑色。反应过程中，冷凝管中可能有白色针状的对硝基甲苯析出。这时可适当关小冷凝水，使其熔融滴下。

[4] 用水洗涤滤液至几乎不呈绿色。凝结成黏稠的绿色物质，这就是混有铬盐的对硝基苯甲酸。

[5] 硫酸不能反加至滤液中，否则生成的沉淀会包含一些钠盐而影响产品的纯度。中和时应使溶液呈强酸性，否则需补加少量的酸，可使一部分铬盐溶于稀硫酸而被除去。

[6] 对硝基苯甲酸为白色至淡黄色片状结晶。熔点为 241.5℃，相对密度为 1.61。溶于甲醇、乙醇、氯仿、乙醚、丙酮，微溶于水、苯和二硫化碳，不溶于石油醚。能升华。

[7] 锡粉有白锡（β-型）、灰锡（α-型）和脆锡（γ-型）。常见的是白锡，银白色金属。熔点为 231.9℃，沸点为 2507℃，相对密度为 7.31。白锡遇剧冷变为粉状灰锡，相对密度为 5.75。锡的化合价为 +2 和 +4。与浓盐酸作用成氯化亚锡，与碱作用成锡酸盐。

[8] 浓盐酸的量不宜过量，否则下一步浓氨水用量将增加，最后导致溶液体积过大。

[9] 可安装搅拌装置或磁力搅拌器，以提高反应效果。如有必要可用小火加热至反应发生，若反应太剧烈，则暂时移去火焰。

[10] 目的是将吸附在锡表面的产物洗下。

[11] pH＝5。

[12] 浓缩时，氨基可能发生氧化，从而在产品中产生有色杂质。

[13] 所用的仪器必须充分干燥，不得引入水分。

[14] 对氨基苯甲酸为淡黄色晶体，纯品无色。熔点为 187.0～187.5℃。pK_a 4.65℃，0.5％水溶液 pH 为 3.5。微溶于冷水，可溶于热水、乙醇、乙醚、乙酸乙酯，微溶于苯，不溶于石油醚。

[15] 浓硫酸是催化剂，又兼有脱水的功能。加浓硫酸要慢慢滴加，并不断振荡，以免过热引起炭化。加完硫酸后会立即产生大量沉淀，但在接下来的回流中沉淀将逐渐溶解。

[16] 酯化结束，反应液要趁热倒出，否则冷后有产物的硫酸盐析出。

[17] 碳酸钠的用量要适宜，用量过少，产品析出不完全，用量过多，则可能导致产物的水解损失。

[18] 对氨基苯甲酸乙酯为无色斜方形结晶。熔点为 92℃，沸点为 183～184℃。1g 本品可溶解于约 2500mL 水，5mL 乙醇，2mL 氯仿，4mL 乙醚，30～50mL 杏仁油及橄榄油，也溶于稀酸。在空气中稳定，无臭、味苦。

六、预习内容

1. 预习对氨基苯甲酸乙酯的性质及通过氧化、还原和酯化反应制备对氨基苯甲酸乙酯的原理。

2. 列出主要反应物的投料摩尔比。反应介质及催化剂是什么？反应温度及反应时间为多少？

3. 本实验的简化流程示意图如下，请在括号内空白处填写相应化合物的分子式及标明上（或下）层。

（1）对硝基苯甲酸的合成

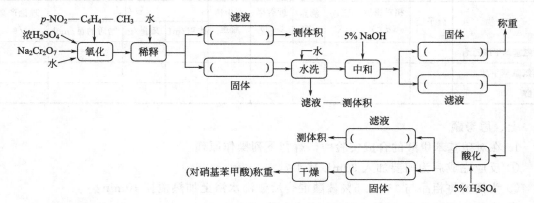

（2）对氨基苯甲酸的合成

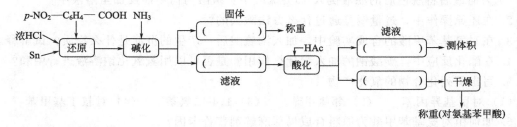

（3）对氨基苯甲酸乙酯的合成

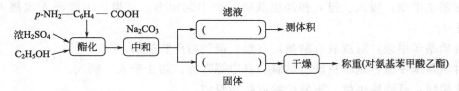

4．以对硝基甲苯为原料，还可以有哪种几种方法制取对氨基苯甲酸乙酯？

5．查阅资料填写下列数据。

氧化反应化合物的性质及投料量

化合物	分子量	相对密度 (d_4^{20})	熔点/℃	沸点/℃	折射率 (n_D^{20})	水中溶解度	投料比			理论产量/g
							体积/mL	质量/g	物质的量/mol	
对硝基苯甲酸						—	—	—	—	
对硝基甲苯					—		—	—	—	—
重铬酸钠					—				—	—

还原反应化合物的性质及投料量

化合物	分子量	相对密度 (d_4^{20})	熔点/℃	沸点/℃	折射率 (n_D^{20})	水中溶解度	投料比			理论产量/g
							体积/mL	质量/g	物质的量/mol	
对氨基苯甲酸					—		—	—	—	
对硝基苯甲酸					—		—	—	—	—
锡粉			—	—	—				—	—

化合物	分子量	相对密度 (d_4^{20})	熔点/℃	沸点/℃	折射率 (n_D^{20})	水中溶解度	投料比			理论产量/g
							体积/mL	质量/g	物质的量/mol	
对氨基苯甲酸乙酯					—		—	—	—	
对氨基苯甲酸					—					—
乙醇										—

七、思考题

1. 在对硝基苯甲酸的合成实验中，解释下列操作原理：

① 反应完成后为何要加入 30mL 冰水？

② 为何要将粗品与 15mL 5％硫酸混合后于沸水浴上加热搅拌 10min？

③ 为何将沉淀溶于 5％NaOH 水溶液中并过滤？

④ 为何最后将脱色后的滤液倒入 15％硫酸中？硫酸为何不能反加至溶液中？

2. 在还原操作中，过量锡是通过什么方法除去的？

3. 在对氨基苯甲酸的合成实验中，加入浓硫酸后，产生的沉淀是什么物质？试解释之。

4. 在酯化反应中，碳酸钠的加入起什么作用？是否可以用氢氧化钠溶液进行中和？

5. 写出下列化合物的氧化产物。

（1）对甲基异丙苯 　　（2）邻氯甲苯 　　（3）1,4-二氢萘 　　（4）对叔丁基甲苯

6. 如何由对氨基苯甲酸为原料合成局部麻醉剂普鲁卡因？

八、安全指南

1. 对硝基甲苯：吸入、摄入和经皮肤吸收会引起中毒。可燃。不要吸入或摄入，使用时避免明火。

2. 对硝基苯甲酸：对皮肤有刺激，有毒。避免与皮肤接触。

3. 对氨基苯甲酸：刺激皮肤及黏膜，有中等毒性。防止吸入、摄入。

4. 冰醋酸：具强腐蚀性，不要接触皮肤和眼睛。

5. 重铬酸钠：强氧化剂且有毒，避免与皮肤接触，反应的残余物不得随便乱倒，应放入指定回收处，以防污染环境。

6. 浓硫酸：具强腐蚀性和氧化性，使用时要倍加小心！勿接触皮肤、眼睛和衣物。

7. 氨水：刺激眼睛、皮肤，防止吸入或摄入，不要接触皮肤。

实验 44　双水杨醛缩乙二胺合铜(Ⅱ)的合成及其催化氧化安息香

一、实验目的

1. 掌握西佛碱及其配合物的合成原理和方法。

2. 掌握配位催化氧化法制二苯基乙二酮的方法。

3. 熟悉多步操作反应以及了解中间产物质量控制的意义。

4. 通过实验培养科学实验的能力和素质。

二、实验原理

二苯基乙二酮，也叫苯偶酰，是重要的医药、杀虫剂的中间体及有机合成试剂。其对紫

外线敏化的范围在 480nm 以下，可以在很宽的波长区敏化，因此可用于厚膜树脂的固化，而且固化后无色无味，故适宜用作制造食品包装用的印刷油墨等。常见的氧化方法有：氧化铬氧化法、硝酸氧化法、氯化铁氧化法等。很多过渡金属配合物具有催化活性，能够催化许多有机反应，配位催化是无机化学、有机化学、物理化学的重要研究内容。目前有许多配位催化剂应用于工业生产，例如四三苯基膦钯是非常有效的 C—C 偶联反应的催化剂，能够有效地将溴代烃和有机硼酸实现 C—C 偶联。本实验先合成双水杨醛缩乙二胺合铜（Ⅱ）配合物，然后用该配合物为催化剂对安息香进行空气氧化得到苯偶酰。该氧化反应具有催化剂制备容易、用量少、催化效率高、污染少、后处理方便等特点。

双水杨醛缩乙二胺合铜（Ⅱ）的合成：在乙醇溶剂中，水杨醛和乙二胺很容易发生缩合反应生产西佛碱（Schiff）配合物双水杨醛缩乙二胺。双水杨醛缩乙二胺由于是个螯合配体，很容易和铜离子发生配位反应，生成双水杨醛缩乙二胺合铜（Ⅱ）。

安息香催化氧化反应：在 N,N-二甲基甲酰胺（DMF）溶剂中，双水杨醛缩乙二胺合铜（Ⅱ）能够有效地充当空气氧化催化剂，将安息香氧化成二苯基乙二酮。

三、实验用品

仪器与材料：三口圆底烧瓶、球形冷凝管、锥形瓶、烧杯、抽滤瓶、布氏漏斗、滴液漏斗、玻璃棒、滤纸、量筒、滴管、温度计、水浴锅、电动搅拌器、电炉或酒精灯等。

药品：乙二胺、水杨醛、硫酸铜、N,N-二甲基甲酰胺（DMF）、95％乙醇、安息香（自制）、氢氧化钾（固体）、10％盐酸。

四、实验步骤

1. 双水杨醛缩乙二胺合成

在装有回流冷凝管和搅拌器的三口圆底烧瓶中加入 10.5mL(0.1mol) 水杨醛和 50mL 95％的乙醇，开动搅拌器搅拌，加热回流，慢慢滴加由 3.5mL(0.05mol) 乙二胺和 10mL 95％乙醇混合的液体，加毕后继续回流 0.5h，稍冷，将反应液倾入烧杯中，冷却到室温，将析出的淡黄色固体，抽滤，滤饼用 60％乙醇洗涤 2 次，抽干，得到黄色的固体，真空干燥后，称量并计算产率。

纯双水杨醛缩乙二胺为淡黄色固体，熔点为 126～127℃。

2. 双水杨醛缩乙二胺合铜（Ⅱ）的合成

在锥形瓶中加入上述制得的双水杨醛缩乙二胺 7g(0.026mol) 和 30mL 的 DMF[1]，振荡使全部晶体溶解，放在水浴中加热到 60℃ 时[2]，加入 10mL 42％硫酸铜水溶液 (0.026mol)，加毕保温搅拌反应 1h[3]，冷却后，将反应液倾入装有 35mL 水的烧杯中，抽滤，滤饼用 50％乙醇洗涤 2 次，抽干，于 80℃烘箱中干燥，称量并计算产率。

纯双水杨醛缩乙二胺合铜（Ⅱ）为草绿色晶体，熔点＞220℃（分解）。

3. 安息香的合成

参见实验 33。

4. 安息香的催化氧化反应

往配有搅拌器和空气导管的三口烧瓶中，加入 5g（0.025mol）安息香和 30mL DMF，溶解后再加入 1.5g 氢氧化钾和 0.7g 催化剂双水杨醛缩乙二胺合铜（Ⅱ）。开动搅拌器搅拌，通入空气进行氧化[4]，在维持温度 40℃的水浴中加热，反应时间为 3h，反应结束后，冷却到室温，将其倾到装有 80mL 水的烧杯中[5]，然后用 10%盐酸调节反应液使 pH＝3～4，固体析出后抽滤、水洗，用 85%乙醇重结晶，烘干后，称重、计算产率并测定熔点。

纯粹二苯基乙二酮为黄色针状晶体，熔点为 95～96℃。

本实验约需 10h。

五、注释

[1] 由于双水杨醛缩乙二胺和硫酸铜的溶解性的限制，而采用 DMF 代替常用溶剂乙醇，产物在反应后用水稀释，因溶解度大大降低从而在溶液中析出，便于分离纯化。

[2] 水浴加热温度不宜太高，在大于 60℃时，该配合物容易水解。

[3] 此间会有绿色沉淀渐渐转为草绿色晶体析出。

[4] 为了方便空气通入，可以在三口烧瓶的一口用减压泵抽气，进气口用玻璃管插入溶液，以便让空气持续稳定通入。

[5] 产品二苯基乙二酮容易结块，因此在冷却结晶时，应用玻璃棒搅动，防止结成大块，以免包进杂质。

六、预习内容

1. 西佛碱（Schiff）及其配合物的制备原理和性质。
2. 了解氧化反应的概念和基本原理。
3. 双水杨醛缩乙二胺合铜（Ⅱ）的反应温度及反应时间为多少？
4. 查阅并整理有关安息香氧化反应的资料和文献，写出综述。
5. 设计并画出一张表示实验过程各步骤的流程图，注明相关内容与数据。
6. 查阅资料填写下列数据。

西佛碱（Schiff）反应的性质及投料量

化合物	分子量	相对密度 (d_4^{20})	熔点 /℃	沸点 /℃	折射率 (n_D^{20})	水中溶解度	投料比			理论产量 /g
							体积 /mL	质量 /g	物质的量 /mol	
双水杨醛缩乙二胺					—	—				—
水杨醛										—
乙二胺					—					—

配位反应化合物的性质及投料量

化合物	分子量	相对密度 (d_4^{20})	熔点 /℃	沸点 /℃	折射率 (n_D^{20})	水中溶解度	投料比			理论产量 /g
							体积 /mL	质量 /g	物质的量 /mol	
双水杨醛缩乙二胺合铜（Ⅱ）					—	—				—
双水杨醛缩乙二胺					—					—
硫酸铜					—					—

催化氧化反应化合物的性质及投料量

化合物	分子量	相对密度 (d_4^{20})	熔点 /℃	沸点 /℃	折射率 (n_D^{20})	水中溶解度	投料比			理论产量 /g
							体积 /mL	质量/g	物质的量 /mol	
二苯基乙二酮					—		—	—	—	—
安息香					—					—
双水杨醛缩乙二胺合铜（Ⅱ）					—					—

七、思考题

1. 在以 DMF 为溶剂配合物制备后，加水的作用是什么？

2. 比较配体和配合物的红外光谱，哪些变化特点可以说明铜离子和配体发生了配位作用？

八、安全指南

1. 水杨醛：有一定的毒性，注意不要与皮肤接触。

2. N,N-二甲基甲酰胺（DMF）：中等毒性，对眼、皮肤和呼吸道有刺激作用。接触皮肤可致轻、重不等的灼伤。

3. 乙二胺：易燃，具强腐蚀性、强刺激性。皮肤和眼直接接触其液体可致灼伤，蒸气对黏膜和皮肤有强烈刺激性。

4. 氢氧化钾：有腐蚀性，能引起严重的烧伤，注意不要与皮肤接触。

6

设计性合成实验

实验 45 由废铁屑制备硫酸亚铁铵

一、实验目的

1. 根据有关原理及数据设计并制备复盐硫酸亚铁铵晶体。

2. 进一步练习称量、加热（水浴加热）、溶解、过滤（减压过滤）、蒸发、结晶、干燥等基本操作。

3. 掌握检验产品中杂质含量的一种方法——目视比色法。

二、实验介绍

硫酸亚铁铵又称摩尔（Mohr）盐，是浅绿色单斜晶体，它能溶于水，但难溶于乙醇。在空气中它不易被氧化，比一般亚铁盐稳定，所以在定量分析中可作为基准物质，直接配制亚铁离子的标准溶液。

铁溶于稀硫酸后生成硫酸亚铁。

$$Fe + H_2SO_4(稀) \Longrightarrow FeSO_4 + H_2 \uparrow$$

若在硫酸亚铁溶液中加入等物质的量的硫酸铵，能生成硫酸亚铁铵，其溶解度较硫酸亚铁小（见表 6-1）；蒸发浓缩所得溶液，可制取浅绿色硫酸亚铁铵晶体。

$$FeSO_4 + (NH_4)_2SO_4 + 6H_2O \Longrightarrow (NH_4)_2SO_4 \cdot FeSO_4 \cdot 6H_2O$$

表 6-1 几种盐的溶解度数据　　　　　　　单位: $g/100gH_2O$

盐的分子量	温度/℃			
	10	20	30	40
$(NH_4)_2SO_4(M_r = 132.1)$	73.0	75.4	78.0	81.0
$FeSO_4 \cdot 7H_2O(M_r = 277.9)$	37.0	48.0	60.0	73.3
$(NH_4)_2SO_4 \cdot FeSO_4 \cdot 6H_2O(M_r = 392.1)$		36.5	45.0	53.0

目视比色法是确定杂质含量的一种常用方法，在确定杂质含量后便能定出产品的级别。将产品配成溶液，与各标准溶液进行比色，如果产品溶液的颜色比某一标准溶液的颜色浅，就可确定杂质含量低于该标准溶液中的含量，即低于某一规定的限度，所以这种方法又称为限量分析。本实验仅做摩尔盐中 Fe^{3+} 的限量分析。

三、实验设计提示

1. 根据上述提要查阅相关资料，设计出制备复盐硫酸亚铁铵的方案。

2. 列出所需的仪器、药品及材料。

3. 通过实验制备硫酸亚铁铵。

4. 用目视比色法进行产品 Fe^{3+} 的限量分析，以确定产品等级。

5. 完成实验报告。

四、注意事项

1. 由机械加工过程得到的废铁屑表面沾有油污，可采用碱煮（10% Na_2CO_3 溶液，约 10min）的方法除去。

2. 在溶解铁屑的过程中，会产生大量氢气及少量有毒气体（如 PH_3、H_2S 等），应注意通风，避免发生事故。

3. 所制得的硫酸亚铁溶液和硫酸亚铁铵溶液均应保持较强的酸性（pH＝1～2）。

4. 在进行 Fe^{3+} 的限量分析时，应使用含氧较少的去离子水来配制硫酸亚铁铵溶液。

五、思考题

1. 铁屑净化、溶解以及复盐的制备均需加热，这些加热时应注意什么问题？

2. 本实验中所需硫酸铵的质量和硫酸亚铁铵的理论产量应怎样计算？试列出计算的式子。

3. 为什么制备硫酸亚铁铵晶体时，溶液必须呈酸性？

4. 减压过滤得到硫酸亚铁铵晶体时，如何除去晶体表面上附着的水分？

附注

1. 不同温度时 $(NH_4)_2SO_4$ 的溶解度（见表 6-2）

表 6-2　不同温度时硫酸铵的溶解度

温度/℃	溶解度/（g/100g 水）	温度/℃	溶解度/（g/100g 水）
0	70.6	40	81.0
10	73.0	60	88.0
20	75.4	80	95.3
30	78.0	100	103.3

2. Fe^{3+} 标准溶液的配制（实验室配制）

先配制 0.01mg/mL 的 Fe^{3+} 标准溶液，然后用移液管吸取该标准溶液 5.00mL、10.00mL 和 20.00mL 分别放入 3 支比色管中，各加入 2.00mL（2.0mol/L）HCl 溶液和 0.50mL（1.0mol/L）KSCN 溶液，用备用的含氧较少的去离子水将溶液稀释到 25.00mL，摇匀，得到 25mL 溶液中含 Fe^{3+} 0.05mg、0.10mg 和 0.20mg 三个级别 Fe^{3+} 标准溶液，它们分别为Ⅰ级、Ⅱ级和Ⅲ级试剂中 Fe^{3+} 的最高允许含量。

用上述相似的方法配制 25mL 含 1.00g 摩尔盐的溶液，若溶液颜色与Ⅰ级试剂的标准溶液的颜色相同或略浅，便可确定为Ⅰ级产品，其中 Fe^{3+} 的质量分数 ＝ 0.05×10^{-3} g/1.00g ＝ 0.005%，Ⅱ级和Ⅲ级产品以此类推。

实验 46　碱式碳酸铜的制备

一、实验目的

1. 通过碱式碳酸铜制备实验的设计，培养独立设计实验的能力。

2. 学习进行化学研究的一般程序和方法。

二、实验介绍

碱式碳酸铜 $Cu_2(OH)_2CO_3$ 为天然孔雀石的主要成分，呈暗绿色或浅蓝绿色。将铜盐和碳酸盐混合后，由于 $Cu(OH)_2$ 和 $CuCO_3$ 二者溶解度相近，同时达到析出条件，所以同时析出得到碱式碳酸铜 $Cu_2(OH)_2CO_3$。将碱式碳酸铜加热至 200℃ 即分解，新制备的试样在沸水中很易分解。

本实验的重点：探求碱式碳酸铜制备的条件。

本实验的难点：通过生成物颜色、状态的分析，研究反应物的合理配料并确定制备反应合适的加料顺序和温度条件；巩固无机实验的基本操作。

三、实验用品

由学生自行设计实验方案，列出所需仪器、药品和材料清单，经指导教师审阅同意后，方可进行实验。

四、实验设计提示

1. 自己配制反应物浓度

2. 制备条件的探求

（1）反应温度

（2）反应物的合适配比

（3）反应物的合适浓度

（4）反应物的加料顺序

（5）反应物的选择（如硫酸铜、硝酸铜、碳酸钠、碳酸氢钠等）

3. 碱式碳酸铜的制备

按照上述制备条件的探求结果，制备出最终产品。

4. 产品成分分析

① 自行查找资料，设计实验方案，确定产品中铜及碳酸根的含量。

② 将产品进行热重分析，从而最终得到产品的组成和纯度。

五、问题与讨论

1. 哪些铜盐适合制取碱式碳酸铜？

2. 反应温度对本实验有何影响？

3. 反应在何种温度下进行会出现褐色产物？这种褐色物质是什么？

4. 除反应物的配比和反应的温度对本实验的结果有影响外，反应物的种类、反应物的浓度、反应进行的时间等因素是否对产物的质量也会有影响？

实验 47　邻苯二甲酸二丁酯(增塑剂)的制备

一、实验目的

1. 学习酯化反应的原理和掌握在可逆反应中如何使平衡正向移动的原理和方法。
2. 巩固油水分离器的使用方法和减压蒸馏操作技术。

二、实验介绍

在塑料和橡胶制造中，通常要用到增塑剂。所谓增塑剂是一类能与塑料或合成树脂兼容的化学品，它能使塑料变软并降低脆性，可简化塑料的加工过程，并赋予塑料某些特殊性能。其作用基本原理是增塑剂本身具有极性基团，这些极性基团具有与高分子链相互作用的能力，促使相邻高分子链间的吸引力减弱，以及使高分子链分离开。没有增塑剂，塑料就会发硬变脆。常用的增塑剂有邻苯二甲酸二丁酯、邻苯二甲酸二辛酯、磷酸三辛酯、癸二酸二辛酯等。

本实验将要制备的邻苯二甲酸二丁酯是广泛应用于乙烯型塑料中的一种增塑剂。它可以通过邻苯二甲酸酐（简称苯酐）与过量的正丁醇在无机酸催化下发生反应而制得：

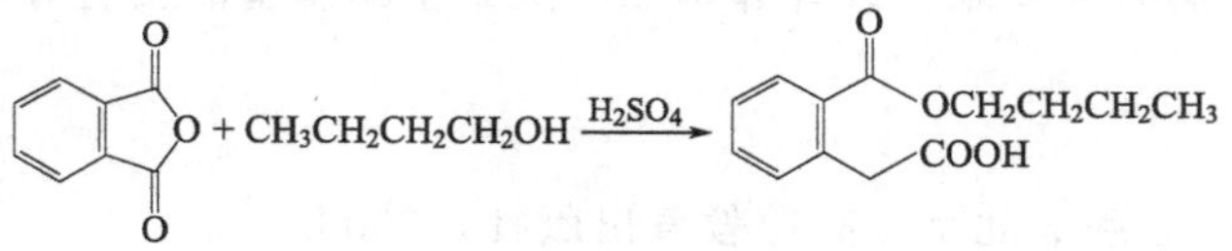

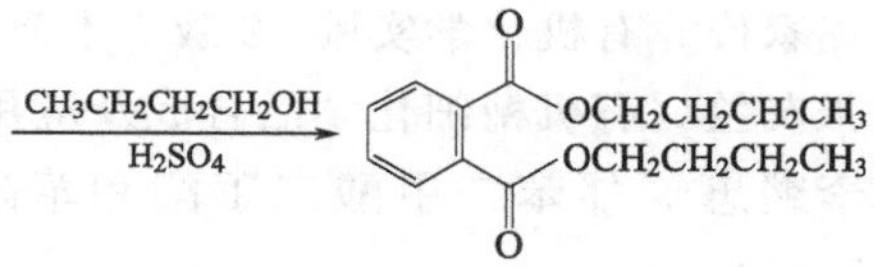

浓 H_2SO_4 是一种价格低廉、活性很高的酸催化剂。但是，由于浓 H_2SO_4 具有氧化性，且腐蚀设备，产生的酸性废水若不处理，将对环境造成很大的破坏。目前，对甲苯磺酸、酸性离子交换树脂、杂多酸及其他固体超强酸应用于酯化反应作为催化剂已越来越普遍了。事实上，邻苯二甲酸二丁酯的形成经历了两个阶段。首先是苯酐与正丁醇作用生成邻苯二甲酸单丁酯，虽然反应产物是酯，但实际上这一步反应属酸酐的醇解。由于酸酐的反应活性较高，醇解反应十分迅速。当苯酐固体于丁醇中受热全部溶解后，醇解反应就完成了。新生成的邻苯二甲酸单丁酯在无机酸催化下与正丁醇发生酯化反应生成邻苯二甲酸二丁酯。相对于酸酐的醇解而言，第二步酯化反应就困难一些。因此，在苯酐的酯化反应阶段，通常需要提高反应温度，延长反应时间，以促进酯化反应。

酯化反应是一个可逆反应，为使平衡正向移动，一方面可以增加醇的投入量；另一方面还可利用共沸蒸馏除去生成水，从而提高酯的产率。

正丁醇和水可以形成二元共沸混合物，沸点为93℃，含醇量为56％。共沸物冷凝后积聚在油水分离器中并分为两层，上一层主要是正丁醇（含20.1％的水），可以流回到反应瓶中继续反应，下层为水（约含7.7％的正丁醇）。

邻苯二甲酸二丁酯是一种无色透明黏稠液体，产率一般大于80％。

三、主要试剂

邻苯二甲酸酐、正丁醇、浓 H_2SO_4。

四、实验设计提示

1. 以邻苯二甲酸酐和正丁醇为原料制备邻苯二甲酸二丁酯。要求制得的产品为 3~4g，产率达到 80%。

2. 查阅相关的参考文献，拟订合理的制备路线。其中催化剂可以在浓硫酸、对甲苯磺酸、酸性离子交换树脂、杂多酸中任选一种或两种。

3. 合理的制备路线应包括以下内容：①合适的原料配比；②满足实验要求的合成装置；③反应温度、时间等主要反应参数；④确定催化剂的加入量；⑤确定带水剂的加入量；⑥合适的分离和提纯手段和操作步骤；⑦产物的鉴定方法。

4. 列出实验所需要的所有仪器（含设备和玻璃仪器）和药品。对某些特殊药品的使用和保管方法应在实验前特别注意，试剂的配制方法应预先查阅有关手册。

5. 实验中可能出现的问题及对应的处理方法。对于分离提纯操作建议画出操作流程图，如果需要用到洗涤或萃取操作，尤其注意标明需要的在哪一层。

6. 邻苯二甲酸酐对皮肤、黏膜有刺激作用，取用时要注意安全，避免直接接触。

五、具体要求

依照上述的实验设计提示查阅有关文献，设计邻苯二甲酸二丁酯制备的实验方案，交指导老师审阅后实施。

六、参考文献

[1] 曾昭琼. 有机化学实验. 3 版. 北京：高等教育出版社，2000.
[2] 李妙癸，贾瑜等. 大学有机化学实验. 上海：复旦大学出版社，2006.
[3] 焦家俊. 有机化学实验. 2 版. 上海：上海交通大学出版社，2010.
[4] 张友兰. 有机精细化学品合成及应用实验. 北京：化学工业出版社，2005.
[5] 李继忠. 邻苯二甲酸二丁酯和草酸二乙酯的合成. 精细石油化工进展，2004，5（5）.

实验 48　甲基叔丁基醚(无铅汽油抗震剂)的制备

一、实验目的

1. 学习威廉逊制醚法的原理及实验方法。

2. 培养学生综合运用所学知识解决实际问题的能力。

二、实验介绍

铅尘是大气中对人体危害较大的一种污染物，由于其性能稳定，不易降解，一旦进入人体就会积累滞留，破坏肌体组织。铅尘污染物主要来源于汽车排放的尾气。为了减少大气中的铅尘污染，世界上许多发达国家都在推行使用无铅汽油，我国也确定了加快实施汽油无铅化的发展方向。所谓汽油无铅化，就是将汽油中用于增强汽车抗震性能的四乙基铅剔除而代之以甲基叔丁基醚。

甲基叔丁基醚主要用作汽油添加剂，属于四乙基铅的绿色替代品。它具有优良的抗震性能，毒性很小，对环境无污染。在实验室中，甲基叔丁基醚既可用威廉逊制醚法制备，也可以用醇脱水法制备。其反应式如下：

$$CH_3-\overset{\underset{\displaystyle CH_3}{|}}{\overset{\displaystyle CH_3}{|}}{C}-ONa + CH_3X \longrightarrow CH_3-\overset{\underset{\displaystyle CH_3}{|}}{\overset{\displaystyle CH_3}{|}}{C}-OCH_3 + NaX$$

$$CH_3-\overset{\underset{\displaystyle CH_3}{|}}{\overset{\displaystyle CH_3}{|}}{C}-OH + CH_3OH \xrightarrow{H^+} CH_3-\overset{\underset{\displaystyle CH_3}{|}}{\overset{\displaystyle CH_3}{|}}{C}-OCH_3 + H_2O$$

通常，醇脱水制醚主要用于制备对称醚。但是，由于叔丁醇在酸催化下容易形成较稳定的碳正离子，继而与甲醇作用生成混合醚。

$$CH_3-\overset{\underset{\displaystyle CH_3}{|}}{\overset{\displaystyle CH_3}{|}}{C}-OH \xrightarrow{H^+} CH_3-\overset{\underset{\displaystyle CH_3}{|}}{\overset{\displaystyle CH_3}{|}}{C}-\overset{+}{O}H_2 \xrightarrow{-H_2O} CH_3-\overset{\underset{\displaystyle CH_3}{|}}{\overset{\displaystyle CH_3}{|}}{C}{}^+$$

$$CH_3-\overset{\underset{\displaystyle CH_3}{|}}{\overset{\displaystyle CH_3}{|}}{C}{}^+ + CH_3OH \longrightarrow CH_3-\overset{\underset{\displaystyle CH_3}{|}}{\overset{\displaystyle CH_3}{|}}{C}-\overset{\underset{\displaystyle H}{|}}{\overset{+}{O}}-CH_3 \xrightarrow{-H^+} CH_3-\overset{\underset{\displaystyle CH_3}{|}}{\overset{\displaystyle CH_3}{|}}{C}-O-CH_3$$

该反应是可逆反应，为了提高产率，可以使原料过量或在反应过程中不断蒸出产物或水。由于在生成混合醚的同时，还会产生硫酸酯、两分子醇之间脱水生成的单醚或醇分子内部脱水生成的烯烃等副产物。所以在反应中应控制反应条件，尤其是反应温度甚为重要。

甲基叔丁基醚为无色透明液体，一般产率在 50% 以上。

三、主要试剂

叔丁醇、甲醇、硫酸。

四、实验设计提示

1. 以叔丁醇和甲醇为原料，以一定浓度的 H_2SO_4 为催化剂制备甲基叔丁基醚。要求制得的产品约 3g，产率达到 50%。

2. 查阅相关的参考文献，拟订合理的制备路线。

3. 合理的制备路线应包括以下内容：①合适的原料配比；②满足实验要求的合成装置；③反应温度、时间等主要反应参数；④合适的分离和提纯手段和操作步骤；⑤产物的鉴定方法。

4. 列出实验所需的所有仪器（含设备和玻璃仪器）和药品。对某些特殊药品的使用和保管方法应在实验前特别注意，试剂的配制方法应预先查阅有关手册。

5. 实验中可能出现的问题及对应的处理方法。对于分离提纯操作建议画出操作流程图，如果需要用到洗涤或萃取操作，尤其注意标明需要的在哪一层。

五、具体要求

依照上述的实验设计提示查阅有关文献，设计甲基叔丁基醚制备的实验方案，交指导老师审阅后实施。

六、参考文献

[1] 李妙癸，贾瑜等. 大学有机化学实验. 上海：复旦大学出版社，2006.

[2] 焦家俊. 有机化学实验. 2 版. 上海：上海交通大学出版社，2010.

[3] 高占先. 有机化学实验. 5 版. 北京：高等教育出版社，2016.

[4] 杜志强. 综合化学实验. 北京：科学出版社，2005.

实验 49　二苯甲酮（甜味香料）的制备（酰基化法）

一、实验目的

1. 学习 Friedel-Crafts 反应制备芳酮的理论和实验方法。
2. 掌握萃取、蒸馏、水蒸气蒸馏、减压蒸馏等操作技术。
3. 培养学生综合运用所学知识解决实际问题的能力。

二、实验介绍

二苯甲酮是无色带光泽晶体，它具有甜味及玫瑰香味，用于香料中能够赋予香精以甜的气味，故可用在许多香水和香精中。二苯甲酮对紫外线也具有特殊的吸收作用，在一定的溶剂中（如异丙醇）经紫外光照射就会发生光化学反应。此外，二苯甲酮还用于合成有机颜料、杀虫剂等。

二苯甲酮的合成方法有很多，既可以用苄氯作原料经烷基化、氧化等反应或由苯作起始原料通过烷基化、水解等步骤制备，也可以采用由苯甲酰氯和苯进行酰基化反应一步法制取二苯甲酮。

二苯甲酮的合成通常有以下几种方法。

路线一（酰基化法）以苯甲酰氯为原料经酰基化反应制得。

路线二（烷基化法）苄氯作为原料经烷基化、氧化等反应制得。

路线三（烷基化法）苯作为原料经烷基化、水解等反应制得。

烷基对芳环具有活化作用，在 Friedel-Crafts 烷基化反应中，生成物烷基芳烃比原料芳烃更容易发生烷基化反应，从而易产生多元取代物。与烷基化反应不同，由于酰基对芳环具有钝化作用，因而芳烃的酰基化反应会停留在一取代阶段，这对于选择性地制备单取代芳烃是十分有利的。制备中常用酸酐、酰氯作为酰化试剂。但由于三氯化铝还能与芳酮作用生成配合物，与烷基化反应相比，酰基化反应的催化剂用量要大得多（见实验 19）。

三、主要试剂

苯、苯甲酰氯、无水 $AlCl_3$。

四、实验设计提示

1. 以苯和苯甲酰氯为原料按路线一制备二苯甲酮。要求制得的产品约为 2g。产率达到 50% 以上。

2. 查阅相关的参考文献，拟订合理的制备路线。其中催化剂除无水 $AlCl_3$ 以外，也可以用你认为性能更好的催化剂。

3. 合理的制备路线应包括以下内容：①合适的原料配比；②满足实验要求的合成装置；③反应温度、时间等主要反应参数；④如果你选择其他催化剂，则还要提出催化剂的制备方法和加入量；⑤合适的分离提纯手段和操作步骤；⑥产物的鉴定方法。

4. 列出实验所需的所有仪器（含设备和玻璃仪器）和药品。对某些特殊药品的使用和保管方法应在实验前特别注意，试剂的配制方法应预先查阅有关手册。

5. 实验中可能出现的问题及对应的处理方法。对于分离提纯操作建议画出操作流程图，如果需要用到洗涤或萃取操作，尤其注意标明需要的在哪一层。

五、具体要求

依照上述的实验设计提示查阅有关文献，设计用酰基化法制备二苯甲酮的实验方案，交指导老师审阅后实施。

六、参考文献

［1］王福来. 有机化学实验. 武汉：武汉大学出版社，2001.

［2］焦家俊. 有机化学实验. 2 版. 上海：上海交通大学出版社，2010.

［3］兰州大学，复旦大学有机化学教研室. 有机化学实验. 2 版. 北京：高等教育出版社，1994.

［4］林桂汕，段文贵等. 有机化学实验. 上海：华东理工大学出版社，2005.

［5］武汉大学化学与分子科学学院实验中心. 有机化学实验. 武汉：武汉大学出版社，2005.

［6］陈群. 医药、农药、染料中间体合成工艺. 上海：上海交通大学出版社，1994.

［7］陈忠秀. 合成二苯甲酮的新方法. 精细化工，2003，20（3）.

实验 50　N,N-二乙基-间甲苯甲酰胺(驱蚊剂)的制备

一、实验目的

1. 学习制备 N,N-二乙基-间甲苯甲酰胺的原理和方法。

2. 巩固掌握洗涤、分液、干燥、减压蒸馏等基本操作。

3. 培养学生综合运用所学知识解决实际问题的能力。

二、实验介绍

N,N-二乙基-间甲苯甲酰胺俗称避蚊胺，是许多市售驱蚊剂的主要活性成分。它对蚊子、跳蚤、扁虱、牛虻等多种叮人的小虫都有具有很强的驱避作用。据报道，避蚊胺的驱避效能是产生于其对蚊虫感觉器官的阻塞作用，因而它对人畜无毒，使用安全。由于避蚊胺无毒无味且效力持久，应用十分广泛。N,N-二乙基-间甲苯甲酰胺是一种二元取代酰胺，即酰胺中氮原子上的两个氢被乙基所取代。其合成可以用间二甲苯为原料，经硝酸氧化成间甲苯甲酸，然后与亚硫酰氯作用产生间甲苯甲酰氯，最后与二乙胺反应即得到 N,N-二乙基-间甲苯甲酰胺。

芳烃侧链的氧化一般可以 $KMnO_4$ 或 HNO_3 为氧化剂。氧化以后，除得到主产物间甲苯甲酸外，还有少量间苯二甲酸，利用它们在乙醚中的溶解度不用，可以将副产物间苯二甲

酸除去。酰氯化最常用的试剂是 $SOCl_2$、PCl_3 和 PCl_5，它们各有不同的特点，可以相互补充。酰氯很容易分解，而二乙胺又很容易脱水。因此，本实验操作时应避免空气中的水进入反应系统。

N,N-二乙基-间甲苯甲酰胺为亮黄色的油状液体。产率一般为 $60\%\sim65\%$。

三、主要试剂

间二甲苯、硝酸、亚硫酰氯、二乙胺。

四、实验设计提示

1. 以间二甲苯为原料制备 N,N-乙基间甲基苯甲酰胺。要求制得的精制产品约为 2g，产率达到 50% 以上。

2. 查阅相关的参考文献，拟订合理的制备路线。其中氧化试剂用 HNO_3 或 $KMnO_4$，酰氯化试剂可以用 $SOCl_2$ 或 PCl_3。

3. 合理的制备路线应包括以下内容：①合适的原料配比；②满足实验要求的合成装置；③反应温度、时间等主要反应参数；④合适的分离和提纯手段和操作步骤；⑤产物的鉴定方法。

4. 列出实验所需要的所有仪器（含设备和玻璃仪器）和药品。对某些特殊药品的使用和保管方法应在实验前特别注意，试剂的配制方法应预先查阅有关手册。

5. 实验中可能出现的问题及对应的处理方法。对于分离提纯操作建议画出操作流程图，如果需要用到洗涤或萃取操作，尤其注意标明需要的在哪一层。

6. 亚硫酰氯遇潮气会分解，产生的酸性气体对呼吸道和眼睛有刺激作用，应在通风橱内量取。

五、具体要求

依照上述的实验设计提示查阅有关文献，设计 N,N-二乙基-间甲苯甲酰胺制备的实验方案，交指导老师审阅后实施。

六、参考文献

[1] 朱红军. 有机化学微型实验. 2 版. 北京：化学工业出版社，2007.
[2] 焦家俊. 有机化学实验. 2 版. 上海：上海交通大学出版社，2010.
[3] 王福来. 有机化学实验. 武汉：武汉大学出版社，2001.
[4] 王世润，刘雁红等. 驱避剂 N,N-二乙基间甲苯甲酰胺的制备及应用. 天津轻工业报，2001.39(4).

实验 51　用甘蔗渣制备 CMC-Na

一、实验目的

1. 学会应用有机化学实验的基本知识和操作技能，设计由甘蔗渣制备 CMC-Na 的方案并实施。

2. 学会用正交试验法摸索实验最佳条件。

二、实验介绍

CMC-Na 是羧甲基纤维素钠的简称，分子式为 $[C_6H_7O_2(OH)_2OCH_2COONa]_n$。羧甲基纤维素可以由天然纤维素经碱处理后与氯乙酸作用制得的一种具有醚类结构的高分子衍生物。由于酸式化合物的水溶性较差，因而普遍制成钠盐。该产品是一种白色粉状，无毒、无臭、无味、溶于水呈微碱性透明胶液，具有很好的分散性和黏合力。它是一种用途广泛的化工原料，主要用于印染、纺织、食品、医药等的增稠剂，保护胶体，稳定剂，添加剂，延效剂，乳化剂，天然离子交换剂，纸张织物等的黏合剂，以及选矿业中的浮选剂等。

过去，羧甲基纤维素都是用棉花生产的，造价较高。近期有化学工作者利用稻草、玉米皮、玉米秸秆、旧棉絮、竹子下脚料等废弃的植物秸秆纤维为原料制取 CMC-Na。本实验利用甘蔗渣（或滤纸碎屑）为原料制备 CMC-Na。

甘蔗渣的主要成分为纤维素。纤维素经预处理除去杂质，然后再用碱处理生成碱性纤维素，后者与一氯乙酸作用可制得羧甲基纤维素钠盐。反应式为：

(1) 碱化　$[C_6H_7O_2(OH)_2OH]_n + nNaOH \longrightarrow [C_6H_7O_2(OH)_2ONa]_n + nH_2O$

(2) 醚化

$$[C_6H_7O_2(OH)_2ONa]_n + nClCH_2COOH \xrightarrow{NaOH}$$
$$[C_6H_7O_2(OH)_2OCH_2COONa]_n + nHCl$$

三、主要试剂

甘蔗渣、氢氧化钠、氯乙酸。

四、实验设计提示

1. 预处理：无论是稻草、旧棉絮、滤纸碎屑还是甘蔗渣，都会夹杂一些污染物，反应前可用适量稀碱水浸泡、烘干，磨碎。

2. 碱化：纤维素用碱处理生成碱性纤维素一步十分重要，碱化不完全将直接影响反应的产量和 CMC-Na 的质量，碱处理时碱液浓度在 30% 左右为宜，反应时间为 1～2h。

3. 醚化：$ClCH_2COOH$ 的浓度在 20%～25% 为宜。

4. 氯乙酸具有强刺激性、腐蚀性，使用时要注意安全。

五、具体要求

依照上述的实验设计提示查阅有关文献，设计由甘蔗渣制备 CMC-Na 的实验方案，交指导老师审阅后实施。

六、参考文献

[1] 覃海错，黄文榜等. 甘蔗渣纤维制备羧甲基纤维素新工艺. 广西师范大学学报，1998，16 (1).

[2] 夏士朋. 用木屑制备羧甲基纤维素. 淮阴师范学院学报，2004，3(3).

[3] 梁春群，李莉. 玉米苞皮制取羧甲基纤维素的研究. 化工技术与开发，2003，32 (4).

实验 52　混合物的分离提纯

一、实验目的

1. 学会应用有机化学实验的基本知识和操作技能。

2. 学习设计用化学方法分离有机混合物的实验方案。

二、实验介绍

实验室现有一混合物待分离提纯。已知其中含有甲苯、苯胺和苯甲酸，请根据其性质、溶解度选择合适的溶剂，设计合理的方案，从混合物中经萃取分离、纯化，得到纯净的甲苯、苯胺和苯甲酸。

参考方案：

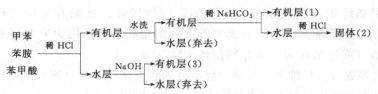

三、主要试剂

甲苯、苯胺、苯甲酸、HCl、NaHCO$_3$、NaOH。

四、实验设计提示

1. 自行查阅物理常数，设计实验方案，分离提纯一组有机混合物。待分离提纯的混合物由甲苯、苯胺和苯甲酸组成。

2. 苯甲酸在水中有一定的溶解度（17℃时，100mL水能溶解0.21g苯甲酸），所以，在用水处理含苯甲酸的有机混合物时，水不宜太多。用盐酸处理有机混合物时，苯胺盐酸盐的水溶液中含有少量苯甲酸，所以，苯胺盐酸盐水溶液加氢氧化钠溶液分出苯胺后的水层不要弃去，加盐酸酸化到刚果红变蓝，可析出苯甲酸。还可用下面所示的分离方法分离苯甲酸、苯胺和甲苯的混合物，可得到理想的苯甲酸产率。其分离的流程如下。

```
                         稀 HCl ──→ 有机层(1)
               水洗 ──→ 有机层 ┤
  ──→ 有机层 ┤              稀 NaOH ──→ 有机层(2)
甲苯       │  └─→ 水层(弃去)
苯胺 ─ 稀 NaHCO₃ ┤
苯甲酸     │
  └─→ 水层 ─ 稀 HCl ──→ 固体(3)
```

3. 苯胺有毒，不要沾到皮肤上。若不慎沾到皮肤上，应先用大量水冲洗，再用肥皂和温水洗涤。

五、具体要求

依照上述的实验设计提示查阅有关文献，设计由20mL甲苯、15mL苯胺和2g苯甲酸组成的三组分混合物的实验方案，交指导老师审阅后实施。

六、参考文献

各种物理常数手册、试剂手册或教科书。

附录

附录 1 常用元素的原子量

元素名称	原子量	元素名称	原子量
银 Ag	107.87	镁 Mg	24.305
铝 Al	26.98	锰 Mn	54.938
溴 Br	79.904	氮 N	14.007
碳 C	12.011	钠 Na	22.99
钙 Ca	40.08	镍 Ni	58.693
氯 Cl	35.453	氧 O	15.999
铬 Cr	51.996	磷 P	30.97
铜 Cu	63.546	铅 Pb	207.19
氟 F	18.998	钯 Pd	106.42
铁 Fe	55.847	铂 Pt	195.09
氢 H	1.008	硫 S	32.064
汞 Hg	200.59	硅 Si	28.086
碘 I	126.904	锡 Sn	118.69
钾 K	39.098	锌 Zn	65.38

附录 2 常用酸碱溶液不同质量分数的相对密度及溶解度

附表 2-1　盐酸

HCl 质量分数/%	相对密度 (d_4^{20})	100mL 水溶液中含 HCl 的质量/g	HCl 质量分数/%	相对密度 (d_4^{20})	100mL 水溶液中含 HCl 的质量/g
1	1.0032	1.003	8	1.0376	8.301
2	1.0082	2.006	10	1.0474	10.47
4	1.0181	4.007	12	1.0574	12.695
6	1.0279	6.167	14	1.0675	14.95

HCl 质量分数/%	相对密度 (d_4^{20})	100mL 水溶液中含 HCl 的质量/g	HCl 质量分数/%	相对密度 (d_4^{20})	100mL 水溶液中含 HCl 的质量/g
16	1.0776	17.24	30	1.1492	34.48
18	1.0878	19.58	32	1.1593	37.10
20	1.0980	21.96	34	1.1691	39.75
22	1.1083	24.38	36	1.1789	42.44
24	1.1187	26.85	38	1.1885	45.16
26	1.1290	29.35	40	1.1980	47.92
28	1.1392	31.90			

附表 2-2 硫酸

H_2SO_4 质量分数/%	相对密度 (d_4^{20})	100mL 水溶液中含 H_2SO_4 的质量/g	H_2SO_4 质量分数/%	相对密度 (d_4^{20})	100mL 水溶液中含 H_2SO_4 的质量/g
1	1.0051	1.005	65	1.5533	101.0
2	1.0181	2.024	70	1.6105	112.7
3	1.0184	3.055	75	1.6692	125.2
4	1.0250	4.100	80	1.7272	138.2
5	1.0317	5.159	85	1.7786	151.2
10	1.0661	10.66	90	1.8144	163.3
15	1.1020	16.53	91	1.8195	165.6
20	1.1394	22.79	92	1.8240	167.8
25	1.1783	29.46	93	1.8279	170.2
30	1.2185	36.56	94	1.8312	172.1
35	1.2599	44.10	95	1.8337	174.2
40	1.3028	52.11	96	1.8355	176.2
45	1.3476	60.64	97	1.8364	178.1
50	1.3951	69.76	98	1.8361	179.9
55	1.4453	79.49	99	1.8342	181.6
60	1.4983	89.90	100	1.8305	183.1

附表 2-3 硝酸

HNO_3 质量分数/%	相对密度 (d_4^{20})	100mL 水溶液中含 HNO_3 的质量/g	HNO_3 质量分数/%	相对密度 (d_4^{20})	100mL 水溶液中含 HNO_3 的质量/g
1	1.0036	1.004	25	1.1469	28.67
2	1.0091	2.018	30	1.1800	35.00
3	1.0146	3.044	35	1.2140	42.49
4	1.0201	4.080	40	1.2463	49.85
5	1.0256	5.128	45	1.2783	57.52
10	1.0543	10.54	50	1.3100	65.50
15	1.0842	16.26	55	1.3393	73.66
20	1.1150	22.30	60	1.3667	82.00

HNO₃ 质量分数/%	相对密度 (d_4^{20})	100mL 水溶液中含 HNO₃ 的质量/g	HNO₃ 质量分数/%	相对密度 (d_4^{20})	100mL 水溶液中含 HNO₃ 的质量/g
65	1.3913	90.43	93	1.4892	138.5
70	1.4134	98.94	94	1.4912	140.2
75	1.4337	107.5	95	1.4932	141.9
80	1.4521	116.2	96	1.4952	143.5
85	1.4686	124.8	97	1.4974	145.2
90	1.4826	133.4	98	1.5008	147.1
91	1.4850	135.1	99	1.5056	149.1
92	1.4873	136.8	100	1.5129	151.3

附表 2-4　乙酸

CH₃COOH 质量分数/%	相对密度 (d_4^{20})	100mL 水溶液中含 CH₃COOH 的质量/g	CH₃COOH 质量分数/%	相对密度 (d_4^{20})	100mL 水溶液中含 CH₃COOH 的质量/g
1	0.9996	0.9996	65	1.0666	69.33
2	1.0012	2.002	70	1.0685	74.80
3	1.0025	3.008	75	1.0696	80.22
4	1.0040	4.016	80	1.0700	85.60
5	1.0055	5.028	85	1.0689	90.86
10	1.0125	10.13	90	1.0661	95.95
15	1.0195	15.29	91	1.0652	96.93
20	1.0263	20.53	92	1.0643	97.92
25	1.0326	25.82	93	1.0632	98.88
30	1.0384	31.15	94	1.0619	99.82
35	1.0438	36.53	95	1.0605	100.7
40	1.0488	41.95	96	1.0588	101.6
45	1.0534	47.40	97	1.0570	102.5
50	1.0575	52.88	98	1.0549	103.4
55	1.0611	58.36	99	1.0524	104.2
60	1.0642	63.85	100	1.0498	105.0

附表 2-5　发烟硫酸

游离 SO₃ 质量分数/%	相对密度 (d_4^{20})	100mL 水溶液中含 游离 SO₃ 的质量/g	游离 SO₃ 质量分数/%	相对密度 (d_4^{20})	100mL 水溶液中含 游离 SO₃ 的质量/g
1.54	1.860	2.8	10.07	1.900	19.1
2.66	1.865	5.0	10.56	1.905	20.1
4.28	1.870	8.0	11.43	1.910	21.8
5.44	1.875	10.2	13.33	1.915	25.5
6.42	1.880	12.1	15.95	1.920	30.6
7.29	1.885	13.7	18.67	1.925	35.9
8.16	1.890	15.4	21.34	1.930	41.2
9.43	1.895	17.7	25.65	1.935	49.6

附表 2-6 氢溴酸

HBr 质量分数/%	相对密度 (d_4^{20})	100mL 水溶液中含 HBr 的质量/g	HBr 质量分数/%	相对密度 (d_4^{20})	100mL 水溶液中含 HBr 的质量/g
10	1.0723	10.7	45	1.4446	65.0
20	1.1579	23.2	50	1.5173	75.8
30	1.2580	37.7	55	1.5953	87.7
35	1.3150	46.0	60	1.6787	100.7
40	1.3772	56.1	65	1.7675	114.9

附表 2-7 氢碘酸

HI 质量分数/%	相对密度 (d_4^{20})	100mL 水溶液中含 HI 的质量/g	HI 质量分数/%	相对密度 (d_4^{20})	100mL 水溶液中含 HI 的质量/g
10	1.0751	10.75	45	1.4755	66.40
20	1.1649	23.30	50	1.560	78.0
30	1.2737	38.21	55	1.655	91.03
35	1.3357	46.75	60	1.770	106.2
40	1.4029	56.12	65	1.901	123.6

附表 2-8 碳酸钠

Na$_2$CO$_3$ 质量分数/%	相对密度 (d_4^{20})	100mL 水溶液中含 Na$_2$CO$_3$ 的质量/g	Na$_2$CO$_3$ 质量分数/%	相对密度 (d_4^{20})	100mL 水溶液中含 Na$_2$CO$_3$ 的质量/g
1	1.0086	1.009	12	1.1244	13.49
2	1.0190	2.038	14	1.1463	16.05
4	1.0398	4.159	16	1.1682	18.50
6	1.0606	6.364	18	1.1905	21.33
8	1.0816	8.653	20	1.2132	24.26
10	1.1029	11.03			

附表 2-9 氢氧化钠

NaOH 质量分数/%	相对密度 (d_4^{20})	100mL 水溶液中含 NaOH 的质量/g	NaOH 质量分数/%	相对密度 (d_4^{20})	100mL 水溶液中含 NaOH 的质量/g
1	1.0095	1.010	16	1.1751	18.80
2	1.0207	2.041	18	1.1972	21.55
4	1.0428	4.171	20	1.2191	24.38
6	1.0648	6.389	22	1.2411	27.30
8	1.0869	8.695	24	1.2629	30.31
10	1.1089	11.09	26	1.2848	33.40
12	1.1309	13.57	28	1.3064	36.58
14	1.1530	16.14	30	1.3279	39.84

NaOH 质量分数/%	相对密度 (d_4^{20})	100mL 水溶液中含 NaOH 的质量/g	NaOH 质量分数/%	相对密度 (d_4^{20})	100mL 水溶液中含 NaOH 的质量/g
32	1.3490	43.17	42	1.4494	60.87
34	1.3696	46.57	44	1.4685	64.61
36	1.3900	50.04	46	1.4873	68.42
38	1.4101	53.58	48	1.5065	72.31
40	1.4300	57.20	50	1.5253	76.27

附表 2-10　氢氧化钾

KOH 质量分数/%	相对密度 (d_4^{20})	100mL 水溶液中含 KOH 的质量/g	KOH 质量分数/%	相对密度 (d_4^{20})	100mL 水溶液中含 KOH 的质量/g
1	1.0083	1.008	28	1.2695	35.55
2	1.0175	2.035	30	1.2905	38.72
4	1.0359	4.144	32	1.3117	41.97
6	1.0544	6.326	34	1.3331	45.33
8	1.0730	8.584	36	1.3549	48.78
10	1.0918	10.92	38	1.3769	52.32
12	1.1108	13.33	40	1.3991	55.96
14	1.1299	15.82	42	1.4215	59.70
16	1.1493	19.70	44	1.4443	63.55
18	1.1688	21.04	46	1.4673	67.50
20	1.1884	23.77	48	1.4907	71.55
22	1.2083	26.58	50	1.5143	75.72
24	1.2285	29.48	52	1.5382	79.99
26	1.2489	32.47			

附表 2-11　氨水

NH₃ 质量分数/%	相对密度 (d_4^{20})	100mL 水溶液中含 NH₃ 的质量/g	NH₃ 质量分数/%	相对密度 (d_4^{20})	100mL 水溶液中含 NH₃ 的质量/g
1	0.9939	9.94	16	0.9362	149.8
2	0.9895	19.79	18	0.9295	167.3
4	0.9811	39.24	20	0.9229	184.6
6	0.9730	58.38	22	0.9164	201.6
8	0.9651	77.21	24	0.9101	218.4
10	0.9575	95.75	26	0.9040	235.0
12	0.9501	114.0	28	0.8980	215.4
14	0.9430	132.0	30	0.8920	267.6

附录3 常见共沸混合物组成

附表 3-1 三元共沸混合物

组分			各组分的沸点/℃			共沸点/℃	共沸物组成质量分数/%		
A组分	B组分	C组分	A组分	B组分	C组分		A组分	B组分	C组分
水	乙醇	氯仿	100	78.3	61	55.6	3.5	17.0	76.0
		四氯化碳			76.8	61.8	4.3	9.7	86.0
		苯			80.6	64.9	7.4	18.5	74.1
		环己烷			80.8	62.1	7.0	9.0	83.2
		乙酸乙酯			70.3	7.8	4.0	92.5
	正丁醇	乙酸乙酯		117.8	77.1	90.7	29.0	8.0	63.0
	丙醇	乙酸乙酯		97.2		82.2	21.0	19.5	59.5
	异丙醇	苯		82.4	80.6	66.5	7.5	18.7	73.8
	异丙醇	甲苯			110.6	76.3	13.1	38.2	48.7
	丙酮	二硫化碳		56.4	46.3	38.0	0.8	24.0	75.2

附表 3-2 二元共沸混合物

组分		各组分的沸点/℃		共沸点/℃	共沸物组成质量分数/%	
A组分	B组分	A组分	B组分		A组分	B组分
水	苯	100	80.6	69.3	9	91
	甲苯		110.6	84.1	19.6	80.4
	氯仿		61	56.1	2.8	97.2
	乙醇		78.3	78.2	4.5	95.5
	丁醇		117.8	92.4	38	62
	异丁醇		108	90.0	33.2	66.8
	仲丁醇		99.5	88.5	32.1	67.9
	叔丁醇		82.8	79.9	11.7	88.3
	烯丙醇		97.0	88.2	27.1	72.9
	苄醇		205.2	99.9	91	9
	乙醚		34.6	110	79.76	20.24
	二氧六环		101.3	87	20	80
	四氯化碳		76.8	66	4.1	95.9
	丁醛		75.7	68	9	94
	三聚乙醛		115	91.4	30	70
	甲酸		100.8	107.3	22.5	77.5
	乙酸乙酯		77.1	70.4	8.2	91.8
	苯甲酸乙酯		212	99.4	84	16

组 分		各组分的沸点/℃		共沸点/℃	共沸物组成质量分数/%	
A组分	B组分	A组分	B组分		A组分	B组分
乙醇	苯	78.3	80.6	68.2	32	68
	氯仿		61	59.4	7	93
	四氯化碳		76.8	64.9	16	84
	乙酸乙酯		77.1	72	30	70
甲醇	四氯化碳	64.7	76.8	55.7	21	79
	苯		80.6	58.3	39	61
乙酸乙酯	四氯化碳	77.1	76.8	74.8	43	57
	二硫化碳		46.3	46.1	7.3	92.7
丙酮	二硫化碳	56.5	46.3	39.2	34	66
	氯仿		61	65.5	20	80
	异丙醚		69	54.2	61	39
己烷	苯	69	80.6	68.8	95	5
	氯仿		61	60.0	28	72
环己烷	苯	80.8	80.6	77.8	45	55

附录 4 常用有机溶剂的沸点及相对密度

名 称	沸点/℃	相对密度 $(d_4^{20})/(g/cm)$	名 称	沸点/℃	相对密度 $(d_4^{20})/(g/cm)$
甲醇	64.96	0.7914	苯	80.1	0.87865
乙醇	78.5	0.7893	甲苯	110.6	0.8669
乙醚	34.51	0.71378	二甲苯(o^-,m^-,p^-)	约140	0.88
丙酮	56.2	0.7899	正丁醇	117.25	0.8098
乙酸	117.9	1.0492	二氯甲烷	40.0	1.3266
乙酐	139.55	1.0820	氯仿	61.7	1.4832
乙酸乙酯	77.06	0.9003	四氯化碳	76.54	1.5940
二氧六环	101.7	1.0337	二硫化碳	46.25	1.2632
1,2-二氯乙烷	83.5	1.2351	硝基苯	210.8	1.2037

附录 5 常用试剂的纯化

化学合成实验经常会用到溶剂，溶剂既可作为合成反应中介质和产物的纯化，又常可以用于萃取、重结晶、层析等操作的溶剂。大多数化学试剂与溶剂性质不稳定，久储易变质，而化学试剂和溶剂的纯度直接关系到反应速率、反应产率及产物的纯度。为合成某一目标分子，选择什么规格的试剂以及为满足合成需要的特殊要求，对试剂与溶剂进行纯化处理，这些都是化学合成的基本知识与基本操作内容。以下介绍一些常见试剂和某些溶剂在实验室条件下的纯化方法及相关知识。

1. 乙醇

b. p. 78.5℃，n_D^{20}1.3611，d_4^{20}0.7893。

市售的无水乙醇一般只能达到99.5%的纯度，而在许多反应中则需要更高纯度的乙醇，因此在工作中经常需自己制备绝对乙醇（含量99.95%）。通常不能由工业用的95%的乙醇直接用蒸馏法制备无水乙醇，因95.5%的乙醇和4.5%的水可形成恒沸物（沸点78.15℃）。

无水乙醇制备：在1L圆底烧瓶中，加入600mL 95%乙醇和160g新煅烧过的生石灰。烧瓶上要装回流冷凝管和氯化钙干燥管。所用仪器必须干燥。将此混合物在沸水浴中加热回流约6h。放置过夜。然后改成蒸馏装置（生石灰和乙醇中的水生成氢氧化钙，因加热时不分解，氢氧化钙不用滤出），仍用氯化钙干燥管保护。在沸水浴中加热蒸馏。开始蒸出的10mL另行收集。经此处理可以得到99.5%乙醇。

绝对乙醇制备：在250mL圆底烧瓶中放置0.6g干燥纯净的镁条和10mL 99.5%乙醇。装上带有氯化钙干燥管的回流冷凝管，沸水浴加热至微沸，移去水浴，立即投入几小粒碘（不要摇动），不久碘粒周围发生反应。慢慢扩大，最后达到剧烈的程度。当全部镁条反应完毕后，加入100mL 99.5%乙醇和几粒沸石，加热回流1h。取下冷凝管，改成蒸馏装置，按收集无水乙醇的要求进行蒸馏。经此处理可以得到99.95%乙醇。

$$2C_2H_5OH + Mg \longrightarrow (C_2H_5O)_2Mg + H_2 \uparrow$$
$$(C_2H_5O)_2Mg + 2H_2O \longrightarrow 2C_2H_5OH + Mg(OH)_2$$

2. 甲醇

b. p. 64.96℃，n_D^{20}1.3288，d_4^{20}0.7914。

市售的甲醇大多数是通过合成法制备，一般纯度能达到99.85%，含水量约为0.1%，丙酮约为0.02%，一般可满足应用。由于甲醇和水不能形成恒沸点混合物，故无水甲醇可以通过高效精馏柱分馏得到纯品。甲醇有毒，处理时应避免吸入其蒸气。制备无水甲醇也可使用镁制无水乙醇的方法。

3. 正丁醇

b. p. 117.7℃，n_D^{20}1.3993，d_4^{20}0.8098。

用无水碳酸钾或无水硫酸钙进行干燥，过滤后，将滤液进行分馏，收集纯品。

4. 乙醚

b. p. 34.51℃，n_D^{20}1.3526，d_4^{20}0.7138。

在15℃时乙醚中能溶解1.2%的水，与水形成的共沸混合物含水1.26%，在34.15℃沸腾。在空气中受光作用，乙醚容易形成爆炸性的过氧化物。所以普通乙醚中常含有一定量的水、乙醇及少量过氧化物等杂质，这对于要求以无水乙醚为溶剂的反应（如 Grignard 反应），不仅影响反应进行，而且易发生危险。试剂级的无水乙醚，往往也不符合要求，且价格较贵，故实验室中常需自行制备。

制备无水乙醚时首先要检查有无过氧化物存在，其方法是：取少量乙醚和等体积的 2％ KI 溶液，加入几滴稀盐酸（2mol/L）一起振摇，如能使淀粉溶液呈蓝色或紫色，即证明有过氧化物存在。除去过氧化物可在分液漏斗中加入乙醚和相当乙醚体积 1/5 的新配制的硫酸亚铁溶液（取 100mL 水，慢慢加入 6mL 浓硫酸，再加入 60g 硫酸亚铁溶解而成）。剧烈振摇后分去水层，余下的醚层每 100mL 中加入 12g 无水氯化钙，干燥一昼夜滤去氯化钙，于乙醚中加入新切的薄片状金属钠，瓶口用装有氯化钙干燥管的软木塞塞紧，当新鲜的金属钠加入时不再有氢气放出，表示乙醚中不再有水和乙醇等杂质，便可直接量取使用。如需要纯度更高的乙醚时，用 0.5％的 KMnO$_4$ 溶液共振摇，使其中的醛类氧化成酸，破坏不饱和化合物，然后依次用 5％NaOH 溶液、水洗涤，经干燥、蒸馏后再用金属钠干燥，至不再有气泡放出，同时钠的表面较好，则可储存备用。用前过滤蒸馏即可。

5. 丙酮

b. p. 56.2℃，n_D^{20} 1.3588，d_4^{20} 0.7899。

市售丙酮往往含有甲醇、乙醛、水等杂质，利用简单的蒸馏方法，不能把丙酮和这些杂质分离开，可用下列两种方法精制。

（1）在 100mL 丙酮中，加入 5g KMnO$_4$ 进行回流，以除去还原性杂质。若 KMnO$_4$ 紫色很快消失，需要再加入少量 KMnO$_4$ 继续回流，直至紫色不消失为止。停止回流，将丙酮蒸出。于所蒸出的丙酮中加入无水 K$_2$CO$_3$ 或无水 CaSO$_4$ 干燥，过滤，蒸馏收集 55～56.5℃的馏分。

（2）于 100mL 丙酮中加入 4mL 10％AgNO$_3$ 溶液及 3.5mL 0.1mol/L NaOH 溶液，振荡 10min 除去还原性杂质。过滤，滤液用无水 CaSO$_4$ 干燥后，蒸馏收集 55～56.5℃的馏分。

6. 苯

b. p. 80.1℃，n_D^{20} 1.5011，d_4^{20} 0.8787。

分析纯的苯通常可以直接使用。但普通苯中含有少量水（0.02％），由煤焦油加工得来的苯还含有少量噻吩（沸点 84℃），不能用分馏或分步结晶等方法分离除去。为制得无水、无噻吩苯可采用下列方法。

（1）无水苯：用无水氯化钙干燥过夜，滤除氯化钙后再加入钠丝进一步去水。

（2）无水、无噻吩苯：在分液漏斗中将普通苯与相当苯体积 15％的浓硫酸一起振荡，振荡后将混合物静置，分去下层的酸液，再加入新的浓硫酸，这样重复操作直至酸层呈无色或淡黄色，且检验无噻吩为止。分去酸层，苯层依次用水、10％碳酸钠溶液、水洗涤，再用无水氯化钙干燥，蒸馏，收集 80℃的馏分。若要高度干燥可加入钠丝进一步去水。

噻吩的检验：取 5 滴苯于试管中，加入 5 滴浓硫酸及 1～2 滴 1％α,β-吲哚醌的浓硫酸溶液，振荡片刻。如呈墨绿色或蓝色，表示有噻吩存在。

7. 甲苯

b. p. 110.6℃，n_D^{20} 1.4961，d_4^{20} 0.8669。

甲苯与水形成共沸混合物，在 84.1℃沸腾，含 81.4％的甲苯。一般甲苯中还可能含有少量甲基噻吩。用浓硫酸（甲苯：酸＝10：1）振荡 0.5h（温度不要超过 30℃），甲苯层依次用水、10％Na_2CO_3水溶液、水洗涤，无水$CaCl_2$干燥过夜后，蒸馏。若要高度干燥可加入金属钠进一步除水。

8. 乙酸乙酯

b. p. 77.06℃，n_D^{20}1.3723，d_4^{20}0.9003。

市售的乙酸乙酯含量为95％～98％，含有少量水、乙醇和醋酸，可用下列方法提纯。

（1）用等体积的5％碳酸钠水溶液洗涤后，再用饱和氯化钙水溶液洗涤数次，以无水碳酸钾或无水硫酸镁进行干燥。过滤后蒸馏，即得纯品。

（2）于100mL乙酸乙酯中加入10mL醋酸酐、1滴浓硫酸，加热回流4h，除去乙醇和水等杂质，然后进行分馏。馏液用2～3g无水碳酸钾振荡，干燥后再蒸馏，最后产物的沸点为77℃，纯度达99.7％。

9. 冰醋酸

b. p. 117.9℃，n_D^{20}1.3716，d_4^{20}1.0492。

将市售乙酸在4℃下慢慢结晶，并在冷却下迅速过滤，压干。少量水可用五氧化二磷（10g/L）回流干燥几小时除去。冰醋酸对皮肤有腐蚀作用，接触到皮肤或溅到眼睛里时，要用大量水冲洗。

10. 乙酸酐

b. p. 139.55℃，n_D^{20}1.3904，d_4^{20}1.0820。

加入无水乙酸钠（20g/L）回流并蒸馏，乙酸酐对皮肤有严重腐蚀作用，使用时需戴防护眼镜及手套。

11. 氯仿

b. p. 61.7℃，n_D^{20}1.4459，d_4^{20}1.4832。

普通用的氯仿含有1％的乙醇，这是为了防止氯仿分解为有毒的光气，作为稳定剂加进去的。

除去乙醇的方法如下。

（1）用其体积一半的水洗涤氯仿5～6次，然后分出下层氯仿，用无水氯化钙干燥24h，进行蒸馏，收集的纯品要放置于暗处，以免受光分解而形成光气。氯仿不能用金属钠干燥，否则会发生爆炸。

（2）将氯仿加少量浓硫酸（氯仿体积的5％）洗涤2次。分去酸层以后的氯仿用水洗涤至中性，水洗经无水$CaCl_2$（或无水Na_2SO_4）干燥，然后蒸馏。除去乙醇的无水氯仿保存在棕色瓶中，并且不要见光，以免分解。

12. 二氯甲烷

b. p. 39.7℃，n_D^{20}1.4246，d_4^{20}1.3255。

二氯甲烷为无色挥发性液体，微溶于水，与水形成共沸混合物，在38.1℃沸腾，含98.5％的二氯甲烷。它与乙醚的沸点相近，溶解性能也很好，能与醇、醚混合。但它比水重，具不燃性，有时代替乙醚使用。其主要杂质是醛类。二氯甲烷纯化可用浓硫酸振荡数次，至酸层无色为止。水洗除去残留的酸，再用5％～10％NaOH（或Na_2CO_3）溶液洗涤2次，水洗至中性，用无水$MgSO_4$或无水$CaCl_2$干燥过夜，蒸馏收集39.5～41℃的馏分。于棕色瓶避光储存。注意不要在空气中久置，以免氧化。

二氯甲烷（以及氯代烷类）不能与金属钠接触，否则有爆炸的危险。

13. 四氯化碳

b. p. 76.8℃，n_D^{20} 1.4601，d_4^{20} 1.5940。

四氯化碳与水形成共沸混合物，在 66℃ 沸腾，含 95.9％ 的四氯化碳。四氯化碳可直接蒸馏，水以共沸物而被除去。普通四氯化碳中含二硫化碳约 4％。纯化方法：1L 四氯化碳与由 60g 氢氧化钾溶于 60mL 水和 100mL 乙醇配成的溶液一起在 50～60℃ 剧烈振荡半小时。用水洗后，减半量重复振荡一次。分出四氯化碳，先用水洗，再用少量浓硫酸洗至无色，然后再用水洗，用无水氯化钙干燥，蒸馏即得。四氯化碳不能用金属钠干燥，否则会发生爆炸。

14. 1,2-二氯乙烷

b. p. 83.7℃，n_D^{20} 1.4448，d_4^{20} 1.2531。

1,2-二氯乙烷与水形成共沸混合物，在 72℃ 沸腾，含 81.5％ 的 1,2-二氯乙烷。1,2-二氯乙烷常含有少量酸性物质、水分及氯化物等。可依次用浓硫酸、水、5％NaOH 溶液和水洗涤，用无水 $CaCl_2$ 或 P_2O_5 干燥，然后蒸馏。

15. 二氧六环

b. p. 101.5℃，n_D^{20} 1.4224，d_4^{20} 1.0337。

又称 1,4-二氧六环，与水互溶，无色，易燃，能与水形成共沸物（含量为 81.6％，沸点 87.8℃）。普通的二氧六环中含有少量乙酸、水、乙醚和乙二醇缩乙醛，久储的二氧六环还可能含有过氧化物。

纯化方法：向二氧六环中加入质量分数为 10％ 的浓盐酸，回流 3h，同时缓慢通入氮气，以除去生成的乙醛。分去酸层，用粒状氢氧化钾干燥过夜，过滤，再加金属钠回流 1h，蒸馏，加钠丝储存。

16. 四氢呋喃

b. p. 67℃，n_D^{20} 1.4050，d_4^{20} 0.8892。

四氢呋喃是具有乙醚气味的无色透明液体。市售的四氢呋喃含有少量水和过氧化物，过氧化物的检验和除去方法同乙醚。

制无水四氢呋喃方法：含过氧化物的四氢呋喃可先用无水硫酸钙或固体氢氧化钾初步干燥，滤除干燥剂后，按每 250mL 四氢呋喃加 1g 氢化铝锂并在隔绝潮气的条件下回流 1～2h，以除去其中的水和过氧化物。然后常压蒸馏收集 65～67℃ 的馏分（不可蒸干）。精制后的四氢呋喃应在氮气中保存，如需久置，应加入 0.025％ 的抗氧剂 2,6-二叔丁基-4-甲基苯酚作为稳定剂。

17. 吡啶

b. p. 115.5℃，n_D^{20} 1.5095，d_4^{20} 0.9819。

分析纯的吡啶中含有少量水分，但已可供一般应用。如要制得无水吡啶，可用粒状氢氧化钠或氢氧化钾干燥过夜，然后隔绝潮气进行蒸馏，即得无水吡啶。干燥的吡啶吸水性很强，保存时应将容器口用石蜡封好。

18. 石油醚

石油醚为轻质石油产品，是低分子量烃类（主要是戊烷和己烷）的混合物。其沸程为 30～150℃，收集的温度区间一般为 30℃ 左右，如有 30～60℃、60～90℃、90～120℃、120～150℃ 等沸程规格的石油醚。石油醚中含有少量不饱和烃，沸点与烷烃相近，不能用蒸馏法分离，必要时可用浓硫酸和高锰酸钾把它除去。通常将石油醚用其体积 1/10 的浓硫酸洗涤两三次，再用 10％ 的浓硫酸加入高锰酸钾配成的饱和溶液洗涤，直至水层中的紫色不再消失为止；然后再用水洗，经无水氯化钙干燥后蒸馏。如需要绝对干燥的石油醚，则需加入钠丝（见无水乙醚处理）。

使用石油醚作溶剂时，由于轻组分挥发快，溶解能力降低，通常在其中加入苯、氯仿、乙醚等以增加其溶解能力。

19. 环己烷

b. p. 80.7℃，n_D^{20} 1.4266，d_4^{20} 0.7785。

环己烷中所含杂质主要是苯，一般不需要除去。若必须除去时，可用冷的混酸（浓硫酸与浓硝酸的混合物）洗涤几次，使苯硝化后溶于酸层而除去，然后用水洗去残酸，干燥分馏，加入钠丝保存。

20. 苯甲醛

b. p. 179.0℃，n_D^{20} 1.5463，d_4^{20} 1.0415。

带有苦杏仁味的无色液体，能与乙醇、乙醚、氯仿相混溶，微溶于水。由于在空气中易氧化成苯甲酸，使用前需经蒸馏，沸点以 64～65℃/1.60kPa(12mmHg)。低毒，对皮肤有刺激，触及皮肤可用水洗。

21. 乙腈

b. p. 81.6℃，n_D^{20} 1.3442，d_4^{20} 0.7857。

乙腈是惰性溶剂，可用于反应及重结晶。乙腈与水、醇、醚可任意混溶，与水生成共沸物（含乙腈 84.2%，沸点 76.7℃）。市售乙腈常含有水、不饱和腈、醛和胺等杂质，三级以上的乙腈含量应高于 95%。

纯化方法：可将试剂乙腈用无水碳酸钾干燥，过滤，再与五氧化二磷加热回流（20g/L），直至无色，用分馏柱分馏。乙腈可储存于放有分子筛（0.2nm）的棕色瓶中。乙腈有毒，常含有游离氢氰酸。

22. 苯胺

b. p. 184.1℃，n_D^{20} 1.5863，d_4^{20} 1.0217。

在空气中或光照下苯胺颜色变深，应密封储存于避光处。苯胺稍溶于水，能与乙醇、氯仿和大多数有机溶剂互溶。可与酸成盐，苯胺盐酸盐熔点为 198℃。

市售苯胺经氢氧化钾（钠）干燥。为除去含硫的杂质，可在少量氯化锌存在下，用氮气保护，水泵减压蒸馏，沸点 77～78℃/2.0kPa(15mmHg)。吸入苯胺蒸气或经皮肤吸收会引起中毒症状。

23. 二硫化碳

b. p. 46.25℃，n_D^{20} 1.6319，d_4^{20} 1.2632。

二硫化碳是有毒的化合物（有使血液和神经组织中毒的作用），又具有高度的挥发性和易燃性，所以在使用时必须注意，避免接触其蒸气。一般有机合成实验对二硫化碳要求不高，在普通二硫化碳中加入少量磨碎的无水氯化钙，干燥数小时，然后在水浴上（温度55～65℃）蒸馏收集。

24. N,N-二甲基甲酰胺

b. p. 153℃，n_D^{20} 1.4305，d_4^{20} 0.9487。

市售三级纯以上 N,N-二甲基甲酰胺含量不低于 95%，主要杂质为胺、氨、甲醛和水。在常压蒸馏会有些分解，产生二甲胺和一氧化碳，若有酸、碱存在，分解加快。

纯化方法：先用无水硫酸镁干燥 24h，再加固体氢氧化钾振摇干燥，然后减压蒸馏，收集 76℃/4.79kPa(36mmHg) 的馏分。如其中含水较多时，可加入 1/10 体积的苯，常压蒸去水和苯，然后用硫酸镁或氧化钡干燥，再进行减压蒸馏。若含水量较少时（低于0.05%），可用4A型分子筛干燥12h以上，再蒸馏。

N,N-二甲基甲酰胺见光可慢慢分解为二甲胺和甲醛，故宜避光储存。

25. 二甲亚砜

b. p. 189℃，$n_D^{20}1.4783$，$d_4^{20}1.0954$。

二甲亚砜为无色、无味、微带苦味的吸湿性液体，是一种优异的非质子极性溶剂，常压下加热至沸腾可部分分解。市售试剂级二甲亚砜含水量约为1%。纯化时，通常先减压蒸馏，然后用4A型分子筛干燥，或用氧化钙粉末（10g/L）搅拌48h，再减压蒸馏，收集64~65℃/533.2Pa(4mmHg)、71~72℃/2.8kPa(21mmHg)的馏分。蒸馏时，温度不宜高于90℃，否则会发生歧化反应生成二甲砜和二甲硫醚。二甲亚砜与某些物质（如氢化钠、高碘酸，或高氯酸镁等）混合时可发生爆炸，应注意安全。

26. 亚硫酰氯

b. p. 75.8℃，$n_D^{20}1.5170$，$d_4^{20}1.656$。

亚硫酰氯又称氯化亚砜，为无色或微黄色液体，有刺激性，遇水强烈分解。工业品常含有氯化砜、一氯化硫、二氯化硫，一般经蒸馏纯化，但经常仍有黄色。需要更高纯度的试剂时，可用硫黄处理，操作较为方便，效果较好。搅拌下将硫黄（20g/L）加入亚硫酰氯中，加热，回流4.5h，用分馏柱分馏，得无色纯品。

操作中要小心，本品对皮肤与眼睛有刺激性。

附录6　危险化学品的使用知识

化学工作者要使用各种各样的化学药品进行工作，常常会用到一些易燃、易爆和有毒化学药品，如果这些化学药品使用保管不当，就有可能产生着火、爆炸、烧伤、中毒等事故。大多数事故的发生是由于实验者的大意和疏忽造成的。只要实验工作者树立安全第一的思想，认真了解和掌握使用的化学药品的性能、用途、可能出现的问题以及预防措施，严格执行操作规程，就能有效地避免事故的发生，保证实验顺利进行。因此了解和掌握危险化学药品的一些知识是十分必要的。

根据常用的一些化学药品的危险性质，可以大略分为易燃、易爆和有毒三类，现分述如下。

一、易燃化学药品

分　类	举　　　　例
可燃气体	氢、乙胺、氯乙烷、乙烯、燃气、氢气、硫化氢、甲烷、氯甲烷、二氧化硫等
易燃液体	汽油、乙醚、乙醛、二硫化碳、石油醚、丙酮、苯、二甲苯、苯胺、乙酸乙酯、甲醇、乙醇等
易燃固体	红磷、三硫化二磷、萘、镁、铝粉等
自燃物质	黄磷等

从上表可以看出，大部分有机溶剂均为易燃物质，若使用或保管不当，极易引起燃烧事故，故需特别注意。实验室保存和使用易燃、有毒药品，应注意以下几点。

（1）实验室内不要保存大量易燃溶剂，少量的也需密闭，切不可放在开口容器内，需放在阴凉背光和通风处并远离火源，不能接近电源及暖气等。腐蚀橡胶的药品不能用橡胶塞。

（2）可燃性溶剂均不能用直接火加热，必须用水浴、油浴或可调节电压的加热包。如蒸馏乙醚或二硫化碳等低沸点溶剂时，要用预先加热的或通水蒸气加热的热水浴，并远离火源。

（3）蒸馏、回流易燃液体时，防止暴沸及局部过热，瓶内液体应占瓶体积的 $1/2\sim1/3$，加热中途不得加入沸石或活性炭，以免暴沸冲出着火。

（4）注意冷凝管水流是否流畅，干燥管是否阻塞不通，仪器连接处塞子是否紧密，以免蒸气逸出着火。

（5）易燃蒸气大都比空气重（如乙醚较空气重 2.6 倍），能在工作台面流动，故即使在较远处的火焰也可能使其着火。尤其是处理较大量乙醚时，必须在没有火源且通风良好的实验室中进行。

（6）用过的溶剂不得倒入下水道中，必须设法回收。含有机溶剂的滤渣不能丢入敞口的废物缸内，燃着的火柴头切不能丢入废物缸内。

（7）金属钠、钾遇火易燃，故需保存在煤油或液体石蜡中，不能露置空气中。如遇着火，可用石棉布扑灭，不能用四氯化碳灭火器，因其与钠或钾易起爆炸反应。二氧化碳泡沫灭火器能加强钠或钾的火势，亦不能使用。

（8）某些易燃物质，如黄磷在空气中能自燃，必须保存在盛水玻璃瓶中，再放在金属筒中，绝不能直接放在金属筒中，以免腐蚀。自水中取出后，立即使用，不得露置在空气中过久。用过后必须采取适当方法销毁残余部分，并仔细检查有无散失在桌面或地面上。

二、易爆化学药品

当气体混合物发生反应时，其反应速率随成分而变，当反应速率达到一定限度时，即会引起爆炸。如氢气与空气或氧气混合达一定比例时，遇到火焰就会发生爆炸。乙炔与空气亦可生成爆炸混合物。汽油、二硫化碳、乙醚的蒸气与空气相混，亦可因小火花或电火花导致爆炸。

乙醚不但其蒸气能与空气或氧混合，形成爆炸混合物，同时由于光或氧的影响，乙醚可被氧化成过氧化物，其沸点较乙醚高。在蒸馏乙醚时，当浓度较高时，则发生爆炸，故使用时均需先检定其中是否已有过氧化物（检验与除去过氧化物方法见附录 5 "常用试剂的纯化"中乙醚部分）。此外，如二氧六环、四氢呋喃及某些不饱和碳氢化合物（如丁二烯），亦可因产生过氧化物而引起爆炸。

某些以较高速率进行的放热反应，因生成大量气体也会引起爆炸并伴随着发生燃烧，一般来说，易爆物质的化学结构中，大多是含有以下结构或官能团：

易爆物中常见的基团	易爆物举例	易爆物中常见的基团	易爆物举例
—O—O—	臭氧，过氧化物	—N≡N—	重氮及叠氮化合物
—O—Cl—	氯酸盐，高氯酸盐	—ON≡C	雷酸盐
=N—Cl	氮的氯化物	—NO₂	硝基化合物（三硝基甲苯，苦味酸盐）
—N=O	亚硝基化合物	—C≡C—	乙炔化合物（乙炔金属盐）

1. 能自行爆炸的化学药品
高氯酸铵、硝酸铵、浓高氯酸、雷酸汞、三硝基甲苯等。

2. 能混合发生爆炸的化学药品

（1）高氯酸＋酒精或其他有机物

（2）高锰酸钾＋甘油或其他有机物

（3）高锰酸钾＋硫酸或硫

（4）硝酸＋镁或碘化氢

（5）硝酸铵＋酯类或其他有机物

（6）硝酸铵＋锌粉＋水

（7）硝酸盐＋氯化亚锡

（8）过氧化物＋铝＋水

（9）硫＋氧化汞

（10）金属钠或钾＋水

氧化物与有机物接触，极易引起爆炸。在使用浓硝酸、高氯酸、过氧化氢等物质时，应特别注意。使用可能发生爆炸的化学药品时，必须作好个人防护，戴面罩或防护眼镜，并在通风橱中进行操作。要设法减少药品用量或浓度，进行小量试验。平时危险药品要妥善保存，如苦味酸需保存在水中，某些过氧化物（如过氧化苯甲酰）必须加水保存。易爆炸残渣必须妥善处理，不得随意乱丢。

三、有毒化学药品

日常所接触的化学药品中，少数是剧毒药品，使用时必须十分谨慎。很多药品是经长期接触，或接触量过大，才产生急性或慢性中毒。但只要掌握使用毒品的规则和防范措施，即可避免或把中毒的机会减少到最低程度。以下对毒品进行分类介绍，以加强防护措施，避免药品对人体的伤害。

有毒化学药品通常由下列途径侵入人体。

（1）经由呼吸道侵入。经血液循环而至全身，产生急性或慢性全身性中毒，故有毒实验必须在通风橱内进行，并经常注意保持室内空气流畅。

（2）经由皮肤黏膜侵入。眼睛的角膜对化学药品非常敏感，药品对眼睛危害性很严重。故进行实验时，必须戴防护眼镜。一般来说，药品不易透过完整的皮肤，但皮肤有伤口时很容易侵入人体。玷污了的手取食或抽烟，均能将其带入体内。进行实验操作时，注意勿使药品直接接触皮肤，必要时可戴手套，手或皮肤有伤口时更需特别小心。

（3）由消化道侵入。这种情况不多，为防止中毒，任何药品不得用口尝味，严禁在实验室进食，实验结束后必须洗手。

常见的有毒化学药品如下。

1. 有毒气体

如溴、氯、氟、氢氰酸、氟化氢、溴化氢、氯化氢、二氧化硫、硫化氢、光气、氨、一氧化碳等均为窒息性或具刺激性气体。在使用以上气体进行实验时，应在通风良好的通风橱中进行。反应中有气体发生时（如反应产生的盐酸气、溴化氢等），应安装气体吸收装置。设法吸收有毒气体减少对环境的污染。如遇大量有害气体逸至室内，应立即关闭气体发生装置，迅速停止实验，关闭火源、电源，离开现场。如发生伤害事故，应视情况及时加以处理。

2. 强酸和强碱

硝酸、硫酸、盐酸、氢氧化钠、氢氧化钾均刺激皮肤，有腐蚀作用，造成化学烧伤。吸入强酸烟雾，会刺激呼吸道。稀释浓硫酸时，应将浓硫酸慢慢倒入水中，并随同搅拌，不要在不耐热的厚玻璃器皿中进行。

储存碱的瓶子不能用玻璃塞，以免碱腐蚀玻璃，使瓶塞打不开。取碱时必须戴防护眼镜及手套。配制碱液时，应在烧杯中进行，不能在小口瓶或量筒中进行，以防容器受热破裂造成事故。开启氨水瓶时，必须事先冷却，瓶口朝无人处，最好在通风橱内进行。

3. 无机药品

（1）氰化物及氢氰酸 毒性极强，致毒作用极快，空气中氰化氢含量达 3/10000，即可在数分钟内致人死亡。内服极少量氰化物，亦可很快中毒死亡。取用时，须特别注意，氰化物必须密封保存。氰化物要有严格的领用保管制度，取用时必须戴厚口罩、防护眼镜及手套，手上有伤口时不得进行该项实验。使用过的仪器、桌面均应亲自收拾，用水冲净，手及脸亦应仔细洗净。实验服可能污染，必须及时换洗。

（2）汞 在室温下即能蒸发，毒性极强，能致急性中毒或慢性中毒，使用时需注意室内通风。提纯或处理时，必须在通风橱内进行。若有汞撒落时，要用滴管收集起来，分散的小粒也要尽量汇拢收集，然后再用硫黄粉、锌粉或三氯化铁溶液消除。

（3）溴 溴液可致皮肤烧伤，蒸气刺激黏膜，甚至可使眼睛失明。使用时应在通风橱内进行。盛溴的玻璃瓶必须密闭后放在金属罐中，妥为存放，以免撞倒或打翻。当溴撒落时，要立即用沙掩盖。如皮肤烧伤，应立即用稀乙醇洗或多量甘油按摩，然后涂以硼酸凡士林软膏。

（4）黄磷 极毒，切不能用手直接取用，否则引起严重持久烫伤。

4. 有机药品

（1）有机溶剂 有机溶剂均为脂溶性液体，对皮肤黏膜有刺激作用。如苯，不但刺激皮肤，易引起顽固湿疹，对造血系统及中枢神经系统均有严重损害。甲醇对视神经特别有害。大多数有机溶剂蒸气易燃。在条件许可情况下，最好用毒性较低的石油醚、丙酮、二甲苯代替二硫化碳、苯和卤代烷类。使用有机溶剂时应注意防火，保持室内空气流通。绝不能用有机溶剂洗手。

（2）硫酸二甲酯 鼻吸入及皮肤吸收均可中毒，且有潜伏期，中毒后呼吸道感到灼痛，滴在皮肤上能引起坏死、溃疡，恢复慢。

（3）苯胺及苯胺衍生物 吸入或经皮肤吸收均可致中毒。慢性中毒引起贫血，影响持久。

（4）芳香硝基化合物 化合物中硝基愈多毒性愈大，在硝基化合物中增加氯原子，亦将增加毒性。这类化合物的特点是能迅速被皮肤吸收，中毒后引起顽固性贫血及黄疸病，刺激皮肤引起湿疹。

（5）苯酚 能够灼伤皮肤，引起坏死或皮炎，皮肤被沾染应立即用温水及稀酒精清洗。

（6）生物碱 大多数具有强烈毒性，皮肤亦可吸收，少量即可导致中毒，甚至死亡。

（7）致癌物 黄曲霉素 B1、亚硝酸盐、1,2-苯并蒽的衍生物和 3,4-苯并菲的衍生物等已是人们所熟知的致癌物。国际癌症研究机构（IARC）1994 年公布了对人肯定有致癌性的 63 种物质或环境。致癌物质有苯、钛及其化合物、镉及其化合物、六价铬化合物、镍及其化合物、环氧乙烷、砷及其化合物、α-萘胺、4-氨基联苯、联苯胺、煤焦油、沥青、石棉、氯甲醚等；致癌环境有煤的气化、焦炭生产等场所。我国 1987 年颁布的职业病名单中规定石棉能致肺癌、间皮瘤；联苯胺能致膀胱癌；苯能致白血病；氯甲醚能致肺癌；砷能致肺癌、皮肤癌；氯乙烯能致肝血管肉瘤。

化合物名称	结构式	分子量	性状	相对密度 d_4^{20}	熔点 /℃	沸点 /℃	折射率 n_D^{20}	溶解度/(g/100g 溶剂) 水	乙醇	乙醚
乙二胺	$H_2NCH_2CH_2NH_2$	60.11	无色液体	0.899	8.5	117	1.4540 (26℃)	∞	∞	0.3
乙二醇	$HOCH_2CH_2OH$	62.07	无色液体	1.1088	-15.6	197	1.4318	∞	∞	1.0
乙二醛	$OHCCHO$	58.04	黄色结晶	1.14	15	51 (103456Pa)	1.3828	—	易溶	易溶
乙二酸	$HOOCCOOH$	90.04	无色,正交	1.90	186~187 (分解)	>100 (升华)	—	10(20℃) 120(100℃)	24(15℃) (无水乙醇)	1.3(15℃) (无水乙醚)
乙炔	$CH{\equiv}CH$	26.04	无色气体	0.6208 (-82℃)	-80.8	-84.0	—	100cm³ (18℃)	600cm³ (18℃)	2500cm³ (15℃,丙酮)
乙烯	$CH_2{=}CH_2$	28.05	无色气体	0.566 (-102℃)	-169.2	-103.7	—	25.6cm³ (0℃)	360cm³	易溶
乙醇	CH_3CH_2OH	46.07	无色液体	0.7893	-117.3	78.5	1.3611	∞	∞	∞
乙醚	$(C_2H_5)_2O$	74.12	无色液体	0.7138	-116.2 (凝固点)	34.5	1.3542 (17℃)	7.5 (20℃)	∞	∞
乙醛	CH_3CHO	44.06	无色液体	0.7834	-123.5	21	1.3316	∞	∞	∞
乙酸	CH_3COOH	60.05	无色液体	1.0492	16.6	117.9	1.3716	∞	∞	∞
乙酸乙酯	$CH_3COOC_2H_5$	88.12	无色液体	0.901	-83.6	77.06	1.3719	8.5 (15℃)	∞	∞
乙酸正丁酯	$CH_3COOC_4H_9$	116.16	无色液体	0.882	-73.5	126.1	1.3591	0.7	∞	∞
乙酸仲丁酯	$CH_3COOCH(CH_3)C_2H_5$	116.16	无色液体	0.8758	—	112	1.3877	不溶 (冷水)	易溶	易溶
乙酸酐	$(CH_3CO)_2O$	102.09	无色液体	1.0810	-73.1	140	1.3901	12(冷水) 热水分解	热醇分解	∞
乙酰氯	CH_3COCl	78.50	无色液体	1.1051	-112	50.9	1.3898	分解	分解	∞
乙酰苯胺	$C_6H_5NHCOCH_3$	135.17	正交,乙醇	1.2190 (15℃)	113~114	305	—	0.53(6℃) 3.5(80℃)	21(20℃) 46(60℃)	7 (25℃)

化合物名称	结 构 式	分子量	性 状	相对密度 (d_4^{20})	熔点 /℃	沸点 /℃	折射率 (n_D^{20})	溶解度/(g/100g 溶剂)		
								水	乙醇	乙醚
1,3-丁二烯	$CH_2=CHCH=CH_2$	54.09	无色气体	0.646 (0℃)	-108.9	-4.54	—	不溶	∞	∞
1-丁烯	$CH_3CH_2CH=CH_2$	56.10	无色气体	0.668(0℃)	-185.3	-6.3	1.3777 (-25℃)	不溶	易溶	易溶
反-2-丁烯	$CH_3CH=CHCH_3$	56.10	无色气体	0.6042	-105.5	0.9	1.3848 (-25℃)	不溶	易溶	易溶
顺-2-丁烯	$CH_3CH=CHCH_3$	56.10	无色气体	0.6213	-138.9	3.7	1.3931 (-25℃)	不溶	易溶	易溶
丁二酸	$HO_2C(CH_2)_2CO_2H$	118.09	无色单斜	1.564 (16℃)	189~190	235	—	6.9(20℃) 121(100℃)	9.9 (15℃)	1.2 (15℃)
反丁烯二酸	$HO_2CCH=CHCO_2H$	116.07	无色棱柱	1.635	186~187 (升华)	290	—	0.7(17℃) 9.8(100℃)	5.75 (29.7℃)	0.7 (25℃)
顺丁烯二酸	$HO_2CCH=CHCO_2H$	116.07	单斜	1.609	130.5	135 (分解)	—	79(25℃) 393(98℃)	70 (30℃)	8 (25℃)
顺丁烯二酸酐	$(CHCO)_2O$	98.06	结晶/氯仿	1.5	52.8	202 (升华)	—	16.3 (30℃)	—	—
正丁酸	$CH_3(CH_2)_2CO_2H$	88.10	无色液体	0.958	-5.5	164.1	1.3991	∞	∞	∞
异丁酸	$(CH_3)_2CHCO_2H$	88.10	无色液体	0.949	-47.0	154.7	1.3930	20 (20℃)	∞	∞
正丁醇	$CH_3(CH_2)_2CH_2OH$	74.12	无色液体	0.810	-89.8	118	1.3993	9 (15℃)	∞	∞
异丁醇	$(CH_3)_2CHCH_2OH$	74.12	无色液体	0.802	-108	108	1.3977 (15℃)	10 (15℃)	∞	∞
叔丁醇	$(CH_3)_3COH$	74.12	液体或正交	0.779 (26℃)	25.6	82.6	1.3878	∞	∞	∞
正丁醚	$(CH_3CH_2CH_2CH_2)_2O$	130.23	液体	0.773 (15℃)	-97.9	142.4	1.3992	<0.05	∞	∞
正丁醛	$CH_3(CH_2)_2CHO$	72.11	无色液体	0.8170	-99	75	1.3843	4	∞	∞
正丙醇	$CH_3CH_2CH_2OH$	60.11	无色液体	0.8035	-126.5	97.4	1.3850	∞	∞	∞
异丙醇	$(CH_3)_2CHOH$	60.11	无色液体	0.7855	-89.5	82.4	1.3776	∞	∞	∞

化合物名称	结构式	分子量	性状	相对密度 (d_4^{20})	熔点 /℃	沸点 /℃	折射率 (n_D^{20})	溶解度/(g/100g 溶剂) 水	乙醇	乙醚
正丁基氯	$CH_3(CH_2)_2CH_2Cl$	92.57	无色液体	0.8862	-123.1	78.44	1.4021	0.07 (12.5℃)	∞	∞
叔丁基氯	$(CH_3)_3CCl$	92.57	—	0.8420	-25	52	1.3857	略溶	∞	∞
异戊基氯	$(CH_3)_2CHCH_2CH_2OH$	88.15	无色液体	0.8092	-117.2	128.5	1.4053	2 (14℃)	∞	∞
2-甲基-2-丁醇	$(CH_3)_2COHC_2H_5$	88.15	无色液体	0.8059 (25℃)	-8.4	102	1.4052	可溶	∞	∞
2-甲基-2-己醇	$(CH_3)_3CHOH(CH_2)_3CH_3$	116.20	无色透明液体	0.8119	—	143	1.4175	—	易溶	易溶
丙三醇	$CH_2OHCHOHCH_2OH$	92.10	无色液体	1.2613	18.2	290 (分解)	1.4729	∞	∞	不溶
1-辛醇	$CH_3(CH_2)_6CH_2OH$	130.23	无色液体	0.8270	-16.7	194.45	1.4295	0.054 (20℃)	∞	∞
辛烷	$CH_3(CH_2)_6CH_3$	114.23	—	0.7025	-56.8	125.66	1.3974	不溶	易溶	易溶
氯乙酸	$ClCH_2COOH$	94.5	无色晶体	1.4043	63(α)	187.85	1.4351 (55℃)	易溶	易溶	易溶
己二酸	$HO_2C(CH_2)_4CO_2H$	146.15	单斜棱柱	1.366	153	265 (1333Pa)	—	1.5 (15℃)	易溶	0.6 (15℃)
正己烷	$CH_3(CH_2)_4CH_3$	86.18	无色液体	0.659	-95.3	68.7	1.3751	不溶	50 (33℃)	∞
正己酸	$CH_3(CH_2)_4CO_2H$	116.17	油状液体	0.931 (15℃)	-4.0	205.4	1.4163	1.10 (20℃)	易溶	易溶
环己烷	$CH_2(CH_2)_4CH_2$	84.17	无色液体	0.7791	6.5	80.7	1.4290	不溶	∞	∞
环己烯	$CH_2(CH_2)_3CH{=}CH$	82.15	液体	0.8102	-103.5	83.3	1.4465	微溶	易溶	易溶
环己醇	$CH_2(CH_2)_4CHOH$	100.16	无色针状	0.9624	25.5	161.1	1.465 (22℃)	3.6 (20℃)	易溶	易溶
二环己醚	$C_6H_{11}OC_6H_{11}$	182.31	—	0.9227	—	242~243	1.4741	不溶	—	—
环己酮	$CH_2(CH_2)_4CO$	98.15	无色油状	0.947 (19℃)	-31.2	155.7	1.4507	易溶	易溶	易溶

化合物名称	结构式	分子量	性状	相对密度 (d_4^{20})	熔点 /℃	沸点 /℃	折射率 (n_D^{20})	溶解度/(g/100g 溶剂)		
								水	乙醇	乙醚
吡啶	C_6H_5N	79.10	无色液体	0.9819	-42	115.5	1.50920	∞	∞	溶
苯	C_6H_6	78.12	无色液体	0.879	5.5	80.2	1.5017	0.07 (22℃)	∞ (无水乙醇)	∞
甲苯	$C_6H_5 \cdot CH_3$	92.14	无色液体	0.866	-95	110.6	1.4967	不溶	∞ (无水乙醇)	∞
甲醇	CH_3OH	32.04	无色液体	0.792	-97.8	64.7	1.3292	∞	∞	∞
甲醛	$HCHO$	30.03	气体	0.815	-92	-21	—	易溶	易溶	易溶
甲酸	HCO_2H	46.03	无色液体	1.220	8.40	100.8	1.3714	∞	∞	∞
丙酮	CH_3COCH_3	58.08	无色液体	0.791	-94.8	56.2	1.3589	∞	∞	∞
异戊二烯	$CH_2{=}CHC(CH_3){=}CH_2$	68.12	无色液体	0.681	-146	34.1	1.4194	不溶	∞	∞
邻二甲苯	$o\text{-}C_6H_4(CH_3)_2$	106.17	无色液体	0.8802	-25.18	144.4	1.5055	不溶	∞	∞
间二甲苯	$m\text{-}C_6H_4(CH_3)_2$	106.17	无色液体	0.8642	-47.87	139.1	1.4972	不溶	∞	∞
对二甲苯	$p\text{-}C_6H_4(CH_3)_2$	106.17	无色液体	0.8611	13.26	138.35	1.4958	略溶	易溶	易溶
邻苯二甲酸酐	$C_6H_4(CO)_2O$	148.12	正交	1.527 (4℃)	131.6	285 (升华)	—	难溶	易溶	微溶
邻苯二甲酸二正丁酯	$C_6H_4(CO_2C_4H_9)_2$	278.35	无色液体	1.0465	—	340	1.4925 (25℃)	0.04 (25℃)	∞	∞
丁二酸酐	$(CH_2CO)_2O$	100.8	针状物	1.2340	119.6	261	—	不溶	易溶	易溶
苯甲酸乙酯	$C_6H_5COOC_2H_5$	150.17	无色液体	1.0468	-34.6	213	1.5007	不溶	易溶	∞
乙酸异戊酯	$CH_3COOCH_2CH_2CH(CH_3)_2$	130.19	—	0.8670	-78.5	142	1.4003	0.25 (15℃)	∞	∞
苯甲醛	C_6H_5CHO	106.13	无色液体	1.046	-26	179.5	1.5463	0.33	∞	∞
苯甲酸	$C_6H_5CO_2H$	122.12	单斜棱柱	1.266 (15℃)	122.4	250	1.5397	0.21(17.5℃) 2.2(75℃)	46.6(15℃) (无水乙醇)	66 (15℃)

化合物名称	结构式	分子量	性 状	相对密度 (d_4^{20})	熔点 /℃	沸点 /℃	折射率 (n_D^{20})	溶解度/(g/100g 溶剂)		
								水	乙醇	乙醚
苯甲醇	$C_6H_5CH_2OH$	108.15	无色液体	1.0419	-15.3	205.35	1.5396	4 (17℃)	易溶	易溶
苯胺	$C_6H_5NH_2$	93.13	无色油状	1.022	-6.1	184.4	1.5863	3.6 (18℃)	∞	∞
硝基苯	$C_6H_5NO_2$	123.12	浅黄色液体	1.2034	5.7	210.9	1.5562	0.19 (20℃)	易溶	∞
邻硝基苯酚	$o\text{-}HOC_6H_4NO_2$	139.11	黄色单斜	1.295 (45℃)	45.0	217.2	1.5723 (50℃)	0.21 (20℃)	易溶	易溶
间硝基苯酚	$m\text{-}HOC_6H_4NO_2$	139.11	无色单斜	1.485	96~97	194 (9333Pa)	—	1.35 (20℃)	易溶	易溶
对硝基苯酚	$p\text{-}HOC_6H_4NO_2$	139.11	黄色棱柱	1.48	114.0	升华	—	1.60 (25℃)	易溶	易溶
苯酚	C_6H_5OH	94.11	无色针状	1.0576	40.8	181.8	1.5425 (41℃)	8.2(15℃) ∞(65.3℃)	易溶	∞
萘	$C_{10}H_8$	128.17	无色片状/乙醇	1.145	80.2	218.0	1.5823 (99℃)	0.003 (25℃)	9.5 (19.5℃)	易溶
蒽	$(C_6H_4)_2(CH_2)_2$	178.24	无色结晶	1.283 (25℃)	216.2	340	—	不溶	1.9	12.2 甲苯
α-萘酚	$C_{10}H_7OH$	144.17	单斜	1.224 (4℃)	96 (升华)	278~280	1.6206 (99℃)	微溶于 热水	易溶	易溶
β-萘酚	$C_{10}H_7OH$	144.17	单斜	1.217 (4℃)	122~123	285~286	1.5823 (99℃)	0.1冷水 1.25热水	易溶	易溶
间苯二酚	$m\text{-}C_6H_4(OH)_2$	110.11	无色菱形	1.2717	110	276.5	—	147.3 (2.5℃)	易溶	易溶
对苯二酚	$p\text{-}C_6H_4(OH)_2$	110.11	无色菱形	1.328 (15℃)	173~174	285 (97309Pa)	—	6 (15℃)	易溶	易溶
氯仿	$CHCl_3$	119.38	无色液体	1.489	-63.5	61.2	1.4464	0.82 (20℃)	易溶	∞
四氯化碳	CCl_4	153.84	无色液体	1.595	-22.96	76.7	1.4631	0.097(0℃) 0.08(20℃)	∞	∞
碘乙烷	CH_3CH_2I	155.97	无色液体	1.9358	-108	72.03	1.5133	0.4 (20℃)	易溶	易溶
溴乙烷	C_2H_5Br	108.97	无色液体	1.4604	-118.6	38.4	1.4239	0.9 (30℃)	∞	∞

化合物名称	结构式	分子量	性状	相对密度 (d_4^{20})	熔点 /℃	沸点 /℃	折射率 (n_D^{20})	溶解度/(g/100g 溶剂)		
								水	乙醇	乙醚
1,2-二氯乙烷	$ClCH_2CH_2Cl$	98.96	无色液体	1.2351	−35.36	83.47	1.4448	0.9 (30℃)	易溶	∞
正溴丁烷	C_4H_9Br	137.03	液体	1.2758	−112.4	101.6	1.4399	0.06 (16℃)	∞	∞
溴苯	C_6H_5Br	157.02	无色液体	1.4950	−30.8	156	1.5597	不溶	易溶	∞
氯苯	C_6H_5Cl	112.56	无色液体	1.1066	−45.2	132.0	1.5248	0.049 (20℃)	∞	∞
氯化苄	$C_6H_5CH_2Cl$	126.59	无色液体	1.1002	−39	179.3	1.5391	不溶	∞	∞氯仿
水杨醛	$o\text{-}C_6H_4(HO)CHO$	122.12	—	1.1674	−7	197	1.5740	略溶	∞	易溶
水杨醇	$o\text{-}C_6H_4(HO)CH_2OH$	124.15	斜方晶体	1.1613	87	升华	—	6.6 (15℃)	易溶	易溶
水杨酸	$o\text{-}C_6H_4(HO)COOH$	138.12	单斜晶体	1.443	159	211	1.565	0.16 (4℃) 2.6 (75℃)	49.6 (15℃)	50.5 (15℃)
乙酰水杨酸	$o\text{-}CH_3COOC_6H_4COOH$	180.17	针状	—	135	—	—	1 (37℃)	易溶	5 (20℃)
乙酰乙酸乙酯	$CH_3COCH_2COOC_2H_5$	130.15	无色液体	1.0282	<−80	180.4	1.4194	13 (17℃)	∞	∞
三乙胺	$(C_2H_5)_3N$	101.19	无色液体	0.7275	−114.7	89.3	1.4010	易溶	易溶	易溶
N,N-二甲基苯胺	$C_6H_5N(CH_3)_2$	121.18	淡黄色油状液体	0.9557	2.45	194.15	1.5582	微溶	易溶	易溶
邻氨基苯甲酸	$o\text{-}C_6H_4(NH_2)SO_3H$	137.14	白色晶体	1.412	146~147	升华	—	0.35 (14℃)	10.71	167
对氨基苯磺酸	$p\text{-}C_6H_4(NH_2)SO_3H$	173.19	无色结晶	1.485 (25℃)	100(失水) 280(分解)	—	—	微溶	不溶	不溶
甲基橙	$(CH_3)_2NC_6H_4N{=}NC_6H_4SO_3Na$ (4,4')	327.34	橙黄色粉末	—	分解	—	—	0.2 (冷水)	微溶	不溶
呋喃	C_4H_4O	68.08	无色液体	0.9514	−85.65	31.36	1.4214	16.3 (20℃)	易溶	易溶
呋喃甲醛	C_4H_3OCHO	96.09	无色液体	1.1594	−38.7	161.7	1.5261	9.1 (13℃)	—	∞

化合物名称	结构式	分子量	性状	相对密度 (d_4^{20})	熔点 /℃	沸点 /℃	折射率 (n_D^{20})	溶解度/(g/100g 溶剂) 水	乙醇	乙醚
呋喃甲酸	C_4H_3OCOOH	112.09	白色针状	—	133~134	230~232	—	易溶	易溶	易溶
呋喃甲醇	$C_4H_3OCH_2OH$	98.10	无色液体	1.1296	—	170~171	1.4868	8	易溶	易溶
四氢呋喃	C_4H_8O	72.12	无色液体	0.8892	−108.56	67	1.4050	可溶	易溶	易溶
甲基叔丁基醚	$(CH_3)_3COCH_3$	88.15	无色液体	0.7405	−109	55.2	1.3690	4.8 (20℃)	易溶	易溶
苯乙酮	$C_6H_5COCH_3$	120.16	晶体	1.0281	20.5	202	1.5372	不溶	易溶	易溶
二苯甲酮	$C_6H_5COC_6H_5$	182.21	无色晶体	(α)1.0869 (β)1.1076	(α)48.1 (β)26	305	(α)1.6077 (β)1.6059	不溶	6.5 (15℃)	15 (13℃)
二苯基乙酮	$C_6H_5COCOC_6H_5$	210.23	黄色棱柱体	1.084 (102℃)	95~96	346~348	—	微溶(热水)	易溶	易溶
二苯基乙醇酸	$(C_6H_5)_2COHCOOH$	228.25	针状	1.443	151	180 (分解)	—	易溶 (热水)	—	易溶
邻苯二甲酰亚胺	$o\text{-}C_6H_4(CO)_2NH$	147.14	针状物	—	238	升华	—	0.04 (25℃)	易溶	易溶
邻甲氧基苯酚	$o\text{-}C_6H_4(OCH_3)OH$	124.15	立方晶体	1.1287 (21℃)	32	205	1.5429	1.7 (15℃)	易溶	易溶
氯化重氮苯	$C_6H_5N_2Cl$	140.57	针状物	—	易爆炸	—	—	可溶	易溶	略溶
1,3,5-三硝基苯	$C_6H_3(NO_2)_3$	213.11	无色,正交	1.688	122.5	分解,爆炸	—	0.04 (16℃)	1.9 (17.5℃)	1.5 (17.5℃)
2,4,6-三硝基甲苯	$CH_3C_6H_2(NO_2)_3$	227.14	结晶/乙醇	1.654	80.1	280 (爆炸)	—	0.15 (热水)	1.5 (22℃)	5 (33℃)
肉桂酸(反)	$C_6H_5CH{=}CHCOOH$	148.17	单斜晶体	1.248	135~136	300	—	0.04 (18℃)	24 (20℃)	易溶
咖啡因	$C_8H_{10}N_4O_2$	194.19	无色针状晶体	1.23 (19℃)	238	—	—	可溶	易溶	易溶
尿素	H_2NCONH_2	60.06	无色棱柱	1.335	132.7	分解	1.484	100(17℃) ∞(热水)	20 (20℃)	微溶
乙酸钾	CH_3COOK	98.15	白色粉末	1.57 (25℃)	292	—	—	253 (20℃)	33	不溶

化合物名称	结 构 式	分子量	性 状	相对密度 (d_4^{20})	熔点 /℃	沸点 /℃	折射率 (n_D^{20})	溶解度/(g/100g溶剂)		
								水	乙醇	乙醚
甘氨酸	H_2NCH_2COOH	75.07	单斜晶体	1.575 (50℃)	232	—	—	易溶	不溶	不溶
苯磺酸	$C_6H_5SO_3H$	158.18	针状物	—	65	—	—	易溶	易溶	不溶
对氯苯氧乙酸	$p\text{-}C_6H_4(Cl)OCH_2COOH$	186	无色晶体	—	156.5	—	—	不溶	易溶	易溶
苯氧乙酸	$C_6H_5OCH_2COOH$	152	无色针状物	—	98.5	285	—	不溶	易溶	易溶
对氨基苯甲酸	$H_2NC_6H_4COOH$	137.14	棱柱体	1.374 (25℃)	188~189	—	—	0.3	11.3	8.2
对硝基甲苯	$CH_3C_6H_4NO_2$	137.14	斜方晶	1.1038 (75℃)	54.5	238.3	1.5346 (62.5℃)	0.004 (15℃)	可溶	80.8 (15℃)
二硫化碳	CS_2	76.14	无色液体	1.263	-108.6	46.3	1.62803	0.22	∞	∞
四乙基铅	$Pb(C_2H_5)_4$	323.46	无色液体	1.653	91 (2533Pa)	200 (分解)	1.5198	不溶	微溶	∞
果糖	$C_6H_{12}O_6 \cdot 1/2H_2O$	180.7	白色晶体	1.669	102~104	分解	—	不溶	—	易溶
d-葡萄糖	$CH_2OH(CHOH)_4CHO \cdot H_2O$	198.18	白色结晶	1.544	86	—	—	83	热乙醇	—
蔗糖	$C_{12}H_{22}O_{11}$	342.31	无色单斜	1.588 (15℃)	185~186	分解	—	204	0.9	不溶
麦芽糖	$C_{12}H_{22}O_{11} \cdot H_2O$	360.32	无色针状	1.540 (17℃)	102~103	—	—	易溶	微溶	不溶
硬脂酸	$CH_3(CH_2)_{16}CO_2H$	284.49	单斜/CS_2	0.9408	70	291 (13332Pa)	1.4335	0.034	热乙醇	易溶
硝化甘油	$C_3H_5(ONO_2)_3$	227.09	无色或黄色油状	1.549	13.2	260 (爆炸)	1.482	0.18 (20℃)	54 (20℃) (无水乙醇)	∞
油酸	$C_{17}H_{33}CO_2H$	282.48	无色针状	0.895	16	285~286 (133332Pa)	1.4582	不溶	∞	∞
安息香	$C_6H_5CHOHCOC_6H_5$	212.25	棱柱体	1.3100	137	344	1.5289	微溶 (热水)	∞	∞

参考文献

［1］ 北京师范大学无机化学教研室．无机化学实验．3 版．北京：高等教育出版社，2001．
［2］ 浙江大学等．综合化学实验．北京：高等教育出版社，2001．
［3］ 大连理工大学无机化学教研室．无机化学实验．2 版．北京：高等教育出版社，2004．
［4］ 浙江大学化学系．基础化学实验．北京：科学出版社，2005．
［5］ 柴雅琴，莫尊理等．无机物制备．重庆：西南大学出版社，2008．
［6］ 刘宝殿．化学合成实验．北京：高等教育出版社，2005．
［7］ 刘湘，刘士荣．有机化学实验．3 版．北京：化学工业出版社，2020．
［8］ 罗一鸣，唐瑞仁．有机化学实验与指导．2 版．长沙：中南大学出版社，2019．
［9］ 李妙葵，贾瑜等．大学有机化学实验．上海：复旦大学出版社，2006．
［10］ 郭书好．有机化学实验．2 版．武汉：华中科技大学出版社，2006．
［11］ 李兆陇，阴金香等．有机化学实验．北京：清华大学出版社，2001．
［12］ 曾昭琼．有机化学实验．3 版．北京：高等教育出版社，2000．
［13］ L. F. 费塞尔，L. 威廉森．有机化学实验．左育民等译．北京：高等教育出版社，1986．
［14］ 麦禄根．有机化学实验．上海：华东师范大学出版社，2006．
［15］ 朱红军．有机化学微型实验．2 版．北京：化学工业出版社，2007．
［16］ 王福来．有机化学实验．武汉：武汉大学出版社，2001．
［17］ 林桂汕，段文贵等．有机化学实验，上海：华东理工大学出版社，2005．
［18］ 焦家俊．有机化学实验．2 版．上海：上海交通大学出版社，2010．
［19］ 丁长江．有机化学实验．2 版．北京：科学出版社，2021．